U0648191

启真馆 出品

时髦的空话

后现代知识分子对科学的滥用

Fashionable Nonsense

Postmodern Intellectuals' Abuse of Science

[美] 艾伦·索卡尔
[比] 让·布里克蒙 著

蔡佩君 译

浙江大学出版社
ZHEJIANG UNIVERSITY PRESS

审订序——科学家与后现代主义的纸上战争

后现代主义、文化研究、相对主义的人文社会学家，甚至部分科学研究学者可能会皱眉暗想：又来了！而反对上述思想潮流、保护科学的真理性、反相对主义、倾向启蒙思想的学者或科学家，则可能会额手称庆：终于有人出面详论如何拆穿国王的新衣了。没错，引发"科学战争"轩然大波的索卡尔（Alan Sokal），与比利时物理学家布里克蒙（Jean Bricmont）合著的《时髦的空话》（*Impostures Intellectuelle*，法文原意为"知识的骗局"，英文版书名改作《时髦的空话：后现代知识分子对科学的滥用》[*Fashionable Nonsense: Postmodern Intellectuals' Abuse of Science*]），承续于《高级迷信》（*Higher Superstition* ）[1]之后，被译成中文出版。如果《高级迷信》可被比拟为火力凶猛、流弹四射的机关枪，那么这本《时髦的空话》比较像是 X 光或手术刀，试图洞穿或解剖后现代主义那迷人面貌之下的"真实"骨架。

《高级迷信》的两位科学家，铸造"学院左派"一词，牵连广众，有时不免让人觉得论述失焦，控诉的音量有余而罪证不足。相形之下，《时髦的空话》则小心谨慎、下笔温和（虽仍偶有调侃），

---

[1]《高级迷信》为笔者和薛清江先生合译，由新新闻文化事业股份有限公司于2001年7月出版。然而由于出版社编辑对该书的原译大量删改，译者认为该书应由新新闻文化事业股份有限公司编辑部负起译责。而且译者也不认可该书译文的出版版本。

让证据自己说话，将焦点集中在"后现代思想对科学的滥用"之上，种种写作策略，使得本书的说服力远远凌驾于《高级迷信》一书之上。读完本书，在详尽引证与清晰解说的诱导之下，读者很难无动于衷而不怀疑后现代思想；更甚者，可能因此认为后现代思想家原来都是一群口沫横飞地讲着"时髦空话"的"知识骗子"。无论如何，笔者还是提醒读者不必急于对后现代主义盖棺论定，毕竟就算一些后现代的著名知识分子真的"敌用"或"滥用"科学，也不代表后现代思想一无是处。

本书在批判什么？

本书的主要目标有二：第一个目标是批判当代法国著名思想家拉康、克里斯蒂娃、伊利格瑞、拉图尔、利奥塔、鲍德里亚、德勒兹与加塔利、维利里奥等人对科学概念与术语的滥用，并揭露他们的部分著作（特别是谈到科学的部分）只是一堆毫无意义的呓语空话。此外特辟一章讨论对"哥德尔定理"的滥用。两位作者（以下以索卡尔为代表）引用他们搜集到的大量文本（其实若相较于这些思想家的全部著作而言，仍只是很少的一部分），这些段落不仅难以理解，而且不忍卒读。即使有稍微可懂之处，索卡尔也加上注释说明他们对科学概念的无知、误解与误用。索卡尔极力强调：不懂科学一点也不是可耻之事，也没有人会被逼着一定要谈论科学，但是若要谈科学，至少该把那些基本的科学概念弄懂，而不是在一知半解的情况下，用长篇大论卖弄一些陈腐老套的观察，或者完全无意义却看似深奥的辞章。除了用博学的假面具来炫惑不懂科学的读者之外，这种做法的目的与益处究竟何在？

第二个目标则批判知识相对主义（epistmic relativism）的不当。

索卡尔在第四章"间奏曲：科学哲学的知识相对主义"中，花了全书四分之一的篇幅来检讨当代科学哲学，试图阐明知识相对主义的双重来源："部分 20 世纪的知识论（维也纳学派、波普尔及其他人）尝试将科学方法形式化；以及这一尝试的部分失败，导致在某些学圈里产生一种不合理的怀疑态度。"因此，索卡尔以科学家的身份反省了"科学方法的体系化""证据无法充分决定理论""库恩和不可通约性""费耶阿本德的怎么都行""爱丁堡学派的强纲领"和"拉图尔的科学社会学的方法规则"。索卡尔在此抱持的观点，是科学哲学中一种温和的"科学实在论"（scientific realism）立场，认为科学理论和实验证据的惊人吻合程度以及科学如此有力的最好说明是自然"实在"就是科学所揭开的样子[2]。在这样的观点下，索卡尔对上述种种科学哲学思想的诸多论点，进行了部分同意、部分驳斥的讨论。

两位作者已料想到必有人会质疑本书的动机，评论得出的结论，因此在第一章"导言"中，他们即设想了十个疑问，并一一加以回答。最后一章的"终曲"则再度回到"两种文化"的气氛中，试图对人文社会学者提出一些"劝诫"或"箴言"（譬如："深奥难解并不一定都有深度""科学不是一个文本""勿模仿自然科学"等等）[3]；也试图在思想与政治之背景上回答后现代主义的思想潮流究竟是怎么发生的。

本书正文末加上三篇附录，第一篇即索卡尔恶作剧的主角《逾

---

[2] 这种论证模式，在科学哲学上又称作"最佳说明推论"（inference to the best explanation）。

[3] 许多自然科学学者和人文社会学者对于"两种文化"似乎都有某种程度的焦虑，大家都试图与对方"对话"，然而对话中都隐然想以自己的思考模式来"引导"对方。可以想见的是，两种文化的焦虑、对话、误解以及互相批判，仍会不断地延续下去。

越边界：朝向一个转形的量子引力诠释学》（简称《逾越》）。索卡尔再写一篇以"拆穿"其谐拟文章中的文字把戏为目的的短文作为附录 B；第三篇附录文则是刊在另一本杂志上的《逾越边界：后语》。站在事后诸葛亮的立场上来读这三篇文章，读者可能会觉得《社会文本》期刊的主编们愚不可及、不学无术，或者被大量恭维给冲昏了头。事实上，《逾越》一文中充满大量瑰丽无比的科学辞藻，内容尽是 20 世纪 70 年代后最新发展的物理理论，就算是非物理专业的科学家都有可能读它读得头昏脑胀，又有什么样的人文社会研究者（包括"科学研究"的学者）能够看出这篇文章是篇谐拟的恶作剧[4]？当然，索卡尔强调，《社会文本》的编辑应该找科学家审查，然而《社会文本》的编辑们却坦承这份刊物并非一般专业期刊，也没有审查制度。

公平起见，让我们将《社会文本》期刊的主编答复重点译出如下[5]：

从一开始，我们就把索卡尔这篇不请自来的文章看成个小

---

[4] 索卡尔事后一再强调《逾越》一文中一些片段的荒谬性，如他没有任何论证就断言"'物理实在'终究是语言和社会的建构"。索卡尔认为，说"物理实在的理论"是建构的，都尚有争论，何况是在讲"实在"（reality）本身。事实上，对熟悉哲学史与科学哲学的人而言，"实在"这个词向来是个多义难缠的字眼。柏拉图和 20 世纪的一些逻辑学家（如弗列格和索卡尔喜欢的罗素，都是柏拉图式的实在论者［Platonic realists］）都主张看不见摸不到的"共相"（universal）是"实在的"（这难道不会更荒谬？）。因此，"乍看物理实在是语言和社会的建构"虽然有一点怪，但并不会立刻给人荒谬之感，因为"实在"并不等于"物质"。再说，在英美主流的"分析和认知传统"的科学哲学中，也有"建构实在论"（constructivist realism）的主张出现（譬如那些不存在于自然界，只出现在高能粒子加速器中的基本粒子，难道不是人类通过建造机器的方式才将它们"建构"出来的吗？而这些需要大量财力资金才能建造的机器难道不需要社会资源的投入吗？）。因此，索卡尔自认明显荒谬之处、让人得以拆穿它是谐拟的恶作剧之处，并不像索卡尔本人所想象的那般理所当然，一看即知。

[5] 安德鲁·罗斯以及布鲁斯·罗宾斯（《社会文本》联合主编），主编评论，引自 http://www.nyu.edu/pubs/socialtext/sokal.html。

把戏。我们不是每天都能收到出自专业物理学家之手的晦涩的哲学论文。我们不了解作者和他的工作，对他的意图作了一番猜想，我们的结论是：这篇文章是一位专业物理学家的热诚尝试，想为他领域的后现代哲学发展寻求某种肯定。他在后现代领地中的冒险实在不是我们喜爱的东西。像我们圈子里的其他试着跟上文化研究潮流的期刊一样，《社会文本》多年来已不再刊出直接针对后现代理论的论辩。如果索卡尔的文章是人文学家或社会科学家所写的，它会被当成有点过时了。在我们看来，索卡尔的文章试着捕捉后现代知识论的语言之"感觉"时显得笨拙又断然，因而在文章后附了庞大的脚注以便平抚自己的脆弱感；既然这篇文章出于自然科学家的手笔，因此我们认为这是不寻常却也合理的表现。换言之，我们把它视为一种值得鼓励的良好信仰行为，而不是我们同意他的论证。……

在我们有兴趣出版索卡尔的文章之后，我们真的非正式地要求他删减文章。我们要求他（a）删除大量哲学冥想，以及（b）删除大多数脚注。索卡尔似乎抗拒任何修正，而且的确坚持保留几乎所有的脚注与书目……

想对此事有更细致判断的读者，笔者建议查阅索卡尔为此事所创建的网站。

对本书的一些评论

本书的行文简洁明快，条理清晰，实在不需要笔者再多费笔墨来简述书中内容。以下笔者针对本书可能引发的一些议题，做个简单的个人评论。

　　《时髦的空话》的第一个目标，笔者认为具有极强的说服力。的确，我们很难了解索卡尔引证的文本究竟在讲些什么（因此也很难翻译，译者、编辑和审订者都大伤脑筋地思索如何将这些天书般的文字，翻译成"约莫可读"的中文。即使译出来，很多地方我们仍然不懂它们究竟在说什么[6]）。索卡尔引证本文的方式并不是片段摘句，而是数个段落同时呈现，一些甚至抄录达两三页的长度。这种引证方式，很难以"断章取义"来指控他们。在读了这么多引文后，我们实在无法不起疑：这些知名的法国思想家真的都是知识骗子吗？然而，他们又的确是公认的大思想家，每年都有许多研究他们的学术论著出版。他们的著作背后可能预设着我们较为陌生的法国文化背景。再说，索卡尔的引文毕竟只占他们全部著作量的一小部分，他们也不是每行每句都对着科学大发议论。种种条件凑在一起，着实令人难以索解。

　　笔者在这里只能设想一种同情的理解方式：我们不能以"知识"或"真实"的角度和策略来阅读或诠释这些法国思想家的著作。后现代主义与解构主义一贯标榜的"去中心"（de-centralized）、"去真实"的策略或风格，同样也必须应用到后现代主义的著作本身。不论这些思想家怎么强调自己的书写具有知识意义，然而"作者已死"，解释权是在读者这边。因此，他们的著作只能被读为一种文学创作或艺术创作——大量应用科学语汇的散文或诗——表达情感、梦境、灵光乍现、诗般的声调和音响。总而言之，不必以面

---

[6]　拉康和克里斯蒂娃大量应用的"数理逻辑"，笔者虽非专业，但也有过一定的研究。在读过索卡尔引证的文本后，笔者实在很想知道：如果他们对数理逻辑如此有兴趣，为什么不好好地了解研究一下？伊利格瑞讨论的"流体力学"，鲍德里亚和维利里奥的几何学、物理学术语，德勒兹和加塔利的哲学、微积分、物理学术语大杂烩，都让人怀疑：这些文字，有什么知识和思想上的意义或益处？拉图尔的"相对论诠释"比较值得争议，但索卡尔也引了一位物理学家的评论，主张对拉图尔的"诠释"加以同情的理解。

对知识或严肃思想的心态来认真看待。我想在这种诠释或解读策略下，科学家也不必再为后现代思想家的科学术语而大动肝火，反而可以怀着轻松愉快的心态来看待这新品种的"科学文学创作体"，当然，我们也没有必要将"去中心"的诠释策略普遍化，换言之，无须将这策略应用到科学文献或其他学术文献上。面对科学文献和科学在行动，科学家大可以仍维持"严肃""认真""知识"的科学态度。

即使我们可以对法国思想家做这种同情的理解，索卡尔提醒我们：滥用科学概念或术语仍不可取。毕竟如果要谈论的是心理、诗、伦理、历史、城市、社会变迁等人文社会的议题，含糊地套用科学模型有何帮助？难道用了这些术语或模型的隐喻故事，就能让自己的文字变成"科学"吗？难道这种应用不会失去自己学科的独立性吗？正如索卡尔所批判的，这类对科学术语的大量使用反而反映出一种"科学主义"（scientism）的心态：视科学为唯一合法的思考方式。当代人文社会学者，对科学似乎有一种暧昧的心理：一方面批判着科学已变成霸权；另一方面又极力为自己的研究争取"科学"的资格。这种对科学的暧昧情结，其实也需要人文社会学者自己来反省检讨一番。[7]

至于对"科学哲学的知识相对主义"的批判，这仍然是论辩中的重要议题。从专业哲学的角度来看，索卡尔的论证虽然不够细腻完整，也无法在短短篇幅中形构一个完整的科学哲学系统，然而他

---

[7] 稍早一篇评论《高级迷信》中译本的书评《知识的不解与误解》（李向仁作，刊于台湾《中国时报》2001 年 8 月 19 日开卷版），附带简评了《时髦的空话》，作者宣称："这让人不禁怀疑索卡尔是不是又在恶作剧；用正确的物理学来包装一窍不通的哲学。"这句话对索卡尔和布里克蒙两人相当不公平。事实上，他们两人有自己的观察，见解温和、思路清晰，也参考了许多理性主义或实在论立场的科学哲学家，他们对科学哲学的努力不能因这样一句话便被打消。

们的思路清晰、见解透彻、论证敏锐，也参考了大量理性主义立场的科学哲学著作，因此其论点与批判实在不能等闲视之。尽管如此，这些论证的强度，仍不足以成为定论。但是他们所挑起的问题（当然这些问题在哲学上一直争论不休）却值得我们进一步深思。当代知识相对主义的论辩，台面上是源自科学史的哲学反省与对科学方法的知识论反省。然而，一个隐然的深层动机，其实是出于伦理学的考虑：对异文化（他者）的尊重与宽容以及对科学史上的失败者之同情（失败的科学理论和科学也应得到一定的正面评价）[8]。索卡尔等科学家不断出面反抗相对主义这种现象，似乎要迫使我们思考：坚持跨越文化的事实存在以及坚持科学的真理性与实在性，是否就一定会带来对异文化的不宽容？这种伦理学的深层动机，与知识上的真理本质之争论，彼此互相牵连的程度有多深？是否有可能分开看待[9]？或者，就算"知识论"与"伦理学"必须同时考虑，但两者之间的关系如何？以什么样的方式互相关联？种种问题都需要我们做更细致的概念分判[10]。反过来说，相对主义是否可以有较温和与较细致的提法？是否一定像科学家所想象般是洪水猛兽？相对主义知识论是否真会危害到科学行动与知识追求？这些问题也很值得科学家们重估。

---

[8] 如费耶阿本德说他写作《反对方法》的动机是"人道主义的"；又如强纲领的知识社会学原则其中之一条是"就真假、合理或不合理、成功或失败而言，它（社会学说明）是不偏不倚的"。

[9] 这个问题在哲学上也有一个源远流长的传统，可以上溯到 17 世纪的近代哲学："实然"（事实）与"应然"（价值）的区分。当代知识相对主义的一个倾向是：试图瓦解或泯淆两者之间截然分明的界线。正如《社会文本》主编对索卡尔的响应文中最后第二段说："我们必须一再一再地问：隔离事实与价值是否是可能的或审慎的？"

[10] 在本书附录 C《逾越边界：后语》中，索卡尔批判著名的女性主义科学哲学家哈丁（S. Hardin）的一篇论文时，指出哈丁混淆了五个不同的议题：本体论、知识论、知识社会学、个人伦理学、社会伦理学。笔者尚未读过哈丁该文，因此无法评断谁是谁非。但是索卡尔的诉求是值得重视的：在当代跨学科研究的风潮下，究竟该如何开展跨学科研究，又不会把不同层次的议题大杂烩般混淆在一起？

8

另一个重要问题是知识的政治学。这也是中文学者更为关注的课题。法国思想家福柯的知识权力理论，使得知识与权力细密交织的关系，不仅成为西方学术界的热门课题，也让20世纪80年代后的进步知识分子热衷于剖析科学与知识背后的权力运作。科学家对另一些科学思想的批判、对伪科学的谴责与划清界线、对人文社会研究的批判等行为，往往会在权力思考的模式下被解读为蕴藏政治或权力动机：是否为了争夺学术资源？是否为了垄断科学研究的路线？是否在排除异己？这些问题的确很重要，因为它们牵涉到资源分配、如何善用科学、如何防范科学变成压迫者的工具等政治与伦理问题。然而，如果不加分疏地高喊"科学作为权力"（Science as Power）这样的口号，其中会有多少层次的概念差异被掩盖了？或许在科学知识的生产和传播过程中，免不了权力的干预与介入，然而科学知识本身，也只是权力的傀儡吗？这就涉及知识本质的论辩。

当然，人文社会学者可以不必进入这些高度争议的哲学论辩当中，但使用清楚而不混淆的概念来表达自己的研究，就变得愈发重要了。何况，权力究竟在什么层次运作？运作到什么程度？对科学家做某件事的动机之影响有多大？这些都还没有明确的答案（然而一旦我们戴上一副"唯权力论"的眼镜，很可能我们看到的一切都将"无所逃于权力罗网"，问题是：我们是否一定得戴上这副眼镜？），毕竟福柯的思想并不是无可争议的[11]。何况，宽容但混淆的概念还是比严苛却清晰明确的概念更易受到权力的操纵与左右：因为对于定义明确的概念，我们可以很清楚地看到它们是否被政客误

---

[11] 索卡尔在附录C一文中引了评论家瑞恩（Alan Ryan）的话："被围攻的少数还是拥抱福柯，简直是自杀，更遑论德里达。少数的观点总是权力可以被真理破坏……一旦你读了福柯说权力只是真理的效应，你就知道了……"

用了，但混淆的概念，究竟用对还是用错，却很难判断。

最后在修订本书的过程中，曾有一些科学研究的学者表达了他们的疑虑。他们担心本书中译本的出版（连同先前的《高级迷信》）会对刚起步的"科学研究"造成伤害，理由是那些被批判的人物与著作，都没有中译本出版。笔者认为这种担忧虽有道理，却不如采取具体行动。因为如果不同意本书的论调，大可以发表文章来批评之；或者尽速翻译精彩的"科学之人文社会研究"作品，并寻求出版，以使读者有平衡与充分的信息。如果本书的出版能刺激好的"科学研究"之著作尽速译成中文或发表，那又怎会造成伤害呢？更何况，如上文指出，本书引发了许多值得深思的问题，如果这些问题能够督促我们进行更谨慎、更精彩的科学之人文社会研究，那么中译本的出版所带来的，只会是益处而绝非伤害。

翻译与修订的过程

《时髦的空话》由台湾清华大学外文所硕士蔡佩君小姐所译，译笔翔实流畅，对于大量的科学术语，均已详查科学辞典，准确译出；对于那些难缠的法国思想家之引文，也耐心勉力将它们转换成中文。然而由于非专业之故，对于一些涉及专业内容的文句，仍无法精准掌握文意。在这方面，笔者均仔细校对，加以修订。本书第二、三章涉及大量数学名词，笔者再邀请成功大学数学系潘戍衍教授帮忙审订这两章，而且全书其余部分的数学名词，也尽量向他征询。笔者在此表达感激之意。

本书的修订、编辑与出版，采取了比较新颖的尝试，亦即审订者、译者、编辑共聚一堂，逐章讨论应修改之译文，并取得共识。从八月到十月，在三个月内我们一共开了五次会议，大家的态度认真审慎，但互动良好，也因此将本书原定的出版日期，拖延了一个多月。笔者认为，本书的出版模式，或可供严谨出版社日后出版学术译著时参考。

在审订与开会的过程中，译者蔡佩君小姐，时报出版社的编辑吴家恒先生、刘佳奇小姐，对笔者的意见十分尊重。因此，本书的翻译应由我负起最大的责任。当然，笔者也愿意为本书的可读性与可靠性背书，并乐于向读者推荐它。然而，有时翻译书质量的最大敌人似乎是"时间"。如果本书因出版时间急迫仍不免有疏失之处，祈请读者不吝赐教。

陈瑞麟（东吴大学哲学系助理教授）

英文版前言

《时髦的空话》(*Impostures Intellectuelles*)[1]这本书在法国出版时，似乎在某些知识圈引发了一场小小的风暴，强·亨尼（Jon Henley）在《卫报》(*The Guardian*)上写道，本书指出"现代法国哲学是一堆陈旧的胡扯"。[2]罗伯特·马乔里（Robert Maggiori）在《解放报》(*Liberation*)上表示，本书作者是一群毫无幽默感的科学学究，喜欢修改情书中的文法错误。[3]在此，我们想简单指出上述两种指控的谬误，并同时回答批评者与过度热情的拥护者。事实上，我们希望消弭一些误解。

本书脱胎于如今早已家喻户晓的一场恶作剧，笔者之一在美国的文化研究期刊《社会文本》(*Social Text*)上发表了一篇文章，文中充斥着对法国及美国的知名知识分子在物理及数学方面的引据，这种拙劣的引用方式荒谬且无条理，然而不幸的是其内容本身却货真价实。[4]但是索卡尔（Alan Sokal）在搜集资料时发现的"档案"，仅有少部分被包含在这篇文章之中。在将更多的档案向科学家以及非科学界的朋友展示之后，我们才（渐渐）觉得，也许应该与更多

[1] 奥迪勒·雅各布（Odile Jacob）版，巴黎，1997年10月。
[2] 亨尼（1997）。
[3] 马乔里（1997）。
[4] 索卡尔（1996a），重刊于本书附录A。恶作剧的故事细节描述见第一章。

的读者共享。我们想用非专业的语言，说明为什么那些引文是荒谬的，而且在许多情形下，简直就是毫无意义可言。我们也希望讨论，是什么样的文化处境使得这些论述能够举世闻名，甚至到目前为止都未曾被揭发。

但是到底我们的主张是什么？其实不多也不少。我们想要证明像拉康（Jacques Lacan）、克里斯蒂娃（Julia Kristeva）、伊利格瑞（Lucy Irigaray）、鲍德里亚（Jean Baudrillard）以及德勒兹（Gilles Deleuze）等著名的知识分子，一直不断重复滥用科学的概念与术语。他们不是完全抽离语境来使用科学观念，无法提出正当的辩护理由——请注意我们并不是反对挪用不同领域的观念，只是反对毫无理论根据的挪用——就是在非科学家的读者面前滥用科学术语，却毫不考虑它的相关性，甚至是意义。当然我们并未就此宣称他们作品的其余部分是无效的，对这一部分，我们暂时不予评论。

有时人们指控我们是傲慢的科学家，可是我们认为真正的科学其角色实际上是相当谦逊的。如果哥德尔（Gödel）定理或相对论确实对社会研究有当下且深远的意涵，或者说，如果选择公理可以用来研究诗，或者说，如果拓扑学与人类心理有关，这不是很美妙吗？可惜，情况并非如此。

本书的第二个目标就是知识的相对主义，换言之，即现代科学只不过是众多科学中的某种"神话""叙事"或者社会建构这样一种观点。当被明晰表述之时，这一观点在英语世界远较在法国广为流传。[5] 除了一些粗糙的滥用（譬如伊利格瑞），我们解析后现代与文化研究圈子里的一些混淆：例如，错误挪用科学哲学的观念——像证据无法充分决定理论或观察的渗透理论——只是为了要

---

[5] 我们强调，我们的讨论只限于知识的／认知的相对主义；我们不谈更精微的道德或美学相对主义的问题。

支持彻底的相对主义。

本书由两个不同却彼此相关的作品组成。第一部分是索卡尔随意收集的各种极度滥用科学观念的例子，这些就是英文版标题中所谓的"时髦的空话"。第二部分是我们对知识相对主义（epistemic relativism）以及"后现代科学"的一些错误认知所做的批评，相较而言，这些分析更为精微。两部分批评之间的关联主要是社会学层面的。编织谎言的法国作者在英语学术界那些视知识相对主义为不二法门的学者中广受追捧。[6] 还有一个较弱的逻辑关联：如果接受了知识相对主义，也就没有理由对科学观念的错误呈现感到沮丧，因为那些只不过是另外一种"论述"。

显然，本书的目的并不只是指出一些孤立的滥用情形，我们心中有更大的标的，但不见得是我们提出的东西。本书探讨神秘化的过程、格外含糊的语言、混淆的思考，以及科学概念的误用。我们所引用的文本，也许仅是冰山一角，而冰山应该被界定为一组知识的实践，而非一个社会群体。

假设一名新闻记者挖掘出若干能够表明数位颇具名望之政治人物之腐败问题的资料，并将其刊发、公之于众。（我们要强调这是一个类比，我们并不认为这里所谓的误用和贪污等同。）当然，有些人可能会骤下结论说，大部分的政客是贪污腐败的，而一旁企图从中获利的群情煽动者会鼓动这种想法。[7] 但是这种挪用是错误的。

同样的，有些法国评论家将本书视为对人文学科或社会科学作为一整体之批评。这不仅误解了我们的意图，而且是一种很奇怪的

---

[6]　然而，这个重叠并不完全。本书分析的法国作者，在英语世界，在文学科系、文化研究、女性研究等领域，都是最为流行的。知识相对主义传布得相当广，也散布到人类学、教育及科学社会学等对拉康或德勒兹没什么兴趣的领域。

[7]　"犯罪中"的政客同样煽动这样一种诠释新闻报道者之意图的方式，当然是为了不同（但却是十分显而易见）的理由。

混同，显示这些评论者对那些领域的轻蔑态度。[8] 就逻辑上来说，人文与社会科学要么与本书所抨击之滥用相伴而生，要么完全无关。如果是前者，那我们确实会全面攻击那些领域，但这是有正当理由的。如果是后者（我们是这么认为），一个学者就没有理由为了同领域另外一个人所说的话而遭到批评。更广泛而言，若将本书解释为对某个东西的全盘攻击——不论这个东西是法国思想，还是美国文化左派——乃预设这整个东西里都弥漫着我们所抨击的恶劣知识习惯，做这样解释的人必须自行负责。

索卡尔的恶作剧引发之辩论，其涵盖范围越来越广，甚至包括了一些关联较不密切的议题，不仅涉及科学知识的概念或法国后结构主义的优点，也涉及科学和技术的社会角色、多元文化论与"政治正确"、学术左派与学术右派的对立，以及学术左派与经济左派的对立。我们想强调的是，这本书并不处理以上大部分的主题。特别是，本书所分析的观念和政治几乎鲜有概念或逻辑上的关联。不论论者对拉康式的数学或观察的渗透理论持何种看法，他都可以不惧自相矛盾，对军费支出、社会福利，甚至同性恋婚姻，持有任何自己的看法。当然，我们所批评的后现代知识潮流与部分美国学术左派有社会学上的关联，虽然程度有些夸张。但如果不是这层关联，我们根本不会提到政治。但是我们不希望本书被视为文化战争中的又一炮，更不希望被视为右派的一支脉。自 1960 年以来，许多学术机构内对于经济制度的不公平，以及种族和性别的压迫，都有批判性的思考，然而最近几年却演变为嘲讽和不公平的批评。本书的内容根本不能被诠译为此类。

---

[8] 马克·里歇尔（Marc Richelle，1998）在他一本非常有趣而论点持中的书中表达了一种恐惧，亦即，本书的有些读者（特别是非读者）会骤下结论，说所有的社会科学都是胡言乱语。但他谨慎强调，这不是我们的观点。

本书在法国以及英语世界面对着相当不一样的体制环境。我们所批评的作者对于法国高等教育有深远的影响，在媒体、出版公司，以及知识学界拥有众多的弟子。因此，本书招致了相当多的激烈反应。至于他们英美学界的同行，于学术圈中仍只是被围攻的少数（虽然有些地方他们守备坚强）。这使他们显得更"激进"、更具"颠覆性"，不仅他们自己如此认为，在其批评论者的眼中亦然。不过本书并不是反对政治上的激进主义，而是反对知识上的混淆。我们的目的不是批评左派，而是不希望左派成为随波逐流的支派。迈克尔·艾伯特（Michael Albert）在《Z 杂志》（*Z Magazine*）中总结："把对不公与压迫的敌意（也就是左派）与对科学和理性的敌意（这是无意义）相混淆，谈不上真理、智慧、人性或策略。"[9]

本版大部分直接由法文原稿翻译，有关亨利·柏格森（Henri Bergson）及其后继者对相对论的误解的部分，我们认为大多数英国及美国的读者或许并不是十分感兴趣，因此省略了这一章。[10] 相反地，我们增加了一些关于英语知识界的讨论，也做了许多细部的修正，增加原文的流畅度，修正细微的错误，以避免误解。感谢许多法文版的读者提供宝贵的意见。

撰写本书时，我们受惠于不少讨论与辩论，并获得许多鼓励与批评，尽管我们无法在此对协助我们的人一一致谢，但是对于那些释出数据、阅读或是批评部分文稿的读者，我们想要表达由衷的感谢。他们是迈克尔·艾伯特（Michael Albert）、罗伯特·阿尔弗德（Robert Alford）、罗杰·巴利安（Roger Balian）、路易丝·巴尔（Louise Barre）、保罗·博格西昂（Paul Boghossian）、雷蒙·布东（Raymond Boudon）、皮埃尔·布尔迪厄（Pierre Bourdieu）、雅

---

[9] 艾伯特（1996，第 69 页）。结语中我们会回到这些政治议题。
[10] 法文原版第 11 章。

克·布弗雷斯（Jacques Bouveresse）、乔治·布里克蒙（George Bricmont）、詹姆斯·罗伯特·布朗（James Robert Brown）、蒂姆·巴登（Tim Budden）、诺姆·乔姆斯基（Noam Chomsky）、海伦娜·克罗宁（Helena Cronin）、贝朗热·德普雷（Bérangère Deprez）、让·东布尔（Jean Dhombres）、克莱诺·德·多米尼西斯（Cryano de Dominicis）、帕斯卡尔·昂热尔（Pascal Engel）、芭芭拉·艾普斯坦（Barbara Epstein）、罗伯特·费尔南德斯（Robert Fernández）、文森特·弗勒里（Vincent Fleury）、朱莉·弗兰克（Julie Franck）、艾伦·富兰克林（Allan Franklin）、保罗·热拉尔迪（Paul Gérardin）、米歇尔·热韦尔（Michel Gevers）、米歇尔·金斯（Michel Ghins）、伊夫·金格拉斯（Yves Gingras）、托德·吉特林（Todd Gitlin）、杰拉尔德·戈尔丁（Gerald Goldin）、西尔维亚娜·戈拉伊（Sylviane Goraj）、保罗·格罗斯（Paul Gross）、艾蒂安·居永（Étienne Guyon）、迈克尔·哈里斯（Michael Harris）、热里－亨利·埃尔（Géry-Henri Hers）、杰拉尔德·霍尔顿（Gerald Holton）、约翰·胡斯（John Huth）、马尔库·亚瓦奈宁（Markku Javanainen）、热拉尔·若兰德（Gérard Jorland）、让－米歇尔·康托尔（Jean-Michel Kantor）、诺里塔·克瑞杰（Noretta Koertge）、休伯特·克里维纳（Hubert Krivine）、让－保罗·克里维纳（Jean-Paul Krivine）、安蒂·库皮艾宁（Antti Kupiainen）、路易·勒·博尔涅（Louis Le Borgne）、热拉尔·勒迈纳（Gérard Lemaine）、格特·莱尔努（Geert Lernout）、杰罗尔德·莱文森（Jerrold Levinson）、诺姆·莱维特（Norm Levitt）、让－克劳德·林巴赫（Jean-Claude Limpach）、安德烈亚·洛帕里克（Andréa Loparic）、约翰·马多（John Madore）、克里斯蒂安·梅斯（Christian Maes）、弗朗西斯·马腾斯（Francis

6

Martens）、蒂姆·莫德林（Tim Maudlin）、西·毛斯科普夫（Sy Mauskopf）、让·默威恩（Jean Mawhin）、玛丽亚·麦格韦根（Maria McGavigan）、N. 大卫·默明（N. David Mermin）、恩里克·穆尼奥斯（Enrique Muñoz）、梅拉·南达（Meera Nanda）、迈克尔·诺恩伯格（Michael Nauenberg）、汉斯－约阿希姆·尼曼（Hans-Joachim Niemann）、玛丽娜·帕帕（Marina Papa）、帕特里克·佩卡蒂（Patrik Peccatte）、让·佩斯提奥（Jean Pestieau）、丹尼尔·平卡斯（Daniel Pinkas）、路易斯·平托（Louis Pinto）、帕特里夏·拉德雷－德·格拉夫（Patricia Radelet-de Grave）、马克·里歇尔（Marc Richelle）、本尼·里戈斯－布里克蒙（Benny Rigaus-Bricmont）、吕特·罗森（Ruth Rosen）、大卫·吕埃勒（David Ruelle）、帕特里克·桑德（Patrick Sand）、莫妮卡·桑托罗（Mónica Santoro）、阿布内·希莫尼（Abner Shimony）、李·斯莫林（Lee Smolin）、菲利普·斯平德尔（Philippe Spindel）、赫克托·祖斯曼（Hector Sussmann）、亚卡－佩卡·塔卡拉（Jakka-Pekka Takala）、塞尔日·蒂斯龙（Serge Tisseron）、雅克·特赖纳（Jacques Treiner）、克莱尔·范库切姆（Claire Van Cutsem）、雅克·范里拉尔（Jacques Van Rillaer）、华康德（Loïc Wacquant）、M. 诺顿·怀斯（M. Norton Wise）、尼古拉斯·维特科夫斯基（Nicholas Witkowski）、丹尼尔·茨万齐格（Daniel Zwanziger）。

我们也感谢编辑尼基·怀特（Nicky White）以及乔治·维特（George Witte）提供许多宝贵的建议。必须强调，这些人未必完全同意本书的内容或是意图。

最后，谢谢玛丽娜、克莱尔、托马斯和安东尼在过去这两年对我们的容忍。

目 录

第一章　导言

　　一方面，只要权威引起敬畏，混淆与荒谬就会强化社会的保守倾向。因为清楚且合逻辑的思考会累积知识（自然科学的进步提供最好的例子），而知识提升迟早会瓦解传统的秩序。另一方面，混淆的思考尤其无法指引出路，而且无止境地陷溺，无法对世界产生任何冲击。

——安德列斯基（Stanislav Andreski），

《社会科学作为巫术》（*Social Science as Sorcery*）

（1972，第 90 页）

　　本书源于一场恶作剧。这些年来，我们对于美国学术界内部的某些知识倾向感到非常惊讶与失望。许多人文学科与社会科学研究者，似乎都在采用所谓"后现代主义"的哲学，这股知识潮流的特点是公然拒绝启蒙的理性传统，其理论性的论述与任何经验的检验无关，并且采取一种知识及文化上的相对主义，把科学等同于一种"叙事""神话"或社会建构。

　　为回应这种现象，本书作者之一（索卡尔）决定尝试一种非正统的（而且老实说是恣意的）实验：他向美国一家颇为流行的文化研究期刊《社会文本》投稿，文章的内容谐拟近年来激增的这类作品，想看看该期刊是否会刊登它。文章的标题是"逾越边界：朝向一个转形的量子引力诠释学"（Transgressing the Boundaries: Toward a Transformative Hermeneutics of Quantum Gravity）[1]。文中充斥着荒诞与明显不合逻辑的推论。此外，文章断言一种极端形式的知识相对主义态度：主张"存有一个外在的世界，其性质独立于任何个人与全体人类之外"是个古老的"教条"。在嘲笑这个教条之后，宣称"'物理实在'和'社会实在'一样，终究是社会的和语言的建构"。经过一连串令人目瞪口呆的逻辑跳跃之后，文章的结论竟是："欧几里得的圆周率 π 与牛顿的重力常数 G，以前被视为恒常且普遍，现在却让人感知到它们无可避免的历史性：假想的观察者完完全全被除去了中心的地位，和任何不再由几何来定义的时空点没有任何知识联结。"其他的内容也如出一辙。

然而，这篇文章不但被接受，并且刊登出来，更糟的是，《社会文本》以专辑的形式刊出，以驳斥若干知名科学家对后现代主义与社会建构论的批评。[2] 对于《社会文本》的编辑而言，搬砖砸自己的脚，莫此为甚。

索卡尔立即揭发这出恶作剧，在通俗及学术出版界都引发了火爆的反应。[3] 许多人文学科与社会科学的研究者写信给索卡尔，有

---

[1] 我们将这篇文章放在本书附录 A，并加上一篇简短的评论，见附录 B。

[2] 这些批评的例子，可见霍尔顿（Holton, 1993）、格罗斯和莱维特（Gross and Levitt, 1994），以及格罗斯、莱维特和刘易斯（Gross, Levitt and Lewis, 1996）。《社会文本》专刊的引言见罗斯（Ross, 1996），刊载的谐拟文见索卡尔（1996a）。写作谐拟文的动机详见索卡尔（1996c），重刊于本书附录 C，以及索卡尔（1997a）。从一个稍微不同的政治角度评论后现代主义和社会建构主义（这在《社会文本》的专刊中却没有提到）的早期批评见：亚伯特（1992—1993）、乔姆斯基（Chomsky, 1992—1993）以及埃伦赖希（Ehrenreich, 1992—1993）。

[3] 恶作剧是索卡尔自己揭穿的（1996b）。这个丑闻（很令我们惊讶）刊在《纽约时报》的头版（Scott, 1996）、《国际前锋论坛报》（*International Herald Tribune*）（Landsberg, 1996）、（伦敦的）《观察家报》（*Observer*）（Ferguson, 1996）、《世界报》（*Le Monde*）（Weill, 1996），以及若干主要的报纸。回应部分，特别参见法兰克（Frank, 1996）、波利特（Pollitt, 1996）、威利斯（Willis, 1996）、艾伯特（1996）、温伯格（Weinberg, 1996a, 1996b）、博格西昂（Boghossian, 1996）及艾普斯坦（Epstein, 1997）的分析。

时会动人至深地感谢他的作为，并对主宰他们学门的后现代主义及相对主义趋势表示拒绝。有个学生觉得，他辛苦赚来用于求学的经费，却花在国王的新衣上，然而就像在寓言里，国王根本没穿衣服！另一封信写道，他和他的同事都对这一谐拟感到激动，但是要求将他的心声予以保密，因为虽然他也很想改变他的学门，但只有在获得一份有保障的工作之后，他才可能这么做。

但是，缘何如此大惊小怪？尽管媒体大做文章，可是这篇谐拟文获刊出的这个事实，本身并未证明什么，只不过揭露了一份流行学刊的知识标准。但是如果检视这篇文章的内容，可以得到更有趣的结论。[4] 仔细检视，读者会发现这篇戏谑性的文字，实际上是引用许多知名的美国、法国知识分子的著作而组成，内容是关于数学和自然科学所谓的哲学或社会意涵。这些文字也许荒谬、无意义，但却无疑是真的。事实上，索卡尔在文中唯一做的，就是提供"胶水"将这些引文"粘"起来，并且加以赞美（而当中的"逻辑"坦白说是随性任意的）。他所引用的作者可以说是集当代"法国理论"之大成，包括德勒兹、德里达（Jacques Derrida）、加塔利（Félix Guattari）、伊利格瑞、拉康、拉图尔（Bruno Latour）、利奥塔（Jean-François Lyotard）、塞尔（Michel Serres）以及维利里奥（Paul Virilio）。[5] 引文也包括许多在文化研究及相关领域著称的美

---

[4] 索卡尔（1998）有更详细的讨论。

[5] 本书中，我们把布希亚和克里斯蒂娃列入。拉蒙特（Lamont, 1987, 注［4］）列举十位"最重要的"法国哲学家，其中五位是布希亚、德勒兹、德里达、利奥塔以及塞尔。莫特利（Mortley, 1991）选出的六位法国哲学家当中的三人是德里达、伊利格瑞和塞尔。罗策（Rötzer, 1994）专访八位法国哲学家，其中的五人是布希亚、德里达、利奥塔、塞尔和维利里奥。同样的这些作者出现在《世界》（1984a, b）专访的三十九位西方思想家当中，而布希亚、德勒兹、德里达、伊利格瑞、克里斯蒂娃、拉康、利奥塔和塞尔则名列莱希特（Lechte, 1994）所选的五十位当代西方思想家。在这里，"哲学家"的称呼是广义的用法；更确切的用词应是"文哲知识分子"。

国学者，而这些作者通常（至少在某些部分）是这些法国大师的信徒或评注者。

4　　由于谐拟文中的引文都相当简短，于是索卡尔将一系列较长的文字结集，以显示这些作者如何处理自然科学。他让这份数据在同事之间流传，他们的反应不一：有的觉得荒唐，有的感到失望。他们不敢相信会有人，更别说知名的知识分子会写出这些无意义的东西。然而，非科学界的朋友阅读这些资料时，则认为有必要用非专业的话来解释为什么文章所引的文段是荒谬或无意义的。从那时起，我们两人便合作对这些文本进行一系列的分析与评论，本书于焉而生。

我们想说的

本书的目的是想对我们称为"后现代主义"的那种公认的暧昧含糊的时代精神（Zeitgeist）进行局部但富有原创性的批判。我们并不打算全面分析后现代主义思潮，但是希望将注意力集中到较不为人知的方面，即对于一些数学以及物理之概念和词语的反复滥用。我们也将分析一些思想上的混淆，它们经常出现在后现代主义的作品中，与自然科学的内容或哲学有关。

"滥用"一词，在此有着以下几点特征：

1. 对于顶多只有模糊观念的科学理论发表长篇大论。最常见的做法就是使用科学（或伪科学）词语，而不介意用词实际上意指什么。

2. 将自然科学的概念带入人文学科或社会科学，却不提供一些概念上或经验上的正当理由。如果一个生物学家在研究中想要应用拓扑学、集合理论以及微分几何的基本概念，她就必须加以解释。

5　如果只是模糊的类比，便无法获得同行的认真看待。对比之下，我们从拉康那里学到，精神官能症主体的结构正是圆环面（torus）（这不亚于事实本身，参见中文第 18 页）；从克里斯蒂娃那里学得，诗性语言可以由从连续统的基数性（cardinality of the continuum）来解释（参见中文第 47—48 页）；从鲍德里亚那里得知，现代战争是在一个非欧氏空间中发生的（参见中文第 148 页）。这些都没有任何说明。

3. 毫无忌惮地在完全不相干的语境里滥用专业术语，借以展现浮面的博学，此举无非是想给非科学界的读者留下深刻印象，尤其是吓唬他们。连一些学术界或媒体的评论者都落入这个陷阱：罗兰·巴特（Roland Barthes）就嘉许克里斯蒂娃作品（参见中文第 45 页）的精准，而期刊《世界》也赞扬维利里奥（参见中文第 174 页）博学多闻。

4. 操弄实际上毫无意义的语汇和句子。有些作家对于文字极度着迷，对文字的意思却毫不理会。

这些作家充满强烈自信的口吻远胜于他们的科学能力：拉康自认利用了"拓扑学中最新的发展"（参见中文第 19—21 页），而拉图尔则设问他是否已为爱因斯坦上了一课（参见中文第 132 页）。他们或许想象能够利用自然科学的声誉，为他们的论述套上严格的外表。他们似乎自信，没有人会注意到他们误用科学概念，也没有人会高喊国王没穿衣服。

我们的目的正是要指出，国王没有穿衣服（王后也没穿）。但需明确的是，我们并不是要抨击哲学、人文科学或社会科学之整体；相反，我们觉得这些领域非常重要，我们也想要提醒在这个领域从事研究的人，特别是学生，提防某些显而易见的吹嘘骗术。[6]

---

[6] 有些读者建议我们列举出这些领域当中的好作品；但我们没有这么做，因为若要全部列举，则超出了我们的能力范围，而只列举部分则会立刻让我们陷入离题的情况（你为什么提 X 而不提 Y？）。

6 　特别是，我们想去"解构"某些文本的盛名，这些作品因其观念如此深奥而显得艰涩，我们将以许多例子证明，如果作品看似无法理解，最好的解释是它们确实毫无意义。

　　滥用科学的程度不同，一个极端是，挪用那些超出其有效范围的科学观念，它们的错误实出于微妙的理由；另一个极端是，大量文本充斥科学词汇，但全无意义。当然，也有一系列的论述介于这两个极端之间。虽然本书的重点是最为明显的对科学的滥用，但也将简明扼要提及关于混沌理论若干较不易察觉的混淆（参见第七章）。

　　我们必须强调，不懂微积分或量子力学并不是可耻的事。我们所要批判的是某些著名知识分子的虚矫，假装能为他们所了解的复杂主题提供深刻的思考，但他们的了解顶多只是在通俗的层面。[7]

　　在这点上，读者自然会想知道："这些科学上的滥用，究竟是蓄意的诈欺还是自我欺骗，抑或两者兼而有之？"对于这个问题，由于缺乏（公开可得的）证据，我们无法提供任何明确的答案。但是，比较重要的是，我们必须坦承对这个问题不感兴趣。本书的目标在于激励一种批判的态度，不仅针对某些特定人物，也针对一部分（在美国及欧洲）向来容忍甚至鼓励这种论述的知识分子。

没错，可是……

7 　　继续讨论之前，我们先回答一些读者必然会想到的异议：

　　1. **引文的边缘性。**有人会说我们吹毛求疵；批评的对象显然未受过科学训练，在其陌生的领域探险难免犯下错误，但是他们对

---

[7] 有些评论者（崔伊特〔Droit, 1997〕，斯唐热〔Stengers, 1997〕，《经济学人》〔1997〕）将我们比作将拉康和克里斯蒂娃等人的数学和物理分数打得很低的学校老师。但是这种类比是错的：某些科目在学校是必修的，但是没有人强迫这些作者在他们的书写中引用专业的数学概念。

哲学以及／或者社会科学的贡献却相当重要，绝不会因为我们发现的"小错误"而完全无效。对于这个问题，我们的回应是：首先，这些作品中有的不只是"错误"，他们对事实与逻辑的态度如果称不上轻蔑，那么也可说是漠不关心。因此，我们并不是要取笑在援引相对论或哥德尔定理时犯下错误的文学批评家，而是要为所有学术领域所（或应该）共有的合理性之典律与知识上的诚实辩护。

当然，我们无权评断这些作品中非科学的部分。我们也完全了解，他们对自然科学的涉及并非构成其全部作品的主要题旨。但是，如果我们在某人的作品中的某个部分，即使是边缘的部分，发现知识的欺瞒（或全然无能），自然想更批判性地检查作品的其他部分。我们不想预先判断这类分析的结果，但这些作品常予人深不可测的印象，有时，学生（和教授）都望之却步。我们只是想要剥除这层光环。

如果观念是基于流行或教条而被接受，即使是边缘的部分也特别容易曝光。例如：18、19世纪地质学的发现，显示地球远比《圣经》所记载的五千年更古老；虽然这些发现只与《圣经》的一小部分相抵触，却间接危及《圣经》作为史实纪录的可信度。如今，除了美国以外，很少有人会像数百年前大部分的欧洲人一样，相信《圣经》字面上的意义。对比之下，试想牛顿的研究：据估计，他的作品中百分之九十是讨论炼金术或神秘主义。但是又怎么样？其他的部分还是保存下来了，因为那建立在坚实的经验与合理的论证之上。同样的，笛卡儿大部分的物理学研究都是假的（false），可是他所提的一些哲学问题至今依然使人受用。如果同样的情形也适用于我们批判的这些作家的作品，那么我们的发现就没什么相干。可是，如果这些作者由于社会的而非知识的理由而扬名国际，而且部分因为他们是语言大师，能巧妙滥用各种科学与非科学的精致语汇来打动读者，那么，这份研究揭发的结果可能就有相当的影响。

我们必须强调，这些作者对科学的态度截然不同，也赋予科学不同的重要性，不应该将他们归为一类，我们也想提醒读者避免这么做。例如，索卡尔谐拟文中所引的德里达的文段相当可笑[8]，可是，这只是一次滥用，德里达在其作品中并未对科学进行有系统的误用（事实上也很少提到），本书就不另辟章节对之加以讨论。对照之下，塞尔作品中有许多关于科学与科学史的隐喻，处理得如诗一般；尽管他的主张非常模糊，但一般来说并非毫无意义，也不算完全错误，所以我们也没有进一步讨论。[9]克里斯蒂娃早期的作品相当仰赖（甚至滥用）数学，但是，早在二十多年前她就放弃了这种做法；我们在此加以批判是因为我们认为它们反映了某种知识风格。相反的，其他作者在其作品中都广泛地触及科学。例如，拉图尔的作品为当代相对主义提供了可观的支持，而且建立在所谓科学实践的严格分析上。鲍德里亚、德勒兹、加塔利以及维利里奥的作品表面上非常博学地引用相对论、量子力学、混沌理论等等。因此，在主张他们科学上的博学其实是极度的肤浅的时候，我们绝不是吹毛求疵。此外，我们将就某些作家提出更多作品以供参考，读者不难从中发现许许多多滥用科学的例子。

2. **你不了解作品的语境。** 拉康、德勒兹的辩护者也许会辩称，他们援引科学观念得体恰当，甚至深奥渊博，但因为我们无法了解作品的语境，因此批评无法掌握重点。当然，我们必须承认我们并不完全了解这些作者作品的其他部分。这么说，我们会不会成了傲慢而且心胸狭隘的科学家，错失某些细致深奥的东西？

[8]　全部引文可以在德里达（1970，第256—268页）找到。
[9]　但塞尔作品中较明显的滥用例子，见第十一章以及第224—225、271—272页。

我们的回答是：首先，如果在其他的研究领域援用数学或物理学的观念，必须论证其间的相关性。本书所引的例子中，我们发现，无论是引述文字接下来的部分，还是书中其他地方，我们都看不到这样的论证。

此外，有一些"日常经验规则"（rules of thumb）可以用来分辨作者在引入数学时，是真正基于知识的目的还是只是为了使读者折服。首先，在合法使用的例子中，作者必须充分了解他所想应用的数学，特别是不应该有明显的错误。而且，对于必要的技术概念必须尽可能地清楚，以一般读者及非科学家能了解的词汇加以解释。其次，数学概念的意义精确，因此，当主要应用的领域，其概念也有大致精确的意义时，数学才有用处。将数学中的紧致空间（compact space）概念应用到精神分析中定义不清的"享乐空间"时，似乎并无大用。最后，如果某一深奥的数学概念（譬如集合论中的选择公理）即使是在物理学中都鲜有使用，更从未在化学或生物学中出现，竟然奇迹般的与人文科学或社会科学有关，这时读者应该特别提高警觉。

3. **诗的破格**。如果诗人将"黑洞"或"自由度"等字眼抽离语境，也不了解其确切的科学意义，这倒不会困扰我们。同样的，如果科幻小说家描绘在太空时代，利用秘密通道将故事中的角色送回中世纪，这就涉及对写作技巧的好恶，纯粹是品位的问题。

但是我们坚持，本书所举的例子与诗的破格形式无关。这些作者极为严肃地就哲学、精神分析、符号学或社会学发表长篇大论。他们的作品也成为无数的分析、诠释、研讨会及博士论文的主题。[10]

---

[10]　为了更清楚证明他们的主张至少在部分英语学术界中被认真看待，我们引证了一些二手文献，这些著作分析并阐述了拉康的拓扑学和数理逻辑、伊利格瑞的流体力学，以及德勒兹和加塔利的伪科学发明。

他们的用意显然是要提出理论，基于这个理由，我们批判他们。此外，他们的风格通常是严肃而又自负的，因此，他们的目的几乎不可能是写诗或文学创作。

4. **隐喻的角色。**毫无疑问，有些人会认为我们过于从字面上诠释这些作者，而我们所引用的文字应被视为隐喻，而不是精确的逻辑论证。的确，在某些个例中，"科学"显然是隐喻性的说法，但是这些隐喻的目的何在？毕竟，隐喻经常是借着较熟悉的东西来澄清一个陌生的概念，而非相反。假设在理论物理学的研讨会中，我们用德里达文学理论中困境（aporia）的概念为比喻，解释量子场论中一个相当技术性的概念，作为物理学家的听众必然会想知道，这种比喻（不论其恰当与否）除了展现我们的博学之外，有何目的？同样，如果对绝大部分非科学家的读者，援引一些自己也一知半解的科学概念，即使这些概念是隐喻性的，我们也看不出其益处何在。难道用时髦的科学术语，只是为了把陈腐的哲学或社会学观察粉饰得更为深奥？

5. **类比的角色。**许多作者，包括本书所讨论的，试图以类比法来做论证。我们绝不是反对在人类思想的不同领域建立类比的努力。事实上，观察到两个既有理论之间正当的类比，对两者的后续发展相当有用。但是我们认为，这里的类比存在于稳固的理论（自然科学中）与过度含糊以致无法用经验检测的理论（如拉康的精神分析）之间。我们不得不怀疑，这些类比的功用在于掩盖较模糊理论的弱点。

我们必须强调，不论是在物理学、生物学，还是社会科学，以象征符号或公式来包装半吊子的理论（half-formulated theory），于事无补。社会学家安德列斯基以其惯有的嘲讽表达了这个想法：

在写作这一行里，有个窍门既简单又好赚：顺手抓一本数学教科书，抄袭其中较不复杂的部分，加入若干社会研究的参考文献，也不必过度担心所写的公式是否与人们的实际行为有关，再赋予作品一个响亮的标题，表示你已掌握研究集体行为科学的关键。

（安德列斯基，1972，第 129—130 页）

安德列斯基的批评原本是针对美国的量化分析社会学，可是也同样　　12
适用本书中所引的一些文本，特别是拉康以及克里斯蒂娃的作品。

6. **谁够格？** 经常有人问："你们想阻止哲学家谈论科学，因为他们没有接受必要的正式训练。可是你们有什么资格谈论哲学呢？"这个问题透露出不少误解。首先，我们无意阻止任何人谈论任何事情。其次，任何一种介入（intervention）的知识价值，是由其内容所决定，而不是由发言者的身份，更不是由其文凭所决定。[11]

---

[11] 语言学家乔姆斯基很好地对此点加以佐证：

　　在我自己的专业著作中，我碰触了许多不同的领域。譬如，我做过数学语言学，但我没有任何数学方面的专业文凭；对于这个科目，我完全是自修的，学得不是很好。但是我常常受大学之邀，在数学讲座或研讨课上讲数学语言学。没有人问我，我是否有恰当的资格讲这个题目；数学家更不关心这个。他们想要知道的是，我要说的是什么。没有人反对过我发言的权利，问我是否有数学博士的学位，或者我是否修了什么数学高等课程。他们绝对不会想到这个。他们想知道我是对是错，题目是不是有趣，是否可能有更好的取径——讨论处理的是主题，而不是我有没有权利讨论它。
　　但另一方面，如果是关于社会议题、美国外交政策、越南或中东的讨论或辩论，这个问题就常常被提起，通常夹带满腔恶意。我不断地在资格证明的问题上遭到挑战，或者被问到，你有什么特别的训练让你有资格谈这些问题。这问题的假设是，像我这样从专业角度来看是外行人，是没有资格谈这些东西的。
　　比较数学和政治科学——差异相当惊人。在数学、物理学中，人们关心的是你说的内容，不是你的资格证明。但是要谈社会现实，你必须有合适的凭证，特别是如果你脱离了公认的思考架构。一般说来，一个领域的实质知识越丰富的话，对文凭的关心就越低，而对内容的关心也越高，这样说似乎是公平的。

（乔姆斯基，1979，第 6—7 页）

最后，这个问题失之偏颇，我们不打算论断拉康的精神分析、德勒兹的哲学，或是拉图尔的社会学作品。我们只讨论他们对数学及物理学的陈述，或对科学哲学中之基本问题的谈法。

13 **7. 你们是否过于诉诸权威论证？**如果我们宣称拉康的数学是无稽之谈，那么，非专业的普通读者要如何进行判断？他（她）一定要相信我们的话吗？

倒也不尽然。我们的首要任务是努力仔细说明科学背景，让非专业读者能评断为什么某一个主张是错误或是无意义的。也许我们无法在每个案例中都做到，因为篇幅有限，而且系统的科学教学实在不易。在我们说明不当之处，读者绝对有权保留判断。不过，最重要的是切记我们的批评主要不是在检讨错误，而是指出其所用的科学术语和这些作者研究的主题无关。本书在法国出版后，随之而来的所有评论、辩论及个人通信中，从未有人提出论证解释其间的关联如何能成立。

8. 可是这些作者并不是"后现代主义者"。的确，本书所讨论的法国作者并不认为他们是"后现代主义者"或"后结构主义者"。有些作品早在这一类知识潮流出现之前即已出版，有些作家也拒绝与这些潮流扯上关系。另外，本书所谓知识滥用的情形也不可一概而论；可粗分为两大类，约略相当于法国知识发展的两个不同阶段。第一个阶段是延伸到20世纪70年代早期的极端结构主义：作者们不遗余力，要借由数学的外饰给人文学科模糊的论述一个"科学性"的外貌。拉康的著作以及克里斯蒂娃的早期作品属于这一类。第二阶段是起于20世纪70年代中期的后结构主义时期：此时"科学性"的伪装被抛弃了，且其基本哲学观趋向于非理性主义和虚无主义。鲍德里亚、德勒兹、加塔利的作品是这种态度的典型。

14 此外，存在所谓"后现代主义"这股特殊思潮的想法，在法国不像在英语世界那么普遍。为了方便起见，我们仍然使用这一术语，因为本书中所讨论的作者，在英语学界的后现代论述中，常被当作基本的参考点，而且他们作品的某些层面（晦涩的术语、隐约拒绝理性的思想、滥用科学为隐喻）是英美后现代主义中的共同特征。无论如何，我们批判的正当性绝不是着眼于某个字或词的使用；评论我们的论证无须考虑每一个作者与广义的"后现代主义"思潮的关系，不论这层关系是概念上的还是社会学的因素。

9. 为什么你们批评这些作者，而不是其他的作者？有人建议了一长串"其他人"的名单，不论是在出版物还是私人通信中：包括所有数学在社会科学（如经济学）的应用，物理学家在通俗书籍中的臆想（如霍金［Hawking］、彭罗斯［Penrose］），社会生物学、认知科学、信息论、量子力学的哥本哈根派解释，还有休谟（Hume）、拉·梅特里（La Mettrie）、霍尔巴赫（D'Holbach）、爱尔维修（Helvetius）、孔狄亚克（Condillac）、孔德（Comte）、涂尔干（Durkheim）、帕累托（Pareto）、恩格斯（Engels）等以及其他一大批人[12]对科学概念及公式的运用。

让我们这么说：这个问题与我们的论证是否有效无关，顶多只能用来污蔑我们的意图。假设有滥用科学的情形像拉康、德勒兹一样糟糕，怎么就能证明拉康或德勒兹是有理的呢？

不过，既然经常有人问起我们"选择"的基准，我们就做一简短回答。需要强调的是，我们并不想写一部十册的百科全书，讨论"柏拉图以降的无稽之谈"，也没有能力这么做。本书仅针对一个有限的范围进行讨论：第一，针对滥用数学和物理学的情形，我们在这些领域还算具有专业素养[13]；第二，针对流行在具影响力的知识

15

---

［12］　见李维－勒布隆（Levy-Leblond，1997）及富勒（Fuller，1998）。
［13］　在生物学、电脑科学或语言学方面的滥用，如果也有人试图做类似的探讨，会是件有趣的事，但是我们把这个工作留给比我们更有资格的人。

圈中的滥用情形；第三，针对先前未受过仔细分析的滥用。然而，尽管有这些限制，我们并不宣称我们所罗列的对象已经很彻底，他们也不构成"自然而然的种类"（natural kind）。说起来非常简单，多数文本是在索卡尔写作那篇谐拟文时意外发现的，经过再三思量，我们决定将他们公之于世。

另需申明，本书所分析的作品和别人向我们建议的大部分作品，两者之间有显著不同。本书所引用的作者显然不了解他们所提及的科学概念，更重要的是，他们无法论证这些科学概念与其研究主题的相关性。他们不仅推理有缺失，而且掉书袋。因此，批判性地评估数学在社会科学中的使用以及自然科学家的哲学或臆想论断，虽然非常重要，但是这些计划与本书相当不同，也比本书微妙得多。[14]

一个与此相关的问题是：

10. 为什么写书讨论这个题目而不是其他更严肃的议题？难道后现代主义对人类文明是一大威胁吗？这是个奇怪的问题。假设有人发现关于拿破仑历史的文献，于是著书论述，有人会问他是否认为拿破仑史这个题目比第二次世界大战更重要。他的回答会和我们一样——一位作者就某个主题著书写作有两个条件：一是能够胜任，二是能够提出创见。除非运气特别好，不然他的题目不会恰好是世上最重要的问题。

当然，我们不认为后现代主义对人类文明构成极大威胁。从全球的角度来看，这是相当无足轻重的现象，而且，不乏更危险的非

16

---

[14] 关于后一种批评，让我们举两个例子，作者是笔者之一：一是对于普里高津（Prigogine）和斯唐热（Stengers）书中处理混沌、不可逆性和时间之箭的详尽分析（布里克蒙［Bricmont］，1995a），二是对哥本哈根量子力学诠释的批评（布里克蒙，1995b）。我们认为，普里高津和斯唐热对于他们所处理的题目，给受过教育的大众一个扭曲的观点，但是他们的滥用还不及本书中分析的那些情形严重。而哥本哈根诠释的缺陷也微妙得多。

理性主义形式，譬如某些极端主义。但我们的确认为，就知识、教育、文化和政治的理由而言，批判后现代主义是值得做的。我们会在结语中回到这些议题。

最后，为避免无用的争执或肤浅的反驳，我们要强调，本书不是反对左翼知识分子的右翼文宣，不是美式帝国主义对巴黎知识分子的攻击，也不是什么都不懂地诉诸"常识"。事实上，我们鼓吹的严谨的科学态度所产生的研究结果，经常与"常识"相抵触。蒙昧主义、混淆的思考、反科学的态度，以及对"伟大的知识分子"近乎宗教般的崇敬，这些都不是左翼的精神；部分美国知识分子依附着后现代主义来证明这种现象是国际性的。尤其是，我们批判的动机绝不是法国作家埃里蓬（Didier Eribon）声称在一些美国批评家的作品中所见到的"理论的民族主义和保护主义"。[15]我们的目的非常简单，就是抨击知识上的矫饰与不诚实，不论发生在哪里。如果当代英美学界关于后现代主义的论述主要源自法国，那么，同样的，英语世界的知识分子长久以来早已赋予它地道的自家特色。[16]

本书的规划

本书主要是依作者排列，分析其文本。为了方便非专业的读者理解，我们在注释中提供相关科学概念的简洁说明，以及优良的科普与半科普的参考文献。　　　　　17

毫无疑问，有些读者会认为我们对于这些作品的处理过于严肃。就某个意义而言的确如此。但是，既然许多人都认真看待这些作品，我们就应该以最严谨的态度进行分析。在某些案例中，我们

---

[15]　埃里蓬（1994，第70页）。
[16]　我们会在结语中回到这些文化及政治的论题。

引用了相当长篇幅的文字，冒着让读者感到厌烦的风险，就是为了证明我们虽然将句子抽离原文，但是却不会扭曲作品的意义。

除了对滥用科学的情形严格把关，我们也分析了后现代思想中，若干科学与哲学上的混淆。我们将先思考认知相对主义的问题，展示许多出自科学、哲学或科学史的观念，本身并没有别人赋予它们的激进含义（第四章）。接着，我们将讨论关于混沌理论及所谓"后现代科学"中的一些误解（第七章）。最后，在结语中，我们会将我们的评论放在更宽广的文化语境中讨论。

本书许多引文原是以法文写成。如果有英文译本，我们会尽量利用，有时会注明我们修正的部分。书目中引证的英译本，我们会将法文原本放在括号中。其他的则是笔者的翻译。我们将尽可能忠于法文原本，如果有所怀疑，我们会将原文放在括号中，甚至一字不漏重抄。我们保证，如果英译文字难以理解，那是因为法文原文亦是如此。

第二章　雅克·拉康

拉康终于为弗洛伊德的思想提出其所需要的科学性概念。

——路易·阿尔都塞（Louis Althusser），
《关于精神分析的书写》（*Écrits sur la psychanalyse*）
（1993，第 50 页）

拉康，诚如他本人所言，是一位思路清晰的作者。

——尚-克劳德·米尔诺（Jean-Claude Milner），
《清晰作品》（*L'œuvre claire*）（1995，第 7 页）

雅克·拉康，可说是 20 世纪最著名，且具影响力的精神分析学 18
者之一。每一年，数以万计的书、文章致力于分析他的作品。在门徒
心中，拉康彻底改革了精神分析的理论与实践；在批评者眼中，拉康
却是不折不扣的骗子，作品中尽是胡扯。此处我们不讨论拉康作品中
纯粹精神分析的部分，而将焦点集中于分析其对数学的频繁援引，并
且昭示拉康的作品充分表现了导论中所列出的滥用科学的情形。

"精神分析的拓扑学"

拉康对数学的兴趣主要在拓扑学。拓扑学是数学的一个分支，

主要是处理几何对象——如曲面、立体等——的那些经过不撕裂
的变形后仍然不变的性质。（一则经典的笑话是：拓扑学家无法区
分甜甜圈和咖啡杯，因为两者都是有一个洞的实体。）早在 20 世纪
50 年代，拉康的作品即以拓扑学为参考。可是第一个扩大且广为人
知的讨论，要追溯到 1966 年在约翰斯·霍普金斯大学霍普金斯大学
举行的 "批评的语言与人的科学"（The Languages of Criticism and the
Sciences of Man）这一知名的研讨会。以下是拉康演说中的部分文字：

> 这个图形（莫比乌斯带 [the Möbius strip]）[1] 在构成主体
> 的纽结（knot）中，可被视为起源处的一种必要铭记的基础。
> 这比你原先想的走得更远，因为你可以寻找能够接收这种铭
> 记的曲面。你也许会发现，球面代表整体性的旧象征是不适
> 合的。圆环面、克莱因瓶、交叉曲面[2] 都可以接受这种切割
> （cut）。而这种多样性是非常重要的，因为它说明了关于心理
> 疾病结构的许多事情。如果以这种基本的切割来象征主体，以
> 同样的方式，我们可以证明圆环面的切割对应于神经疾病的主
> 体，而交叉曲面对应于另一种心理疾病。
>
> （拉康，1970，第 192—193 页）

读者也许觉得纳闷，这些不同的拓扑哪里和心理疾病的结构有关？
当然，我们也是这样纳闷。而且拉康在下文并未做任何澄清。但是

---

[1]　做一个莫比乌斯带，可以取一张带状的长方形纸条，将窄的一边旋转 180°，粘上另
外一个窄边。如此一来，便产生一个只有一面的曲面："前"和"后"被一条连续
的路径所连接。

[2]　圆环面是由一中空轮胎形成的表面。克莱因瓶很像莫比乌斯带，但是没有一个边
缘；需要一个至少四维的欧几里得空间才能把克莱因瓶具体地表现出来。交叉帽
（cross-cap）（这里称"交叉曲面"[cross-cut]，可能是转抄错误）又是另外一种曲
面。

拉康坚称他的拓扑学能够"说明许多东西"。演说之后的讨论出现了以下的对话：

> 哈利·吴尔夫："请问，这基本的算术和这拓扑学本身不是个神话吗？或顶多只是说明心灵生活的一种类比？"
>
> 拉康："和什么的类比？'S'是指称可以精确地被写成这个 S 的东西。而我也说过指称主体的'S'是工具，是质料，象征着缺失（loss）。一种你经验为主体会经历的缺失（对我亦然）。换句话说，这个鸿沟存在于有显著意义的某物以及是我实际论述的另一件事之间，我试着放在你所处的位置上的论述，而你不是作为另一个主体，而是能够了解我的人。类比在哪里？这种缺失要么存在，要么不存在。如果缺失存在，只可能经由符号系统来指称这个缺失。不论怎样，在象征符号指示其位置之前，缺失不存在。它不是一个类比。它实在是真实的一部分，这种圆环面。这个圆环面真的存在，而且正是神经疾病的结构。它不是类比，它甚至不是抽象。因为抽象多少已经化约了真实（reality），我认为，它是真实自身。"

20

（拉康，1970，第 195—196 页）

同样，拉康并没有进一步的论证支持他这种断然的主张，亦即圆环面"正是神经疾病的结构"（不论这是什么意思）。而且，当被问及圆环面是否只是一种类比时，他否认了。

若干年后，拉康愈发喜欢拓扑学。一篇 1972 年的作品，一开始即就这个词的词源大做文章（希腊文中 *topos* 表场所［place］，而 *logos* 表话语［word］）：

> 在这个享乐空间（space of jouissance），取某一有界（bounded）、封闭（closed）的事物构成场所（locus），进而称说它构成拓扑。
>
> （拉康，1975a，第 14 页；拉康，1998，第 9 页；研讨课原于 1972 年中举行[3]）

在这个句子中，拉康使用了数学分析中四个术语（空间、有界、封闭、拓扑），但毫不注意其含义。从数学的观点来看这个句子毫无意义。而且更重要的是，拉康从未说明这些数学概念与精神分析的相关性。即使"享乐"的概念相当清楚精确，拉康也并未提供解释：就"空间"这个词在拓扑学中的事业意义而言，为什么享乐可以被视为"空间"？尽管如此，他继续说道：

> 有一本记录我去年最新的前沿讲座的小册子即将出版，我相信我在其中证明了拓扑和结构之间的严格全等关系。[4]如果

[3] 这里我们已经修正过"borné"一词的翻译，其在数学上的意思是"有界"（bounded）。

[4] 据译者的注解和鲁斯唐（Roustang，1990，第 87 页），"我去年的一篇论述"指的是拉康（1973）的文章。于是我们重新去读这篇文章，寻找那"拓扑学和结构之间严格全等关系"的"证明"。这篇文章是冗长的（而且毫无掩饰的诡奇）思索，内容混合了拓扑学、逻辑、精神分析、希腊哲学和其他一堆厨余糟粕。以下我们会摘引第 38—45 页之间的一小段文字，但是关于他所谓的拓扑学和"结构"之间的等值，只能找到以下的部分：

> 拓扑学不是在结构中"用来引导我们的"。这个结构是它——是构成语言的连锁秩序之 retroaction。
>
> 结构是非球面的，隐匿在语言的发声中，只要主体的一个效果来掌握它。
>
> 很明显，就意义而言，这个对于次语句——伪模态——的"掌握"，从它所包绕在文法主词中、作为动词的物体本身发出反响，而有一个错误的意义效果，由拓扑学所衍生的想象发出的共鸣，根据的是主体的效果是造成一个非球面（原文照抄）的旋风，还是这个效果的主体从中"反映"自身。
>
> 这里我们必须区分由意义——也就是由切割的曲线——刻写自身的暧昧

我们以此为引导，区分匿名性和我们针对享乐所谈的东西——也就是，由法则所节制的东西——就是几何学。一个几何学蕴含着场所的异质性，也就是，存在一个"他者"的场所（a locus of the Other）。[5] 就这个"他者"的场所而言——一个性别作为他者、作为绝对的他者——拓扑学最近的发展能让我们设定（posit）什么东西？

我将在此设定"紧致"（compactness）[6] 一词。没有什么东

性，以及洞的暗示，也就是结构的暗示，是它使这种暧昧性变得有意义。

（拉康，1973，第 40 页）

［由于拉康的语言非常晦涩，所以我们将英文译文抄录于此：］

Topology is not "made to guide us" in structure. This structure is it–as retroaction of the chain order of which language consists.

Structure is the aspherical concealed in the articulation of language insofar as an effect of subject takes hold of it.

It is clear that, as far as meaning is concerned, this "takes hold of it" of the sub-sentence–pseudo-modal–reverberates from the object itself which it wraps, as verb, in its grammatical subject, and that there is a false effect of meaning, a resonance of the imaginary induced by the topology, according to whether the effect of subject makes a whirlwind of asphere [sic] or the subjective of this effect "reflects" itself from it.

Here one must distinguish the ambiguity that inscribes itself from the meaning, that is, from the loop of the cut, and the suggestion of hole, that is, of structure, which makes sense of this ambiguity. (Lacan 1973, p.40)

如果把拉康的神秘化说法放在一旁，拓扑学和结构关系是容易了解的，但是要看"结构"指的是什么意思。如果把这个名词做广义的理解——也就是说，包括语言学和社会结构，还有数学结构——那么，它很明显不能被化约为纯粹的数学中的"拓扑学"概念。但是，如果用严格的数学意义来了解"结构"，就容易看到，拓扑学是结构的一种类型，但还存在许多其他的类型：秩序结构、群结构、向量空间结构、流形结构等等。

[5]　最后两个句子如果有意义的话，它们和几何学没有任何关系。

[6]　紧致性（compactness）是拓扑学中的一个重要的概念，但是相当难以解释。19 世纪时，数学家（柯西［Cauchy］、魏尔施特拉斯［Weierstrass］及其他人）给予极限（limit）这一概念以精确的意义，将数学分析建立在一个坚固的基础上。起初，

西是比错误更紧致的，假设包含在其中之每件事物的交集，都被接受为超过无穷数集合的存在，结果是这个交集蕴含着无穷数。那正是紧致的定义。

（拉康，1975a，第 14 页；拉康，1998，第 9 页）

事实远非如此：拉康虽然使用了紧致数学理论中的几组关键词（见注［6］），却任意地将之混淆，丝毫不考虑它们的意义。他对紧致的"定义"不单是错误的，更可以说根本是胡言乱语。此外，他所说的这一"拓扑学最近的发展"也要上溯到 1900 年到 1930 年间。

拉康继续说道：

我正在谈的交集和我早先提出的是同一个，它或者涵盖了假定性的性关系，或者对这一性关系造成阻碍。

这种关系只是"假定性的"，因为我认为话语分析仅仅以声明"不存在某一物"为前提，也就是说创制（found）一种性关系是不可能的。其中存在比话语分析更进一步的东西，正是因此，它决定着所有其他话语的真实的情状。

此处所提的重点是涵盖这种性关系本身之不可能性。享乐（jouissance）在性一方面具有阳物崇拜性，换而言之，即不与"他者"本身相关联。

极限被使用在实数的序列上，后来，数学家渐渐发现，极限的概念应该延伸到**函数空间**（spaces of functions）（例如，为了研究微分或积分方程式）。部分归功于这些成果，拓扑学于 1900 年左右才诞生。在所有的**拓扑空间**（topological spaces）里，可以分出一个子类，称为**紧致空间**，也就是在那些空间当中，每一个由元素组成的**序列**都拥有一个有极限的子序列。（这里我们多少有点简化，只限于**测距空间**［metric spaces］。）另一个定义（可以证明是和第一个等值的）有赖于无穷多个闭集合相交的特性。在**有限维度之欧几里得空间**（finite-dimensional Euclidean spaces）的子集合这样的特殊情况下，当且仅当一个集合是**封闭**且**有界**时。容我们强调，以上黑体标示的词语都是有非常精确定义的术语（通常都奠基在一长串其他的定义和定理之上）。

让我们在此继续看看紧致假设的补充。

我认定，最新的拓扑学给了我们一个公式，它以数的研究为基础所建构的逻辑作为出发点，并导致一个场所的设置（the institution of a locus），场所不是一个同质的空间。让我们取同样有界的[7]、封闭的、假定设置的空间——等同于我早先设定的一个延伸到无穷大的交集。如果我们假设它被开集（open sets）涵盖，所谓开集就是排除其自身极限的集合——很快地为你们描述一下，所谓极限，其定义是大于一点而小于另一点的东西，但绝不等于起点或终点[8]——简单地说：它可以被证明等同于说，这些开空间的集合总是允许一个由开空间组成子涵盖（subcovering of open spaces），它构成一个有限性（finity），也就是说，集合的级数构成一个有限级数。

然而你或许会注意到，我不说它们是可数的。而那却是"有限"一词所包含的意思。最终，我们要对它们做逐一的计数。但在数它们之前，我们必须在其中找到一个秩序，我们不能立刻假定该秩序是可以找得到的。[9]

不论如何，在性享乐的案例中，那个能涵盖有界的[10]、封闭之空间的开空间，由其可证明的有限性意味了什么？其意味着这些空间可以逐一［un par un］被使用——而既然我是在谈另外一极，我们就把"un par un"改成阴性的——"une par

24

---

[7]　见本章注［3］。

[8]　在这个句子中，拉康对开集的定义并不正确，对极限的"定义"则没有意义。但是和论述整体的混乱相比，这缺失还算是轻微的。

[9]　这段纯粹是卖弄而已。显然，如果一个集合是有限的，理论上就可以"数"它，并可以加以"排序"。数学中所有关于可数性（见第三章注［7］）或排序一个集合之可能性的讨论，都启发自无限集合的研究。

[10]　见本章注［3］。

une". [11]

> 那就是性享乐的空间里的情形，借此证明性享乐是紧致的。
> （拉康，1975a，第 14—15 页；拉康，1998，第 9—10 页）

这段话彻底表现出拉康论述中的两个"缺陷"。每一件事顶多是基于拓扑学与精神分析之间的类比，这类比却无任何论证来支撑。事实上，甚至数学的论述都是缺乏意义的。

20 世纪 70 年代，拉康对拓扑学的窃用转向纽结理论（knot theory）：例如拉康（1975a，第 107—123 页；1998，第 122—136 页），特别是拉康（1975b-e）。他对拓扑学着迷的详尽历史，见卢迪内斯库（Roudinesco，1997，第 28 章）。拉康的门徒们对他精神分析的拓扑学也有完整的说明：例见，葛哈农－拉丰（Granon-Lafont，1985，1990）、瓦培侯（Vappereau，1985，1995）、纳索（Nasio，1987，1992）、达蒙（Darmon，1990）以及刘平（Leupin，1991）。

虚数

25   拉康对数学的偏好，在他的作品中绝非无足轻重。20 世纪 50 年代时，他的书写中就满是图表、公式和"算式"。为了加以说明，让我们摘录 1959 年讲座中的一段：

> 我在写批注的时候脑中出现一些公式，如果你们允许我使用其中之一——人的生命可以被定义为一个微积分，其中 0 是

---

[11] 此处是指法文"逐一地"——"un par un"，其中"un"是阳性冠词，所以拉康说要把"un par un"改成词性为阴性的"une par une"。——译者注

无理数（irrational number）。这公式只是个意象，一个数学隐喻。当我说"无理"时，指的不是某种无法探测的情绪，而是确实称作虚数（imaginary number）的东西。-1 的平方根不符合隶属于我们直觉的任何东西，任何实在（real）的东西——就该名词的数学意义而言。然而，它必须和其充分的函数一起被保留。

（拉康，1977a，第 28—29 页，原为 1959 年的研讨课内容）

在这段引文中，拉康将无理数和虚数混淆，还宣称其说法是"准确的"。它们彼此之间毫无关系。[12] 容我们强调，"无理"（irrational）和"虚"（imaginary）两词的数学意义，相当不同于其一般意义或哲学意义。当然，拉康在此审慎地说到一个隐喻，虽然很难看出这个隐喻（"人的生命可以被定义为一个微积分，其中零是无理数"）能起到何种理论作用。不过一年后，他进一步发展虚数在精神分析中的角色：

我个人将从 sigla S(∅) 作为第一个意符（signifier）中呈现的东西开始。……

根据该事实，既然一整套意符本身是完备的，这个意符就只能是一条线（line），从它的圆中拉出，而不需要被视为它的一部分。它可以由一组意符中的一个（−1）的禀赋来象征。

如此，它是无法表达的，但它的运作并非无法表达，因

26

---

[12] 一个数如果不能写成两个整数的比就称其为**无理数**：例如，2 的平方根，或 π。（相反地，0 是一个整数，因此必然是一个**有理数**。）另一方面，**虚数**的引进是作为在实数中无解的多项式的解：例如，$x^2+1=0$，其中一个解表示为 $i = \sqrt{-1}$，另一个是 $-i$。

为，每当说出一个专有名词时，它就是那被产生出来的东西。它的陈述（statement）等于它的表意过程（signification）。

因此，根据这里所使用的代数方法计算，也就是：

$$\frac{S(signifier)}{s(signified)} = s(statement)，而 S = (-1)，得：s = \sqrt{-1}$$

（拉康，1977b，第 316—317 页，

原为 1960 年的研讨课内容）

拉康只是在拖读者的后腿。就算他的"代数"有意义，出现在里面的"意符""意指"（signified）以及"陈述"，显然都不是数目，水平的横杠（一个任意选取的符号）也不代表两数相除。因此他的"计算"纯粹是幻想。[13] 但在两页之后，拉康回到同样的主题：

克劳德·列维-施特劳斯在他对莫斯（Machel Mauss）的评论里，无疑是想在其中辨认出这个零符号的效果。但是我觉得，我们在这里想处理的，反而是这个零符号之匮缺的意符（the signifier of the lack of this zero symbol）。这就是为什么我冒着招来轻蔑眼光的风险，指出我在使用数学算式时将之扭曲到什么程度：$\sqrt{-1}$ 的符号——在复数理论中仍被写成"i"——显然只是因为它在后来的用法中没有主张自动性，因而拥有正当性。

············

因此，竖立起来的器官变成象征享乐的地方，不是在它自身，或甚至在一个意象的形式上，而是作为在欲求意象中匮缺的一个部分：那就是为什么它等同于上面所产生的表意过程的

---

[13] 有一篇阐释拉康的"算式"的文章，几乎和原文一样荒谬，见南西与拉巴特（Nancy and Lacoue-Labarthe，1992，第 1 部，第 2 章）。

$\sqrt{-1}$，享乐的 $\sqrt{-1}$，是它借由它的陈述对于意符（-1）匮缺之函数的系数而回复的。

（拉康，1977b，第 318—320 页）

坦白说，看到我们竖立起来的器官等于 $\sqrt{-1}$，实在令人苦恼。这让我们想起伍迪·艾伦，他在《傻瓜大闹科学城》（*Sleeper*）里反抗将他的脑袋重新格式化："你不能碰我的脑袋，那可是我第二喜欢的器官啊！"

数理逻辑

拉康在他的一些文本中，对数学相对而言不那么暴力。例如，在以下的引文中，他提到数学哲学中的两个基本问题：数学对象的本质，特别是自然数（1，2，3，……），以及以"数学归纳法"推论的有效性（如果一个属性对数目 1 为真，而且如果可以证明它对数目 n 的真值可以推得对数目 $n+1$ 的真，那么就可以推导出这属性对所有自然数都为真）。

15 年后，我教我的学生最多数到 5，那是很难的（4 比较简单），而他们也懂得那么多。但是今晚让我停留在 2。当然，我们在这里处理的是整数的问题，而整数的问题并不简单，我想在座许多人都知道。只需要有，比方说，几个集合以及一一对应的关系。例如，这房间里有多少座位，就恰好有这么多人坐着，这是真的。但是却必须有一个由整数组成的聚合以构成一个整数，或者称为自然数的东西。当然，只有在我们不了解它为什么存在的意义上，它是部分自然的。数数不是一个经验

28

事实，也不可能只由经验资料推论出数数的行为。休谟尝试过，但弗雷格（Frege）充分证明了这样的企图是愚蠢的。真正困难的原因在于每个整数本身就是一个单元这一事实。如果我以 2 为一单元，事情就很轻松愉快，譬如男人和女人——爱加上结合！但不久之后就结束了，这些 2 之后就再没有人了，或许有一个小孩，但那是另一层次，产生 3 是另外一件事。当你试图阅读数学家关于数的理论时，你会发现"n 加 1"（$n+1$）的公式是所有理论的基础。

（拉康，1970，第 190—191 页）

到此为止还不算太坏：那些对题目已有所了解的人可以看出其中对古典辩论（休谟／弗雷格、数学归纳）的含糊暗示，并且将它们和一些很有问题的陈述区隔开来（譬如，"真正困难的原因在于每个整数本身就是一个单元"是什么意思？）。但是从以下开始，拉康的推理渐渐变得晦涩：

"再一个"的问题是数目的生成之关键，我建议你们考虑实数 2 的生成过程，以替代第一个情况中构成 2 的这个统合的统一。

这个 2 构成第一个整数，在 2 出现之前尚未诞生为数目，这是必然的。你们已使得这事变成可能，因为 2 在这里是要允许第一个 1 存在的。以 2 置换 1，结果在 2 的位置上你看到 3 出现。这里我们有的，是我可以称为**标志（mark）**的某物。你已经有某个被标志的东西，或某个未标志的东西。因第一标志，我们有事物的状态。弗雷格正是以这种方式说明数的生成；没有元素定义了第一个集合；在 0 的位置上你有了 1，之后就容易了解 1 的位置如何变成第二位置，它又为 2、3 等空出位置来。[14]

（拉康，1970，第 191 页，黑体为原文所有）

拉康并未于这种晦涩之上附加任何解释，就引入了其所谓的与精神分析的联系。

　　对我们而言，2 的问题是主体的问题，而在这里我们得到一个精神分析经验的事实，因为 2 并不完成 1 以便造出 2，而是必须重复 1 以便允许 1 存在。第一次重复是解释数的生成唯一必要的，构成主体的地位只有一次重复是必要的。无意识的主体倾向重复自己，不过构成它只有一次这种重复是必要的。但是，让我们再看精确一点，第二若要重复第一，以便我们可以有一个重复过程，什么条件是必要的。这个问题不能回答得太快。如果回答得太快，你会说，它们相同是必然的。在这种情形中，2 的原则会是成对的原则——但为何不是三个一组或四个一组的？在我的年代，我们总是教小孩，譬如说，不该把麦克风和字典相加；但这是非常荒谬的，因为如果不能把麦克风和字典相加，或者像刘易斯·卡罗尔（Lewis Carroll）[15]说的，把包心菜和国王相加，我们就不会有加法。相同性不是在

30

---

[14]　最后这个句子或许是以相当含糊的方式影射数理逻辑中用来以集合的术语定义自然数的一个技术过程：0 等同于空集合 ∅（也就是，没有元素的集合）；然后，1 等同于集合 { ∅ }（也就是，以 ∅ 为其唯一元素的集合）；接下来，2 等同于集合 { ∅，{ ∅ } }（也就是，有两个元素 ∅ 和 { ∅ } 的集合）；以此类推。

[15]　《爱丽丝梦游仙境》作者，原名道奇森（Charles Lutwidge Dodgson，1832—1898），为数学家，以卡罗尔为笔名。——译者注

事物当中，而是在**符号**之中，符号使事物相加成为可能，而不
必考虑它们的差异。符号有抹除差异的作用，而这是发生在重
复过程中的无意识主体身上的关键；因为你知道，这个主体重
复特别重要的事，所以比方说，这里主体沉陷在我们有时称为
创伤或强烈愉悦等种种晦涩的事物中。

（拉康，1970，第 191—192 页，黑体为原文所有）

接下来，拉康试图连接数理逻辑和语言学：

我只考虑了整数级数的开端，因为它是语言和实在的一
个中介点。语言是由单位特性所构成的，这种特性和我用
来解释 "1" 和 "再一个" 是同类的。但是语言中的这个特性
并不同于单位特性，因为语言中有一大堆差异的特性。换言
之，我们可以说，语言是由意符所构成的——例如，*ba*, *ta*,
pa 等等——一个有限的集合。每个意符都能够支持相关主体
的相同过程，很有可能整数的过程只是这种意符关系的一个
特例。这个意符聚合的定义是，它们构成我所谓的 "他者"。
语言的存在所提供的差异是，每个意符（与整数的单位特性
相反）在大部分的情形下是同一于本身——正是因为我们有
一个意符的集合，而在这集合中，一个意符可能指称它本
身，也可能不。这是众所周知的，也是罗素悖论（Russell's
paradox）的原理。如果你取所有不是自身成员的元素所形成
的集合，

$$x \notin x$$

你用这种元素构成的集合，会引导你得到一个悖论，你知道

31

的，导致一种矛盾。[16] 用简单的话来说，意思不过是：在论述的域集中，没有什么东西是包含每件事的[17]，而在这里，你再一次发现构成主体的裂隙。主体是实在中的匮乏之引入，然而没有任何东西可以将此引进，因为就状况而言，实在是尽可能饱满的。匮缺的观念是某特性造成的，这特性是为了匮缺而放置的东西——譬如 $a_1a_2a_3$——借由你决定的字母的介入，而场所是为了匮乏的空间。

（拉康，1970，第 193 页）

首先，从拉康宣称"用简单的话来说"的时候开始，一切就都变得很难懂。其次，也是最重要的，没有提出任何论证，来连接这些属于数学基础的悖论和精神分析中"构成主体的裂隙"。拉康是否想用一种表面上的博学来炫惑读者？

整体看来，这个文本完全佐证了我们在导言所列的第二种和第三种滥用：拉康对非专家炫耀他的数理逻辑知识；但是从数学的观点来看，他的说明既非原创也无教育性，也没有任何论证支持其与精神分析的联结。[18]

其他文本中，就连所谓"数学"的内容也没有意义。譬如，

---

[16] 拉康在此所指涉的悖论是罗素（Bertrand Russell，1872—1970）提出的。让我们由观察开始，在"正常的"集合中，并不包含自身作为一个元素：譬如，所有椅子的集合自身不是一个椅子，所有完整数的集合自身不是一个完整数等等。但是另一方面，有些集合的确明显地包含自身，把自身当作一个元素：譬如，所有抽象观念的集合本身是一个抽象观念，所有集合的集合本身是一个集合，等等。现在试想，不包含自身作为一个元素的所有集合的集合，它包含自身吗？如果答案为是，那么它就不属于不包含自身的所有集合的集合，因此答案应该是不。但如果答案是不，那么它必须属于不包含自身的所有集合的集合，于是答案就应该为是。为了避开这一吊诡，逻辑学家以各种公设理论取代素朴的集合概念。

[17] 这里或许是影射另一个不同的（虽然是相关的）悖论，由格奥尔格・康托尔（Georg Cantor，1845—1918）所提出，是关于"所有集合的集合"的不存在性。

[18] 评论拉康的数理逻辑而推崇有加者，可参见米勒（Miller，1977—1978）和拉格兰－苏利文（Ragland-Sullivan，1990）。

32 　1972 年所写的一篇文章中，拉康提出他著名的箴言——"没有性关系存在"——并将这一明显的真理转译成他著名的"性过程公式"[19]：

> 　我所提出的关于两个公式的逻辑关联，每件事都可以看作环绕着我们所提出的两个公式的逻辑关联而发展，用数学方式写出来，$\forall x \cdot \Phi x$ 和 $\exists x \cdot \overline{\Phi x}$，可以陈述为[20]：

> 　首先，对所有的 x，Φx 是满足的，这可以用一个指称真值的 T 来转译。被翻译为分析论述——正是实践才使得其有意义——后，这"意谓"每个主体本身——在这论述中最关键的——把自身写入阳具的功能中，以防止性关系的缺失（absense）（使有意义［making sense］的实践正是指涉这个"意义之所出"［absence］）[21]；

> 　其次，有一个例外的情形在数学中很常见（在指数函数 $1/x$ 中论元 $x=0$）。存在一个 x，函数（function）Φx 是不满足的，也就是不起作用（function），这种情形实际上是被排除了。

> 　正是从那里，我变化（conjugate）全称的所有（the all of the universal）——比人们所想象的量词（quantor）的**对所有**（forall）还有所限制——接合到由量化的一对而**存在一个**（there exists one）——其差异特别蕴含在亚里士多德称为特称

---

[19] 拉康的语言非常晦涩，且常常不按文法，所以我们已把法文原文全部抄录，加上我们勉力而为的译文。

[20] 数理逻辑中，$\forall x$ 的符号表示"对所有的 x"，而 $\exists x$ 的符号表示"至少存在一个 x"；两者分别称为"全称量词"和"存在量词"。文章接下来的部分，拉康写下 Ax 和 Ex 来表示同样的概念。

[21] 拉康在这里玩文字游戏，首先，性关系的缺失（absense）中，英、法文都是 "absence"，但拉康将之写成 "absense" 就变成 "ab-sense"，而英文的"使有意义"又是 "making-sense"。——译者注

的命题中。为对所有加以限制，我将它们与问题中的存在一个结合起来，就是肯定或确认它的东西（一个已反对亚里士多德的矛盾律的谚语）。

············

我陈述一个主体的存在，设定它对命题函数 Φx 说不，这意味着它把自身写入一个量词，它的这个函数发现自己与一个事实相分隔，这个事实即它在这一点上没有任何我们称为真值 33 的值，也意谓没有误差，假值（the false）只在于将"*falsus*"理解为"fallen"（掉落），这个我已强调过。

想想看，在古典逻辑中，假并不是只被看作是真的相反，它也指称真。

因此，像我这样写：$\mathrm{E}x \cdot \overline{\Phi x}$ 是正确的。

······

主体在这里提议自己被称为女人，有赖于两个模式。即：[22]

$$\overline{\mathrm{E}x \cdot \overline{\Phi x}} \text{ 以及 } \overline{\mathrm{A}x \cdot \Phi x}$$

这些记法并不在数学中使用。[23] 否定，就像量词上方的横杠所指示的，否定**存在一个**还未完成，更别说**对所有**（forall）本身应该是**不对所有**（notforall）。

---

[22] 拉康在这里的"符号"似乎是将逻辑上的全称量词 ∀ 与存在量词 ∃ 分别倒转、颠倒而成为 A 与 E，而这好像是性别倒转一样，所以说"提议自己被称为女人"，这似乎表示原先的逻辑符号是男性的。——译者注

[23] 正是如此。横杠"$\overline{}$"表示否定（"这是假的"），因此只能运用到完整的命题，不是用到孤立量限词像 Ex 或 Ax。有人可能会想，这里拉康的意思是 $\mathrm{E}x \cdot \overline{\Phi x}$ 和 $\overline{\mathrm{A}x \cdot \overline{\Phi x}}$ ——这其实和他开始时的命题 $\mathrm{A}x \cdot \Phi x$ 和 $\mathrm{E}x \cdot \overline{\Phi x}$ 在逻辑上是相等的——但是他明白表示，这种陈腐的再书写不是他想做的。每个人都有引进新记号法的自由，但是引进时就有责任解释其意义。

然而，就在那里，这句话的意义正表达了其自身，通过使大声谣传两性相伴的"尼亚尼雅"（*nyania*）共轭，它掩盖了彼此之间关系不存在的事实。

被理解的那一个，不是在这个意思上——将我们的量词化约到以亚里士多德为据的阅读——它设定不存在（notexistone）——的那一个等于它的否定全称的全无（noneis），会使 μή πάντες 暂停（me pautes）回返，即并非所有（notall）（虽然他能够形构），去证实一个对阳具功能说不的主体之存在，去假设它是关于两个特称的相反性。

这不是该说法的意义，该说法把自身写入这些量词。

它是：为了引进自身作为一半的来谈女人，主体从一个事实来决定本身，亦即，既然不存在阳具功能的悬置，要怎么说它都可以，即使它是来自理性之外（the without-reason）。但是它是一个外于宇宙的整体，对它的阅读没有被**并非所有**这种第二量词所拴住。

一半中的主体，在它从被否定的量词来决定自己那里，没有任何存在的东西能够对功能立下限制，那对于一个宇宙无法保证任何事，所以，为了将自己奠基在这个一半中，"她们"（女性）不是并非所有，结果为了同样的理由，她们其中也没有一个是所有。

（拉康，1973，第 14—15、22 页）

Tout peut être maintenu à se développer autour de ce que j'avance de la corrélation logique de deux formules qui，à s'inscrire mathématiquement $\forall x \cdot \Phi x$，et $\exists x \cdot \overline{\Phi x}$，s'énoncent：

la première, pour tout x, Φx est satisfait,ce qui peut se traduire d'un V notant valeur de vérité. Ceci,traduit dans le discours analytique dont c'est la pratique de faire sens,"veut dire" que tout sujet en tant que tel,puisque c'est là l'enjeu de ce discours,s'inscrit dans la fonction phallique pour parer à l'absence du rapport sexuel (la pratique de faire sens, c'est justement de se référer à cet ab-sens);

la senconde, il y a par exception le cas, familier en mathématique (l'argument $x=0$ dans la fonction exponentielle $1/x$), le cas où il existe un x pour lequel Φx, la fonction, n'est pas satisfaite, c'est-à-dire ne fonctionnant pas, est exclue de fait.

C'est précisément d'où je conjugue le tous de l'universelle, plus modifié qu'on ne s'imagine dans le *pourtout* du quanteur, à l'*il existe un* que le quantique lui apparie, sa différence étant patente avec ce qu'implique la proposition qu'Aristote dit particulière. Je les conjugue de ce que l'*il existe un* enquestion, à faire limite au *pourtant*, est ce qui l'affirme ou le confirme (ce qu'un proverbe objecte déjà au contradictoire d'Aristote).

...

Que j'énonce l'existence d'un sujet à la poser d'un dire que non à la fonction propositionnelle Φx, implique qu'elle s'inscrive d'un quanteur dont cette fonction se trouve coupée de ce qu'elle n'ait en ce point aucune valeur qu'on puisse noter de vérité, ce qui veut dire d'erreur pas plus, le faux seulement à entendre *falsus* comme du chu, ce où j'ai déjà mis l'accent.

35

En logique classique, qu'on y pense, le faux ne s'aperçoit pas qu'à être de la vérité l'envers, il la désigne aussi bien.

Il est donc juste d'écrire comme je le fais : $\mathrm{E}x \cdot \overline{\Phi x}$

...

De deux modes dépend que le sujet ici se propose d'être dit femme. Les voici :

$$\overline{\mathrm{E}x} \cdot \overline{\Phi x} \text{ et } \overline{\mathrm{A}x} \cdot \Phi x$$

Leur inscription n'est pas d'usage en mathématique. Nier, comme la barre mise au-dessus du quanteur le marque, nier qu'*existe un* ne se fait pas, et moins encore que *pourtout* se pourpastoute.

C'est là pourtant que se livre le snes du dire, de ce que, s'y conjuguant le *nyania* qui bruit des sexes en compagnie, il supplée à ce qu'entre eux, de rapport nyait pas.

Ce qui est à prendre non pas dans le snes qui, de réduire nos quanteurs à leur lecture selon Aristote, égalerait le *nexistun* au *nulnest* de son universelle négative, ferait revenir le μή πάντες, le *pastout* (qu'il a pourtant su formuler), à témoigner de l'existence d'un sujet à dire que non à la fonction phallique, ce à le supposer de la contrariété dite de deux particulières.

Ce n'est pas là le sens du dire, qui s'inscrit de ces quanteurs.

Il est : que pour s'introduire comme moitié à dire des femmes, le sujet se détermine de ce que, n'existant pas de suspens à la fonction phallique, tout puisse ici s'en dire, même à provenir du sans raison. Mais c'est un tout d'hors univers, lequel se lit tout de go du second quanteur comme *pastout* .

Le sujet dans la moitié où il se détermine des quanteurs niés, c'est de ce que rien d'existant ne fasse limite de la fonction, que ne saurait s'en assurer quoi que ce soit d'un univers. Ainsi à se fonder de cette moitié, "elles" ne sont *pastouts,* avec pour suite et du même fait, qu'aucune non plus n'est toute. (Lacan 1973, pp. 14-15, 22) [24]

36

---

[24] 编按：索卡尔在这此处附上法文原文，以示书中这段引文的艰涩难解，不是由于英译的问题，而是文本原来如此。也因此，此处再附上英文供读者对照，因为中译的晦涩实源于拉康原文。

Everything can be held to develop itself around what I set forth about the logical correlation of two formulas that, to be inscribed mathematically $\forall x \cdot \Phi x$, and $\exists x \cdot \overline{\Phi x}$, can be stated as:

the first, for all x, Φx is satisfied, which can be translated by a T denoting truth value. This, translated into the analytic discourse of which it is the practice to make sense, "means" that every subject as such-that being what is at stake in this discourse-inscribes itself in the phallic function in order to ward off the absence of the sexual relation (the practice of making sense is exactly to refer to this ab-sense) ;

the second, there is by exception the case, familiar in mathematics (the argument $x=0$ in the exponential function $1/x$), the case where there exists an x for which Φx, the function, is not satisfied, i.e. does not function, is in fact excluded.

It is precisely from there that I conjugate the all of the universal, more modified than one imagines in the *forall* of the quantor, to the *there exists one* with which the quantic pairs it off, its difference being patent with what is implied by the proposition that Aristotle calls particular. I conjugate them of what the *there exists one* in question, to make a limit on the *forall*, is what affirms or confirms it (what a proverb already objects to Aristotle's contradictory).

...

That I state the existence of a subject to posit it of a saying no to the prepositional function Φx, implies that it inscribes itself of a quantor of which this function finds itself cut off from the fact that it has at this point no value that one can denote truth value, which means no error either, the false only to understand *falsus* as fallen, which I already emphasized.

In classical logic, to think of it, the false is not seen only as being of truth the reverse, it designates truth as well.

It is thus correct to write as I do: $\exists x \cdot \overline{\Phi x}$

...

容我们举几个例子，看看他还丢给了读者其他什么复杂的术语，见拉康（1971）：（数学逻辑中的）**联集**（union）（第 206 页）和**斯托克斯定理**（Stokes' theorem）（特别无耻的例子）（第 213 页）。拉康（1975c）：**重力**（gravitation）（"无意识的粒子"！）（第 100 页）。拉康（1988）：**统一场理论**（theory of the unified field）（第 239 页）。以及拉康（1998）：布尔巴基（Bourbaki，第 28、47 页）、**夸克**（quark）（第 36 页）、**哥白尼与开普勒**（第 41—43 页）、**惯性**（inertia）、$mv^2/2$、**数学的形式化**（mathematical formalization）（第 130 页）。

That the subject here proposes itself to be called woman depends on two modes. Here they are：

$$\overline{\mathrm{E}x} \cdot \overline{\Phi x} , \text{ and } \overline{\mathrm{A}x} \cdot \Phi x$$

Their inscription is not used in mathematics. To deny, as the bar put above the quantor indicates, to deny that there *exists one is* not done, much less that the *forall* should notforall itself.

It is there, however, that the meaning of the saying delivers itself, of that which, conjugating the *nyania* that noises the sexes in company, it makes up for the fact that, between them, the relation isn't.

Which is to be understood not in the sense that, to reduce our quantors to their reading according to Aristotle, would set the *notexistone* equal to the *noneis* of its negative universal, would make the μή πάντες come back, the *notall* (that he was nevertheless able to formulate), to testify to the existence of a subject to say no to the phallic function, that to suppose it of the contrariety said of two praticulars.

This is not the meaning of the saying, which inscribes itself of these quantors.

It is：that in order to introduce itself as a half to say about women, the subject determines itself from the fact that, since there does not exist a suspension of the phallic function, everything can here be said of it, even if it comes from the without-reason. But it is an out-of-universe whole, which is read without a hitch from the second quantor as *notall* .

The subject in the half where it determines itself from the denied quantors, it is that nothing existing could put a limit on the function, that could not assure itself of anything whatsoever about a universe. So, to ground themselves of this half, "they" （female）are not *notalls*, with the consequence and for the same reason, that none of them is all either.（Lacan 1973, pp. 14-15, 22）

结论

我们该对拉康的数学做什么评论？评论者不同意拉康的意图：他打算将精神分析"数学化"到什么程度？对于这个问题我们无法给出任何确定答案——不过那也没什么关系，因为拉康的"数学"怪异得很，不能在任何严肃的精神分析里扮演有利的角色。

当然，拉康对于他所诉求的数学有些许的了解（但是不多）。学生不会从他那里学到什么是自然数，或什么是紧致集合，他的陈述在可以理解的时候，也并非总是假的。另一方面，我们在导言中提到的第二项滥用，他可是佼佼者（如果我们可以使用这个词）：他在精神分析与数学之间的类比，是可以想见最任意的类比，对此他完全没有提出经验或概念的正当理由（在这里或其他作品中都没有）。最后，在卖弄肤浅的博学及操纵无意义的语句方面，上面引录的文本当然都说明了一切。

让我们以对拉康作品的一般观察做结束。我们强调这些评论远超过本章所证明的，所以更应该被视为合理的推测，值得进一步研究。 37

拉康和他的门徒最惊人的地方，或许是他们对科学的态度，还有他们牺牲观察和实验而赋予"理论"（事实上是形式主义和文字游戏）优越地位。毕竟，就算精神分析有科学基础，它仍是一门相当年轻的科学。在着手做大量的理论推广之前，多少检查一下一些命题的经验适当性，应是谨慎的做法。但是在拉康的文章中，你能看到的更多的只是引文和文本与概念的分析。

拉康的辩护者（以及在这里讨论到的那些作者）多诉诸我们所称的"既非/亦非"（neither/nor）策略，以回应这些批评：这些书写不应被当作科学来评价，也不能被当作哲学或诗，也不是……于是一般人看到的是所谓的"世俗神秘主义"：说它是神秘主义的，因为其论述的目的是产生心灵作用（不纯是美学的），但自身却游离于理性之外；说它是世俗的，因为文化的指涉（康德、黑格尔、马克思、弗洛伊德、数学、当代文学……）和传统的宗教没有丝毫关系，对当代读者具有吸引力。此外，长久以来，拉康的书写愈趋神秘——这是许多宗教圣典的共同特色——结合了文字游戏和破碎的文法，好让他的门徒虔诚地做注经的工作，恰好适合作为基础。人们或许会想知道，究竟我们面对的，是不是一种新的宗教。

第三章　茱莉亚·克里斯蒂娃

　　克里斯蒂娃改变了事物的秩序；她总是摧毁最新近形成的概念，我们以为可以安心接受、可以引以为傲的概念：她所置换掉的是已经说过的，也就是对意指（signified）的坚持，也就是愚蠢；她所颠覆掉的是垄断科学的权威以及亲缘关系（filiation）的权威。她的作品是全新而精确的……

　　——罗兰·巴特，《关于克里斯蒂娃的〈符号学：符义分析探索集〉》(*Concerning Kristeva's Séméiotiké:Researches for a Semioanalysis*)（1970，第 19 页）

　　克里斯蒂娃的著作触及许多领域，从文学批评到精神分析再到　　38
政治哲学。这里我们将分析她早期语言学和符号学著作的一些精华
片段。这些发表于 20 世纪 60 年代末到 20 世纪 70 年代中期的文本，
不能恰当地被称为后结构主义；而是最糟糕的结构主义。克里斯蒂
娃所宣称的目标，是建构一套诗性语言的形式理论。然而，这一目
标却含混暧昧，因为她一方面主张，诗性语言是"一个形式系统，
它的理论化可以建立在（数学的）集合论（set theory）之上"，但
另一方面却又在某个注释里说，这"只是隐喻的说法"。
　　不论隐喻与否，这个企图都会碰到一个严重的难题：诗性语言

和数学集合论，如果二者具有任何关系的话，是什么样的关系？克里斯蒂娃并未真的说到。她所引据的技术概念，涉及无穷集合（infinite sets），但是其与诗性语言之间的联系实在令人难以捉摸，特别是在没有任何论证的情况下。再者，她对数学的陈述有一些明显的错误，例如关于哥德尔定理。必须强调的是，克里斯蒂娃本人早已放弃了这一研究取向；然而，这种研究取向正是我们所批评的那类作品的典型，我们无法视若无睹。

以下节录的文段，选自克里斯蒂娃的名作《符号学：符义分析探索集》(1969)。[1] 她的一位诠释者以如下的一段话来形容这本书：

> 克里斯蒂娃作品最撼人的地方……是陈述内容时的能力、钻研时的锲而不舍，以及最后，那错综复杂的严谨性。既有资源无所不用：提到现有的逻辑理论，甚至还有量子力学……
>
> （莱希特，1990，第 109 页）

就让我们来检视某些能够说明这种能力与严谨性的例子：

> 科学是一种奠基于希腊（印欧）句型的逻辑探究，这种句型被建构为主词－谓词句型，并以同一、限定、因果为原则而

---

[1] 曾经评论过克里斯蒂娃的托里尔·莫伊（Toril Moi）说明了背景：

> 1966 年的巴黎不只有雅克·拉康的《文集》(*Ecrits*)和米歇尔·福柯的《词与物》(*Les Mots et les choses*)问世，还有一位来自保加利亚的年轻语言学家。时年二十五岁的克里斯蒂娃……旋风般横扫河左岸……。克里斯蒂娃的语言学研究很快造成两本重要图书的出版：《小说的文本》(*Le Texte du roman*)及《符号学》，1974 又以她的博士论文巨作《诗性语言的革命》而达到顶峰。这些理论产品为她赢得巴黎第七大学语言学的教席。
>
> （莫伊，1986，第 1 页）

开展。[2] 从弗雷格和皮亚诺（Gieseppe Peano）[3] 经武卡谢维奇（Lukasiewicz）[4]，阿克曼（Ackermann）和邱奇（Church）[5] 的现代逻辑在 0 和 1 的维度中移动，以及甚至以集合论开端的布尔逻辑（Boole logic）[6]，都能提供更"同构于"（isomorphic to）语言函项运算的形式化，但在 1 不是极限的诗性语言领域中则不能运作。

　　因此，不可能以既有的逻辑（科学）程序形式化诗性语言而又不改变其原有性质。文学符号学必须始于一种**诗性逻辑**，在此逻辑中，**连续统的幂**（power of the continuum）[7] 之概念要包含 0 到 2 的区间，0 有所指而 1 隐然被逾越的一个连续统。

　　（克里斯蒂娃，1969，第 150—151 页，黑体字为原文所有[8]）

40

---

[2]　克里斯蒂娃似乎在这里暗中诉诸语言学中的"萨丕尔－沃尔夫假说"（Sapir-Whorf thesis），概言之，也就是我们的语言彻底限制了我们的世界观。今天，这假说受到一些语言学家的尖锐批评：例见，平克（Pinker）（1995，第 57—67 页）。

[3]　皮亚诺（1858—1932），意大利数学家、逻辑学家，提出算术中的五个公理。——译者注

[4]　武卡谢维奇（1878—1956），波兰逻辑学家，华沙学派成员，发展多值逻辑。——译者注

[5]　邱奇（1903—1995），美国著名逻辑学家，曾提出邱奇论题（Church's thesis），并发现 Lambda 运算符（Lambda operator）。——译者注

[6]　布尔（1815—1864），英国数学家、逻辑学家，采用数学符号系统表示逻辑，以 0 和 1 代表假和真，是现代符号逻辑的先驱。——译者注

[7]　"连续统的幂"是属于数学无穷集合的一个概念，由格奥尔格·康托尔及其他数学家自 19 世纪 70 年代起开始发展。结论是存在着许多不同"大小"（或基数[cardinalities]）的无穷集合。有些无穷集合是可数的（countable）：例如，所有正整数（1，2，3，……）的集合，更一般而言，其元素可以和正整数的集合一一对应（one-to-one correspondence）的集合。另一方面，康托尔在 1873 年证明，整数和所有实数的集合之间并不存在一一对应的关系。因此，实数在某种意义上是比整数"更多"的：它们具有连续统的基数或幂（cardinality or power of the continuum），所有能与它们形成一一对应的那些集合一样比整数"更多"。让我们留意一下，（首先让人吃惊的是）实数与包含在一段区间内的实数可以建立一一对应：例如那些 0 与 1 之间或 0 与 2 之间等等的那些数。一般而言，每一个无穷集合和它的真子集（proper subset），可以有一个一一对应的关系。

[8]　这是我们自己的翻译。此段及下一段另有一个稍微不同的译法，可在克里斯蒂娃的书中（1980，第 70—72 页）找到。

　　在这段节录中，克里斯蒂娃做了一项正确的断言，也犯了两项错误。正确的断言是，一般说来，诗的语句不能以真假来评价。现在，在数理逻辑中，0 与 1 的符号分别用来指称"假"和"真"；布尔的逻辑学使用 {0, 1} 的集合是在这个意思下才如此。克里斯蒂娃对数理逻辑的引述因此是正确的，虽然她并没有在最初的观察上添加什么。但在第二段中，她似乎混淆了 {0, 1} 的**集合**与 [0, 1] 的**区间**（interval），前者由 0 和 1 两个元素组成，后者包含 0 和 1 之间所有的实数。与前者不同，后者是一个**无穷**集合。再者，它有连续统的幂（见注 [7]）。此外，克里斯蒂娃非常强调，她有一套"逾越"1 的集合（从 0 到 2 的区间），但从她立意采取的观点来看——也就是从集合的基数或幂的观点（cardinality or power）——[0, 1] 的区间和 [0, 2] 的区间没有什么差别：二者皆有连续统的幂。

41　　在接下来的文字中，这两项错误更为明显：

　　　　在这个从零到特定的诗的双倍性（校按：指 0 到 2）之"连续统的幂"之中，我们注意到语言学的、心理的和社会的"禁律"是 1（上帝、律法、定义），唯一从这个"禁律"逃开的语言实践是诗性话语。亚里士多德的逻辑学在应用于语言时的不恰当性被指出，这绝不是偶然的，对此做出贡献的一方是来自另一个语言领域（即表意文字领域）的中国哲学家张东荪，该领域中，阴阳"对话"得以展开并被用以取代上帝的位置；另一方则是巴赫金（Bakhtin），他企图以一个革命社会中所实现的动态理论去超越形式主义论者。他将叙事的论述并入史诗的论述，他认为，叙事的论述是一个禁律，一个"**独白体**"（monologism），一个附属于 1、附属于上帝的符码。因此，

44

史诗是宗教和神学的，而任何遵守 0-1 逻辑的"写实主义"叙事都是教条的。巴赫金称为独白的写实主义小说（托尔斯泰），倾向于在空间中演变。写实主义的描写、"人格类型"［caractère］的定义、性格［personnage］的创造、"主题"的发展：所有这些叙事的描述性成分都属于 0-1 的区间，因而是**独白的**。唯有 0-2 的诗的逻辑完全实现的论述，才是嘉年华会（众声喧哗）的论述：它采用梦境般的逻辑而逾越语言学符码的规则，也逾越社会道德的规则。

　　由文学符号学所采用的对话体（dialogism）这一术语出发，能够勾勒出一种新的诗学文本的研究方法。"对话体"所暗含的逻辑是同时发生的：……"**超限**"（transfinite）[9]的逻辑，我们从康托尔那里借来的一个概念，从诗性语言的"连续统的幂"（0-2）开始，引入一个次要的形构原则，也就是：与亚里士多德式序列（科学的、独白的、叙事的）的所有前项序列相比，诗的序列为"更大的下一个"（非依因果关系推演的）。接下来，小说的暧昧空间（ambivalent space）把自己呈现为两个形构规则所造成的秩序：独白的（每个后继序列由前项所决定）与对话体的（比前项因果序列更大的超限序列）。［注：需强调，在诗性语言中引入集合论的概念只是隐喻性的；因为，在一方是亚里士多德逻辑／诗性逻辑，和另一方是可数的／无限的之间的关系上建立一种类比是可能的。］

　　　　　（克里斯蒂娃，1969，第 151—153 页，黑体字为原文所有）

42

本段终了时，克里斯蒂娃承认她的"理论"只是一个隐喻。但即使

---

[9]　在数学里，"超限"多多少少与"无穷"（infinite）是同义。最平常的用法是表示一个"基数"（cardinal number）或一个"序数"（ordinal number）。

在该层次上，她也没有提出正当理由：她根本未在"亚里士多德式的逻辑 / 诗性逻辑"和"可数 / 无穷"之间建立类比，不过是召唤出后面这些概念的名称，而丝毫没有对它们的意义提出说明，尤其是没有解释这些概念和"诗性逻辑"的相关性（就算是隐喻式的说明也好）。因为不论价值是什么，超限数的理论和因果演绎毫无瓜葛。

该文后来的地方，克里斯蒂娃回到数理逻辑：

对我们而言，诗性语言不是一个包含其他符码的符码，而是一个 A 类（class A），和语言学符码之无穷性的函数 $\varphi(x_1,\cdots,x_n)$ 有相同的幂（见存在定理，参见第 189 页），而所有"其他语言"（"平常的"［usual］语言、"元语言"［meta-language］等等）是 A 除掉较有限范围［étendues］的商数（例如，被作为形式逻辑基础的主谓结构的规则限制），并且由于这个限制，掩盖了函数 $\varphi(x_1,\cdots,x_n)$ 的构词学（morphology）。

43　　　诗性语言（以下我们将以缩写"pl"来表示）包含线性逻辑的符码。进而，我们可以在其中发现所有组合格式——代数已在一个人工符号系统中将之形式化；而且并未在日常语言的外显层次上突显出来……

因此，"pl"不可能是一个次符码。它是无穷排序的符码，一个互补的符码系统，从中我们可以（借操作的抽象性及定理的证明）分隔出日常语言，科学的后设语言及所有人工造符号系统——这些都只是此一无穷的子集合，外显出其在一个局限空间上排序之规则（后者之幂，相对于跨射［surjected onto］其上的"pl"，是较小的）。

（克里斯蒂娃，1969，第 178—179 页）

虽然克里斯蒂娃振振有词地串起一系列的数学名词，这几个段落却是没有意义的。以下甚至更精彩：

> 　　虽然我们已假定诗性语言是一形式系统，可以以**集合理论**为基础将它理论化，但**同时**，我们也可能观察到，诗的意义的函应遵循**选择公理**（axiom of choice）所指称的原则。这个公理定义了存在一个单值的对应关系，由一个类来表示，类将它其中的元素联结到（系统的）理论的每一个非空集合中：
>
> $$(\exists A)\{Un(A)\cdot(x)[\sim Em(x)\cdot\supset\cdot(\exists y)[y\in x\cdot<yx>\in A]]\}$$
>
> ［ $Un(A)$ 表示"A 是单值的"； $Em(x)$ 表示" x 类是空的"。］
>
> 　　换个方式说，我们可以同时在我们所考虑的每一个非空集合中选择一个元素。如此表明后，公理便可适用在我们"pl"的论域 E 中。它使每一个序列是如何包含书本的讯息变得精确。
>
> 　　　　　　　　（克里斯蒂娃，1969，第 189 页，黑体字为原文所有）

这几段（及后来的段落）精彩地证明了我们在导言中所引的社会学家安德列斯基严苛的批评（第 11 页）。对于选择公理和语言学的相关性，克里斯蒂娃从来没有说明（我们认为没有）。选择公理说，如果我们有一集合的集合（a collection of sets），每个集合都至少包含一个元素，那么就会有一个集合正好就包含从每一个原来的集合"选择"出来的一个元素。这个公理让人得以断言某些集合的存在，而不必明确地将之建构出来（我们不必说明如何做"选择"）。将这个公理引进数学的集合理论，动机来自对无穷集合，或集合的无穷集合（infinite collections of sets）之研究。在诗中，我们到哪里去找这种集合？选择公理"使每一个序列是如何包含书本的讯息变得精确"，说来荒谬——我们不确定这种断言对数学所加诸的暴力较大，还是对文学的伤害较深。

然而，克里斯蒂娃又继续说：

> 选择公理及广义的连续统假设[10]与集合论公理的兼容性，将我们置于一个关于理论的推理层次上，因此在一个其元定理（也是符号学理论之地位）已由哥德尔所完成的**元理论**中。
>
> （克里斯蒂娃，1969，第189页，黑体字为原文所有）

45 在这里，克里斯蒂娃又一次对读者搬弄术语。她的确引用了一些很重要的数理逻辑的（后设）定理，但并未向读者解释这些定理的**内容**，更别说定理和语言学的相关性。（让我们提醒读者，在整个人类历史中，所有曾经写下的文本，都是一个有限集合。此外，任何自然的语文——例如英文或中文——都有固定的字母；一个句子，或甚至一本书，都是字母组成的一个有限序列。因此，即使是所有可想见的书本中，其一切长度没有限制的有限字母序列之集合，都是一个**可数的**无穷集合。很难看出涉及不可数无穷集合的连续统假设如何能应用到语言学上。）

这些都不能阻止克里斯蒂娃进一步推论：

---

[10] 一如我们在注［7］所看到的，存在不同"大小"的无穷集合。最小的无穷基数，称为"可数"，对应于所有正整数的集合。较大的基数，称为"连续统的基数"是对应于所有实数集合的。康托尔在19世纪引入的连续统假设（CH），主张没有基数介于可数和连续统之间。广义的连续统假设（GCH）是将这个观念延伸到大得多的无穷集合。1964年，柯亨（Cohen）证明CH（以及GCH）是独立于集合论的其他公理，也就是说，两者，不论是它或它的否定，都无法使用那些公理证明。

我们在那里发现的正是我们在此不想发展的存在定理，但是这些定理使我们感兴趣，因为它们提供概念，让我们得以用新的方法——没有那些定理就不可能的方法——提出使我们感兴趣的对象：诗性语言。就如我们所知，广义的存在定理设定：

"如果 $\varphi(x_1,\cdots,x_n)$ 是一则原始的命题函数，就算不是包含 $x_1,\cdots,x_n$ 的全部，但是除了这些变量外，不再包含其中自由变量，则存在一个 A 类，以致对于所有的**集合** $x_1,\cdots,x_n$，$<x_1,\cdots,x_n> \in A \cdot \equiv \cdot \varphi(x_1,\cdots,x_n)$。"[11]

在诗性语言中，这一定理指称种种不同的序列，它们等值于包含它们全部的一个函项。由此引导出两个结论：（1）它规定诗性语言的非因果串联（enchaînement）以及书中字母的展开；（2）它强调这在最小序列中提出其讯息的文学之范围——意义（φ）被包含在字词连接、句式连接……的模式中。

洛特雷阿蒙（Lautréamont）是第一个有意识地实践此一定理的人。[12]

46

与我们刚刚为诗性语言所设定者相联系的选择公理，当中蕴含着可建构性（constructibility）的观念，该观念说明了在诗性语言的空间中建立一项矛盾的不可能。此观察接近哥德尔的一项观察，亦即不可能通过系统形式化的方法来证明该系统的不一致性（矛盾）（inconsistency［contradiction］）。

（克里斯蒂娃，1969，第189—190页，黑体字为原文所有）

---

[11]　这是哥德尔－贝尔奈斯集合论（Gödel-Bernays set theory）（公理化集合论的一个版本）的一项技术结果。克里斯蒂娃未解释它与诗性语言有何相关性。我们暂且这样说，以"就如我们所知"这样的词组带出一则技术陈述，是典型的知识恐怖主义。

[12]　洛特雷阿蒙（1846—1870）会"有意识地实践"哥德尔－贝尔奈斯集合论（1937年至1940年发展）或简单的集合论（1870年之后由康托尔等人所发展），都是不可能的。

在这一段选文中，看得出克里斯蒂娃并不了解她所提到的数学概念。首先，选择公理中并不蕴含任何"可建构性的观念"；恰恰相反，它使人可以断言某些集合的存在，而无须用规则来"建构"它们（见以上）。第二，哥德尔证明的，完全与克里斯蒂娃所宣称的相反，也就是，不可能透过系统的可形式化而建立系统的一致性（consistency）（亦即不矛盾 [non-contradiction]）。[13]

克里斯蒂娃也试着将集合理论运用到政治哲学。以下的段落选自她的著作《诗性语言的革命》（*Revolution in Poetic Language*，1974）：

47　　　　马克思的一项发现至今仍未被充分强调，我们可以在此概述。如果每一个人或每个社会组织都代表一个集合，则应该作为所有集合之集合的国家就不存在。作为所有集合之集合的国家，是一个虚构，不能存在，一如在集合论中不存在所有集合之集合。[14][注：关于此一问题，参见布尔巴基（Nicolas Bourbaki）[15]，另外，关于集合理论和无意识运作的

---

[13] 哥德尔在他著名的文章（1931）中证明了两项主要定理，是关于数理逻辑中某种形式系统（复杂到足以编码成基本算数）的不完备性。哥德尔的第一定理指出，如果一个系统是一致的，就存在这个给定的形式系统中既无法证明也无法否证的命题。（然而，如果使用不能在系统内部加以形式化的推论，就可以看到这个命题为**真**。）哥德尔的第二定理断言，如果这个系统是一致的，这个特性就不可能用可以在系统本身的形式化方法来证明。

　　另一方面，要发明一个不一致的公理系统非常容易；而且，如果系统是不一致的，借用系统内部形式化的方法，总是可以发现存在着不一致性的证明：虽然这个证明有时很难找到，但是它是存在的，几乎就是靠着"不一致性"（inconsistent）这一定义。

　　对哥德尔定理的精彩介绍，参阅纳格尔和纽曼（1958）。

[14] 见第二章的注 [17]。必须强调，像社会中之个体的集合之类的有限集合不会产生问题。

[15] 尼古拉·布尔巴基是一群杰出法国数学家的假名，他们自 20 世纪 30 年代以来，出版了《数学的基础》（*Elements of Mathematics*）系列约三十卷。标题虽如此，

关系，参考西勃尼（D. Sibony）的《无穷与阉割》（"Infinity and castration"），*Scilicet*，第 4 期，1973，第 75—133 页。] 国家，最多是所有有限集合的聚集。但是，为了让这个聚集（collection）存在，也为了让有限集合存在，就必定要有某种无穷性：这两个命题是等值的。形成所有有限集合之集合的欲望，将无穷性推上了舞台，反之亦然。马克思注意到，国家作为所有集合之集合只是幻觉，在这布尔乔亚共和国所呈现的社会单元中，他看到一个聚集，然而这聚集自身就构成一个集合（如果我们只考虑该聚集本身，就像有限序数的聚集是一个集合），其中欠缺了某些东西：诚然，它的**存在**，或者说，它的**幂**，有赖于没有任何其他集合可以包含之无穷性的存在。

（克里斯蒂娃，1974，第 379—380 页，黑体字为原文所有）

但是克里斯蒂娃渊博的数学知识并不局限于集合论。在她的文章《谈语言学中的主体》（"On the Subject in Linguistics"）中，她将数学分析和拓扑学应用到精神分析：

[我] 在镜像阶段之后的句法运作中，主体已经确定他的独特性：他在表意 [signifiance] 时朝向"无限点"（point ∞）的飞翔被终止了。试想在一个普通空间 R^3 的集合 C_0，对于定义在 R^3 的每个连续函数 F 和每个整数 $n>0$，$F(X)$ 大于 n 的点 X 的集合是**有界的**，当变量 X 退回到"其他场景"时，C_0 的函数趋近 0。在此场所，被放在 C_0 中的主体未达到拉康所谈论到的"语言之外的中心"（center exterior to language），也是在此

48

但这些书一点也不基本。不论克里斯蒂娃是否读过布尔巴基，这里的引用除了唬唬读者外，没有其他作用。

他失去作为一个主体的自我，一个会转译拓扑学称作环（ring）的关系群体。

（克里斯蒂娃，1977，第 313 页，黑体字为原文所有）

这是克里斯蒂娃企图用炫目的字眼博得读者青睐的最好例子，然而，她显然不了解这些字眼。安德列斯基"劝告"新进的社会科学家去照抄数学教科书中比较不复杂的部分：但是这里所给的函数集合 $C_0(R^3)$ 的定义，连抄都抄得不正确，其错误明显，任何对于这主题有所了解的人都看得出来。[16] 但真正的问题在于想将其应用到精神分析上是荒谬的。"主体"如何能"被放在 C_0 中"？

克里斯蒂娃使用而未加说明或解释的数学名词，还有其他例子，参见克里斯蒂娃（1969）：**随机分析**（stochastic analysis）（第 177 页），**希尔伯特的有穷性**（Hilbert's finitism）（第 180 页），**拓扑空间和阿贝尔环**（Abelian ring）（第 192 页），**联集**（第 197 页），**幂等性**（idempotence）、**交换性**（commutativity）、**分配性**（distributivity）（第 258—264 页）、**狄德金正交补余结构**（Dedekind structure with orthocomplements）（第 265—266 页），**无穷的泛函希尔伯特空间**（infinite functional Hilbert spaces）（第 267 页），**代数几何学**（algebraic geometry）（第 296 页），**微积分**（第 297—298 页）。以及克里斯蒂娃（1977）：**图形理论中的关节集合**（articulation set）（第 291 页），**谓词**

---

[16] $C_0(R^3)$ 是由所定义在 R^3 之上，"在无穷时趋近于零"的实数值的连续函数所组成的空间，但是，就这一概念的精确定义来看，克里斯蒂娃应该要说：

（a）$|F(X)|$，而不是 $F(X)$；

（b）"大于 $1/n$"，而不是"大于 n"；还有

（c）"包含所有定义在 R^3 的连续函数 F"，而不是"对于定义在 R^3 的每个连续函数 F"。

逻辑（predicate logic）（她很奇怪地称之为"现代的比例逻辑"
[modern proportional logic]）[17]（第 327 页）。

　　总之，我们对克里斯蒂娃滥用科学的批评，类似我们给拉康的　　49
评价。大体来说，即使克里斯蒂娃显然不是全部了解她所使用词语
的意思，至少对她所引用的数学有一点模糊的概念。但这些文本
中的主要问题是，她没有去说明这些数学概念和她意图研究的领
域——语言学、文学批评、政治哲学、精神分析——有何相关性。
而在我们看来，有很充分的理由说完全没有相关性。她的句子比拉
康的稍有意义，但在卖弄学问的肤浅方面，更甚于拉康。

---

[17]　这个可笑的词语误用可能是两个错误的结合：一方面克里斯蒂娃似乎是混淆了
　　　谓词逻辑和命题逻辑（propositional logic）；另一方面，她或她的编辑显然将
　　　"propositional"（propositionnelle）误植为"proportional"（proportionelle）（成比例）。

第四章　间奏曲：科学哲学的知识相对主义

我写这本书，目标不只在梳理注释记录。更大的标靶是那些一再地追求私欲的当代人——他们挪用科学哲学的结论，拿来帮助种种社会兼政治诉求，而这些结论根本不适于此。女性主义者、宗教辩护家（包括"创世科学家"）、反叛文化论者、新保守主义者，与其他一大堆奇奇怪怪的游说同行，他们宣称在所谓科学理论间的不可通约性（incommensurability）和不充分决定性（underdetermination）中，找到了可资利用的重大结论。事实和证据为重的想法被取代了，每件事最终都变成主观利益和观点，这是我们的时代中最突出也最有害的反智现象——仅次于美国的政治选举。

　　　　　——拉里·劳丹（Larry Laudan），《科学与相对主义》

　　　　　（*Science and Relativism*）（1990，第 x 页）

50　　既然许多后现代论述都喜欢玩弄一两种形式的认知相对主义，或诉诸能够支持它的论点，在这一点上加入一章知识论的讨论似乎是有用的。我们将会处理到知识和客观性的本质等困扰了哲学家好几个世纪的棘手问题。要同意我们其他的说法，并不需要和我们有同样的哲学立场。本章中，我们将批评我们认为谬误的观念，但有时候（并非总是）为了微妙的理由，和本书其他部分批评的文本相反。无论如何，我们的哲学论证会相当简约：不会触及比方说温和实在论和工具论之间比较细致的哲学论辩。

在这里，我们关切的是观念的大杂烩，这些观念经常不健全，却套着"相对主义"的名义流传，对现今学院内人文和社会科学的某些部门深具影响力。相对主义的时代精神部分源自当代科学哲学的作品，像托马斯·库恩的《科学革命的结构》（*The Structure of Scientific Revolutions*）和保罗·费耶阿本德（Paul Feyerabend）的《反对方法》（*Against Method*），部分则来自后继者对这些哲学家作品的引申挪用。[1] 当然，我们不想检视本章所讨论的作者之全部作品：那会是桩没完没了的工作，而是将分析的范围局限在一些代表了相当广泛观念的文本上。我们会指出，这些文本常常模棱两可，至少可以用两种截然不同的方式来阅读：一种"温和的"阅读——所导致的主张，不是值得讨论就是正确但琐碎；以及一种"激进的"阅读——所导致的主张，语出惊人但是错误百出。不幸的是，激进的诠释经常被认为是对原典的"正确"诠释，也被当作确立的事实（"X已经证明……"）—— 一个我们将严厉批评的结论。当然，可能有人会辩称，没有任何人持有这个激进的诠释，如果这是真的那就好了。但是，无数次的讨论后，只让我们更持疑：观察渗透理论、证据无法充分决定理论，或所谓范式间的不可通约性，都被提出来以支持相对主义的立场。为了显示我们不是在批评自己想象出来的虚影，本章结尾的时候，会举出广泛流行于美国、欧洲及第三世界部分地区的一些相对主义实例。

粗略而言，我们将用"相对主义"一词来指称任何宣称陈述的

[1]　当然，相对主义的**时代精神**还有许多其他来源，从浪漫主义到海德格尔（M. Heidegger），但我们在此不处理这些。

真假乃是相对于个人或社会团体的哲学立场。或许可以根据所谈
论之陈述的本质，区分不同形式的相对主义：**认知或知识的**相对
主义处理事实断言（即关于什么是存在的或宣称是存在的）；**道德
或伦理的**相对主义处理价值判断（即关于什么是好的或坏的、可
欲的或有害的）；审美的相对主义处理艺术判断（即关于什么是
美的或丑的、使人愉悦或不快的）。这里我们将只着墨于知识相对
主义，而不讨论道德或审美的相对主义，因为它们引发的是非常
不同的议题。

我们非常清楚，我们会因为缺乏正式的哲学训练而遭到批评。
（导言中）我们已说明为什么这类的反对意见使我们心寒，但在这
里，这种批评显得尤其不相干。毕竟，相对主义者的态度无疑和
科学家对自己工作的看法格格不入。当科学家们尽其所能，努力取
得关于世界（或其中某些面向）的客观观点时[2]，相对主义的思想
家却说他们是在浪费时间，说这种尝试原则上只是一个幻觉。因
此，我们处理的是一个根本的冲突。而作为长期思考我们的学科
及一般科学知识基础的物理学家，我们认为，即使我们两人都没有
哲学文凭，但针对相对主义者的异议提出一个合理的回答，还是很
重要的。

我们将从勾勒我们对科学知识的态度[3]开始，然后简短回顾20
世纪知识论的一些面向（波普尔［Popper］、蒯因［Quine］、库恩、
费耶阿本德）：我们的目标大多是要解开"不充分决定"和"不可

---

[2] 当然，还有"客观"一词各种细微差别的意义，反映在譬如实在论、约定论
（conventionalism）及实证论这类学理之间的对立。然而，很少有科学家会轻易承
认整个科学论述只是社会建构。就像笔者之一所写的，我们不想成为量子场论
（quantum field theory）的埃米莉·波斯特（索卡尔，1996c，第94页，载录于附录
C）。（埃米莉·波斯特［Emily Post］是美国社交礼仪手册的经典作者。——译者注）

[3] 我们将限于自然科学，大部分的例子来自我们的领域——物理学。我们将不处理
各种社会科学之科学性这一类微妙的问题。

通约性"等观念的混淆。最后，我们会批判地检视最近科学社会学
的一些趋势（巴恩斯［Barnes］、布鲁尔［Bloor］、拉图尔），并举
出一些实例说明当代相对主义的影响。

唯我论和彻底怀疑主义

> 当我的大脑在我的灵魂激起关于一棵树，或是一间房屋的
> 感觉，我便毫无迟疑地念出。树、房屋，它们确实存在于我之
> 外，我知道它的位置、大小，还有其他属性。于此，我们找不
> 到有人或野兽会怀疑这真理。如果一个佃农竟动起脑筋，对此
> 产生怀疑，比如还会说，他不相信他地主的管家是存在的，虽
> 然他就站在他面前；他一定会被当成疯子，且理由十足。但
> 是，当一位哲学家推出这种意见，并期待我们赞美他的知识和
> 聪明时，那是远远超过世俗人所能理解的了。
>
> ——莱昂哈德·欧拉（Leonhard Euler，1997［1761］，
> 第428—429页）

我们从头开始。一个人如何可能希望获得世界的客观（尽管只
是逼近且不完全）知识？我们从未有直接通抵世界的管道，只能直
接通抵感觉。我们如何知道感觉之外存在任何东西呢？

答案当然是，我们没有任何**证据**（proof），它只是一个完全合
理的假设。说明我们感觉的（特别是不悦的感觉）持续的最自然的
方式是，假设它们是由我们意识之外的作用者所造成的。我们几乎
总是可以随意改变那纯粹只是我们想象的产品的感觉，但我们无法
光靠思想就能停止一场战争、阻挡一头狮子或发动抛锚的车。然而
必须强调的是，这个论证并未驳倒唯我论（solipsism）。如果任何

54 人坚称他是"一架独奏的大键琴"（狄德罗），没有办法说服他说他错了。不过我们从未遇到过真诚的唯我论者，也怀疑这种人的存在。[4]这显示本章中将多次提到的一个重要原则：**某个观念无法反驳的事实，并不意味就有理由相信它为真。**

有时，我们会碰到不同于唯我论的立场，即彻底怀疑主义（radical skepticism）："当然存在一个外在世界，但是我不可能获得关于那个世界的任何可靠知识。"本质上，这一论点和唯我论一样：我只能直接通抵我的感觉，我如何能知道它们**准确地反映了现实**？为了确保它们的确反映了现实，我需要诉诸一个**先验的**（a priori）论证，像笛卡儿哲学中有一个仁慈上帝存在的证明；而这种论证在现代哲学中被打入冷宫，出于种种充分的理由我们不必在此复述。

像很多其他问题，休谟把这个问题表达得很好：

> 这是一个事实的问题，感官的知觉是否由与它们相似的外在客体所产生：这一问题该怎么解决？就像所有性质类似的问题一样，当然是靠经验。但是在此，经验必然是完全沉默的。除了知觉外，从没有任何东西能呈现在心灵上，它也不可能获得任何感觉与客体联结的经验。因此，这种联结的设定是没有任何推理基础的。
>
> （休谟，1988［1748］，第138页：《人类理解研究》［*An Enquiry Concerning Human Understanding*］，第7章，第1节）

---

[4] 罗素（1948，第196页）说了以下这个有趣的故事："有一次我收到一位杰出的逻辑学家——富兰克林女士（Christine Ladd Franklin）的来信，说她是个唯我论者，而且很讶异没有其他人了。"我们由德维特（Devitt，1997，第64页）得知此故事。

对于彻底怀疑主义，我们应该采取什么态度？一个关键的观察是，这种彻底怀疑主义适用于我们所有的知识：不只适用于原子、电子或基因的存在，也适用于血液流经我们的血管，地球（近乎）是圆的，以及我们是从母亲的子宫里生出来等事实。的确，甚至日常生活里最平常的知识——我面前的桌子上有一杯水——也完全有赖于这假设：我们的知觉不会有系统地误导我们，知觉的确是（以某种方式）由与它们相似的外在客体所产生。[5]

　　休谟式怀疑主义的普遍性，也是它的弱点。当然，它是不可反驳的。但既然没有人对于平常的知识产生有系统的怀疑（如果这人是真诚的话），就应该问，为什么当怀疑主义应用在其他地方——如科学知识——尽管是有效的，却在那个领域里被拒绝呢？现在，我们拒绝日常生活中的系统性怀疑主义的理由，多多少少是很明显的，它类似于我们拒绝唯我论的理由。说明我们经验一贯性的最好方法是，假设外在世界对应，至少是近似地对应我们的感官所提供的形象。[6]

作为实践的科学

　　在我看来，虽然可以预期到物理学上会有进步的改变，我却不怀疑目前的理论可能比世界上之前的任何敌对学说更接近真实。科学从无一刻是完全正确的，但也很少完全错，而且，通常比非科学的理论有更好的机会变得正确。因此，假设性地

---

[5]　如此宣称，并不意味我们对于如何建立客体与知觉之间的对应之问题，有一个完全令人满意的答案。

[6]　这个假设因后来的科学发展，特别是生物学的演化理论，而获得更深入的说明。拥有大致忠实（faithfully）反映外在世界（至少一些重要面向）的感觉器官，会得到演化上的好处。我们要强调，这一论点并未驳倒彻底怀疑主义，但它能增加反怀疑主义的世界观之一贯性。

接受它是合理的做法。

——罗素，《我的哲学发展》

（*My Philosophical Development*）（1995 ［1959］，13 页）

56　　　一旦唯我论和彻底怀疑主义的一般问题被搁置了，我们就可进行下一步。让我们假定，至少在日常的生活中，我们可以取得大致可靠的知识。然后可以问：我们可以信赖感官到**什么程度**？要回答这个问题，可以比较各种感官印象，并变更我们每日生活的某些参考项目。我们可以用这种方式逐步地绘制一种实践的合理性。当这项工作充分精准且有系统地进行之后，科学于焉开始。

　　对我们而言，科学方法和日常生活或其他知识领域的理性态度并没有根本差异。历史学家、侦探和水管工人——事实上所有的人——都运用同样基本的归纳法、演绎法和证据评估，一如物理学家和生化学家所为。现代科学借由控制和统计测试、坚持重复实验等方法，更仔细、更有系统地来执行这些操作。再说，科学的测量经常比日常观察更精确，让我们得以发现至今未知的现象，也经常和"常识"冲突。但冲突是在结论的层次，而非基本步骤。[7][8]

_____

[7]　例如：水在我们看来是一连续的流体，但化学及物理学的实验告诉我们，水是由原子组成的。

[8]　整章中，我们都强调科学知识和日常经验在方法学上的连续性。我们认为，要回应各种怀疑主义的挑战，并驱散对正确哲学观念（如数据无法充分决定理论）的激进解释所产生的混淆，那是最恰当的方法。但是，将这个联系推得过远，就太天真了。科学——特别是基础物理学——引入了直觉难以掌握，或难以和常识相连的概念。［例如：牛顿力学中同时作用于整个宇宙的力，麦克斯韦（J. C. Maxwell）理论在真空中"震荡"的电磁场，爱因斯坦广义相对论中弯曲的时空。］而就是在讨论这些理论概念的意义时，各种名目的实在论者和反实在论者（如：工具论者、实效论者）开始分道扬镳。相对主义者在受到挑战时，有时会回到工具主义的立场；但两种态度之间有深刻的差异。工具论者可能想宣称，或者因为我们没有办法知道"不可观察的"理论存有物是否存在，或者因为理论存有物的意义只能透过可测量的量来定义；但这并不表示他们把这种存有物当作"主观的"——在它们的意义会受科学外因素（像是个别科学家的人格，或是其所属团体的社会性格）的重大影响之意义上。的确，工具主义论者会认为：就人

60

相信科学理论（至少是经过最佳验证的理论）的主要理由是，　57
它说明了我们经验的一致性。更精确地说，"经验"在这里指我们
所有的观察，包括实验室实验的结果，其目标是在量上测试科学理
论的预测（有时候精确得不可思议）。只提一例，量子电动力学预
测电子的磁矩（magnetic moment）有下列值[9]

$$1.001\ 159\ 652\ 201 \pm 0.000\ 000\ 000\ 030$$

在此"±"代表理论计算时的不确定部分（牵涉到若干近似值）。
一项最新的实验得出结果

$$1.001\ 159\ 652\ 188 \pm 0.000\ 000\ 000\ 004$$

在此"±"代表实验的不确定部分。[10] 这种理论与实验的一致性，
在结合了成千上万个类似却较不显眼的精确实验后，若还要说科学
没有讲出关于世界的真理——至少是**近乎**真理，就只能把这种一致
性看成奇迹了。将最稳固的科学理论之实验上的印证一起统而观
之，就是我们真正已获得的自然世界之客观（虽然只是近似而不完
备）知识的证据。[11]

　　谈到这一点时，彻底怀疑主义者或相对主义者会问，将科学和　58
其他关于实在的论述形式——譬如，宗教或神话，特别是占星学之
类的伪科学——区分开来的**判准**（criteria）是什么。我们的答案很
细。首先，有一些至少可以上溯到 17 世纪普遍的（但基本上是否
定的）知识论原则：对**先验的**论证、启示、神圣典籍及权威的主张

　　　　类心智有与生俱来的生物性限制来看，我们的科学理论便是能够理解世界的方法
　　　　中，最令人满意的方式。
[9]　以定义妥当的单位来表达，但对目前的讨论不重要。
[10]　理论参见木下东一郎（Kinoshita, 1995），实验则参见范戴克（Van Dyck）等人
　　　　（1987）。克瑞恩（Crane, 1968）对此问题提供了非技术性的介绍。
[11]　当然，受限于"逼近真"（approximately true）和"自然世界客观知识"等词精
　　　　确定义之各种细微差异，反映在实在论和反实在论的各种不同版本中（见本章注
　　　　[8]）。关于这些辩论，可参见莱普林（Leplin, 1984）。

抱持怀疑的态度。再者，三个世纪的科学实践所累积的经验，已经给予我们一系列多少具有一般性的方法论原则——例如，重复实验、运用控因、以双盲议定法（double-blind protocols）测试药物——可由理性论证来提供正当理由。然而，我们不宣称这些原则可用确定的方式整理，方法的列举也无法穷尽。换句话说，不存在（至少目前）一个科学理性完整的体系，我们也慎重地怀疑这种体系的存在。毕竟，未来是不可预测的，理性总是一种对新情境的适应。尽管如此，我们和彻底怀疑主义者有一个最主要的差别——我们认为发展完备的科学理论一般是由好的论证所支持的，但那些论证的理性必须因应个案不同来做分析。[12]

为了证明这个说法，让我们来考虑一个例子，也就是犯罪调查，在某种意义上它介于科学知识与一般知识之间。[13]有一些案子其实已经找到了犯罪者，即使最顽固的怀疑主义者也会觉得难以怀疑：毕竟，证据可能有武器、指纹、DNA证据、文件、动机等等。但是，发现的途径可能非常复杂：调查者必须在信息不完全的情况下做决定（要追踪的线索、要寻找的证据）并提出暂时的推论。几乎每一项调查都涉及由已观察到的去推论未观察到的（是谁犯罪）。在这里，就像在科学上，有些推论会比其他更合理。调查可能是东补西缀，或者"证据"可能是警察捏造出来的。但是没有办法在不考虑周遭环境的情况下，**先验地**辨别何者为好的调查，何者为不好

---

[12] 也是以逐件个案分析为基础进行，才能知道评鉴科学和伪科学的鸿沟有多深。

[13] 我们要马上加句话——甚至是很必要的——我们对于现实生活中警察的行为并未抱持任何幻想，他们不一定总是致力于找出真相，并以此为唯一职责。我们援用此例，只是要在一个单纯的具体语境中佐证这抽象的知识论问题，也就是：如果真的想找出一件事情的真相（譬如谁杀了人），会怎么进行？有对我们的意思极端误解者——在其文中我们被比为洛杉矶侦探马克·富尔曼（Mark Fuhrman）（因辛普森案而出名）和他恶名昭彰的布鲁克林对手——参见罗宾斯（Robbins，1998）。

的调查。也没有人可以绝对保证，某一个具体调查产生了正确的结果。再者，也没有人能写出一本明确的《犯罪调查的逻辑》。尽管如此，重点在于，至少对某些（最好的）调查而言，没有人怀疑调查结果的确是符合真实的。进一步说，历史已允许我们发展某些执行调查的规则：没有人会再相信火刑逼供，而我们也怀疑刑讯所获得之供词的可靠性。关键在于比对证词、交叉讯问证人、寻找物理证据等等。即使没有一种以不容置疑的**先验**推理为基础的方法论，这些规则（还有其他许多）也不是随便想出来的。它们是合理的，以先前经验的细节分析为基础。我们认为，"科学方法"和这种步骤没有根本上的差异。

缺乏任何独立于一切环境的"绝对"理性判准，也意味着我们无法给予归纳原理一个**普遍的**正当理由（又一个回到休谟处的问题）。很简单，有些归纳被认为正当，有些不是；或者，更精确地说，有些归纳比较合理，有些比较不合理。这都依手中的个案而定：举一个古典哲学的例子，我们每天都看到日出，加上我们所有的天文学知识，我们有理由相信明天太阳也会升起。但是这不代表从现在起一百亿年以后也会如此（事实上，当今的天文物理学理论预测，在那之前太阳就会耗尽它的燃料）。

在某个意义上，我们总是回到休谟难题：没有任何关于实然世界的叙述能够在文字的意义上被**证明**；但是，引用盎格鲁－撒克逊法律中一个著名的侵占法条（appropriate expression）：有时，只要没有任何**合理的**怀疑，就算是被证明了（it can sometimes be proven beyond any reasonable doubt）。不合理的怀疑仍会存在。

我们花这么多时间在这些相当基本的讨论上，是因为我们将要批评的相对主义潮流有双重来源：

60

1. 部分 20 世纪的知识论（维也纳学派、波普尔及其他人）尝试要将科学方法形式化。

2. 这一尝试的部分失败，导致在某些学圈里产生一种不合理的怀疑主义态度。

本章的其他部分，我们打算显示关于科学知识的一系列相对主义论证，它们若不是（a）有效地批评了一些将科学方法形式化的企图，然而这些批评一点也不会破坏科学事业的合理性，就是（b）仅是以各种面貌，重新表达出休谟式的彻底怀疑主义。

陷入危机的知识论

没有知识论的科学（只要是可想见的）原始又含糊。可是，只要在寻找清晰系统的知识学家开始奋发图强，他就会倾向以其系统的意义来解释科学的思想内容，并排斥任何不能配合其系统的东西。但知识学家对知识论系统的深入努力，科学家却是承当不起的……因此，科学家必须向系统的知识学家显出他是个厚脸皮的机会主义者。

——爱因斯坦（1949，第 684 页）

61　　当代的怀疑主义者大多宣称在像蒯因、库恩或费耶阿本德等哲学家的著作里找到支持，这些人质疑了 20 世纪上半叶的知识论。这个知识论的确已陷入危机。为了解这危机的本质和起源及它对科学哲学的影响，让我们回到波普尔。[14] 当然，波普尔不是个相对主

[14] 我们可以回到维也纳学派，但是那会让我们离题太远。这一节的分析一部分受到普特南（Putnam，1974）、史托夫（Stove，1982）及劳丹（1990b）的启发。本书法文本面市后，蒂姆·巴登（Tim Budden）提醒我们注意纽顿－史密斯（Newton-Smith，1981）的著作，在那里可以找到对波普尔知识论的类似批评。

义论者，甚至刚好相反。但他是一个好的起点。首先，因为许多知识论的现代发展（库恩、费耶阿本德）是起于对他的回应。其次，虽然我们强烈地不同意波普尔的批评者（如费耶阿本德）所提出的结论，但是我们问题的主要部分可以追溯到波普尔的《科学发现的逻辑》（*The Logic of Scientific Discovery*）[15]里的暧昧与不适切。了解这部作品的限制，以更有效地面对它引发的批评所造成的非理性潮流是很重要的。

　　波普尔的基本想法众所周知。首先，他想提出一个判准为科学和非科学理论划出界限，他认为他已经在**可证伪性**（falsifiability）观念中找到：一个理论若为了成为科学的，它必须在实在界中做出原则上可能是假的预测。对波普尔而言，占星学或精神分析之类的理论要不是无法做出精确的预测，就是以一种特设的（ad hoc）风格编排其陈述，以便检验结果与理论矛盾时，仍可以容纳它们。[16]　62

　　如果一个理论是可证伪的，因此是科学的，它就可以接受**证伪**（falsification）的检试。也就是，可以将理论的经验预测和观察或实验相比较；而如果后者抵触前者，那么理论就是假的、必须被拒绝的。根据波普尔，对于证伪的强调（与检证［verification］相反）支持了一种很关键的不对称情形：永远没有办法证明一个理论为真，因为，一般而言，这理论会做出无数个经验预测，而只有一个有限的子集合可以被实验检查；尽管如此，我们却可以证明一个理论为假，因为只要有一个（可靠的）观察和理论相悖就够了。[17]

---

［15］　波普尔（1959）。
［16］　以下我们会看到，某一个说明是否是**特设**（ad hoc），强烈地依其语境而定。
［17］　当然，在这则简短的摘要中，我们太过简化了波普尔的知识论：我们简化不同观察的区分、维也纳学派观察陈述（observation statements）的观念（那是波普尔所批评的），以及波普尔基本述句（basic statement）的观念；我们省略波普尔的一项条件限制，即只有可复制的结果才能导致否证；如此等等。然而，接下来的讨论不会因这些简化而受影响。

波普尔的架构——可证伪性及证伪——如果有所保留地接受是不错的。但是一旦试着全盘采用证伪论的理论，无数的问题就会随之而来。放弃检证的不确定性而代之以证伪的确定性，看来似乎更具吸引力。但是这种途径会碰到两个问题：放弃检证所付的代价太大，而且无法得到它所承诺的，因为证伪没有像它表面上那样确定。

第一个困境是关于科学归纳法的地位。当一个理论成功地通过证伪的检测，科学家很自然地会认为理论得到局部印证，也会赋予它更大的可能性或更高的主观概率（subjective probability）。可能性的程度当然依赖其周遭条件：实验的质量、结果的不可预期性等等。但波普尔可不论：终其一生，他都固执地反对理论"印证"的任何想法，即使是印证的"概率"。他写道：

63

> **我们有合理的理由从我们的重复经验来推论出我们未有经验的事例吗？**休谟无情的答案是：不，我们没有合理的理由……我自己的观点是，休谟对这问题的答案是对的。
>
> （波普尔，1974，第 1018—1019 页，黑体为原文所有）[18]

显然，每个归纳都是由已观察到未观察的推论，这种推论无法单由演绎逻辑来提供正当理由。但是，如我们所见，如果要认真看待论证——如果理性只包含演绎逻辑——将意味着，没有足够理由去相信太阳明天会升起，也没有人会**真**的认为太阳不会升起。

波普尔认为，他的证伪已经解决了休谟难题[19]，但是他的解决

---

[18] 史托夫（1982，第 48 页）亦说过类似的话。波普尔称任何一个成功通过否证检验的理论为"被认可的"（corroborated）。但是这个词的意思并不清楚；它不能只是"被印证的"（confirmed）的同义词，不然的话，波普尔对归纳法的整个批评就会是空的。更详细的批评，见普特南（1974）。

[19] 例如，他写道："所提出的划界判准（criterion of demarcation）也引导我们找出

方式，就其本身而言，是一个纯否定的方法：我们可以确定某些理论是假的，但绝不能确定某一理论为真或可能为真。显然，从科学的观点来看这个"解决方式"并不令人满意。特别是，科学的角色至少有一项是做预测，让其他人（工程师、医师……）能以之作为其活动的基础，而所有这种预测都有赖某种形式的归纳法。

此外，科学史告诉我们，科学理论会被接受，最主要是因为它成功了。例如，物理学家以牛顿力学为基础，已经能够推论出大量的天体运动与地面运动，与观察结果极其符合。再者，1759 年对哈雷彗星回返的正确预测[20]，以及 1846 年关于海王星的惊人发现，乃是根据勒维耶（Le Verrier）和亚当斯（Adams）对其位置的预测，[21]这些都强化了牛顿力学的可信度。如果牛顿力学不是至少逼近真，实在很难相信这种简单的理论能够如此精确地预测**全新的**现象。

波普尔知识论的第二个困境是，证伪比看起来的要复杂得多。[22]要了解这点，让我们再一次以牛顿力学为例[23]，牛顿力学由两种定律组成：一是运动定律，力等于质量乘以加速度；二是万有引力定律，两物体之间的引力和其质量之乘积成正比，和两物之间的距离之平方成反比。在什么意义上，这个理论可以被证伪？它本身并没有预测什么；如果对各种天体的质量做出合适假设的话，

64

休谟归纳问题的解决方式——自然法则之有效性的问题……否证法并不预设任何归纳推论，而是那有效性无可争议的演绎逻辑的套套逻辑转换（tautological transformations）。"（波普尔，1959，第 42 页）

[20]　拉普拉斯（Laplace）写道："知识界的人都迫不及待地守候它的回返，这将会印证科学上最伟大的一项发现……"（拉普拉斯，1902〔1825〕，第 5 页）。

[21]　更仔细的叙述，可见葛罗塞（Grosser, 1962）或摩尔（Moore, 1996，第 2、3 章）。

[22]　容我们强调，对于否证法的问题，波普尔本人非常了解。我们认为，他所没有做的是为"素朴否证法"提供一个令人满意的替代方案——能修正其缺失又至少保有它的一些好处。

[23]　可参见普特南（1974）。亦见波普尔（1974，第 993—999 页）的回答及普特南（1978）的回应。

确实许多种运动与牛顿力学定律**兼容**，甚至可由那些定律**推论**出来。例如，牛顿导出开普勒行星运动定律的演绎，需要某种**附加假定**——其在逻辑上独立于牛顿力学定律，即相对于太阳的质量，行星质量是小的：这意味着行星之间的互动（mutual interactions）可以被忽略。但是这个假设虽合理，却绝非自明的：行星可能是由密度很高的物质所组成的，在这种情况下，附加假定就会失败。或者，可能存在大量影响行星运动的不可见物质。[24] 再说，任何天文学观察的解释都有赖于某些理论命题，特别是关于望远镜功能和光在太空中的传播的光学假设。事实上，对任何观察而言皆然：例如，在"测量"电流时，我们真正看到的只是指针在一个计量表上的位置（或数字读表上的数字），根据我们的理论，它被解释为指示电流的存在和量度。[25]

所以，科学命题没有办法——加以证伪，因为若要从中推论出任何经验性命题，即使在测量工作上，都必须做无数的附加假定；再者，这些假定经常是隐含的。美国哲学家蒯因曾以一种相当彻底的风格表达：

> 我们关于外在世界的陈述并非以个别的方式，而是以一个综合体去面对感官经验的法庭……总体来看，科学对于语言和经验有双重的依赖；但是这个双重性没办法有意义地追溯一句一句的科学陈述……
>
> 以符号的使用来定义它，比起洛克和休谟那种不可能的逐词经验主义（term-by-term empiricism），乃是一项进展。陈述

---

[24] 这种"暗"物质的存在——不可见的，但并不必然无法以其他管道侦测到——在某些当代宇宙理论中已有所预测，而这些理论并未被宣称为事实上非科学的。

[25] 理论在解释实验时的重要性，迪昂（Duhem, 1954 [1914]，第二部，第 6 章）已有所强调。

（statement）而非词（term），从边沁开始被承认为经验主义批 66
判的意义单位。但我现在要主张的是，即使以陈述为单位的格
局还是太纤细了。经验意义的单位是科学整体。

（蒯因，1980［1935］，第 41—42 页）[26]

对这种反对意见的回应是什么呢？首先必须强调，科学家在实
际工作时，完全意识到了这一问题。每一次当实验与理论矛盾时，
科学家就会问自己一大堆问题：误差是由于实验的执行方法还是分
析方法？是由于理论本身，还是某个附加假定？实验本身从未指定
什么应该做。科学命题必须逐一检验的观念（蒯因所称的"经验主
义的教条"），只是一个关于科学的神话。

但是蒯因的断言需要严格地考察。[27]实际上，经验不是给定
的；我们不是只思考世界然后就诠释它。我们被理论诱导，正是为
了检验理论的不同部分，如果可能的话，互相独立地，或至少以不
同的组合方式来检验。我们使用一组实验，其中有些目的只是检查
测量装置是否的确如预期有效（由把装置应用到所知完善的情境
上）。正如受到证伪的检验乃是相关的理论命题全体，限制我们的 67
理论解释的，也是我们的观察全体。例如，我们的天文学知识有赖
对于光学的假设，这些假设不能随意修改，因为它们至少可以局部

[26] 容我们强调，蒯因在 1980 年版本的前言中，否认对此段的最极端的解读，他说
（我们认为正确的理解）"经验内容是由成群的科学陈述所分享的，而大部分无法
在其间做分疏。在实践上，相关的陈述的确不是科学整体"（第 viii 页）。
[27] 蒯因有些相关的断言，像："如果我们在系统中的他处做出够大的调整，不论事
实如何，任何陈述都能被视为真。即使一个非常接近边缘的陈述［注：即接近直
接经验］，在面对非常难以驾驭的经验时，也可借幻象的说辞或修正所谓逻辑
法则的某种陈述，而被视为真。"（第 43 页）从上下文中抽出的这一段，虽然可以
被读成是为彻底相对主义辩护，但是蒯因的讨论（第 43—44 页）却暗示这不是
他的意图，他也认为（我们所认为正确的理解）在面对"难以驾驭的经验"时，
在我们的信仰系统做某些调整要比其他做法都合理得多。

地通过许多独立的实验加以检测。

然而，我们的麻烦还没结束。如果不折不扣地接受证伪学说，我们就应该宣布牛顿力学在 19 世纪中就被水星轨道的异常行为证伪了。[28]对一个严格的波普尔主义者而言，把某些困难摆在一旁（像是水星的轨道）并寄希望于那只是暂时的，这种想法无异于为了逃避证伪的旁门左道。然而，若将其背后的整体语境纳入考虑，这种进行方式大可以说是**理性的**（rational），至少就某个时期而言——否则科学将成为不可能。总是会有些实验或观察是不能被完全说明，甚至与理论相矛盾，被暂时搁置以等待更好的时机。牛顿力学既是如此成功，若为了一个（表面上）被观察驳倒的预测而将之全盘否定，并不合理，因为这个不相符的情形可能有各种其他说明。[29]科学是理性的事业，但难以体系化。

68   波普尔的知识论无疑包含一些有效的洞见：如果不走极端的话（譬如，对归纳法的通盘排斥），可证伪性和证伪法的强调大有助

[28] 从 1859 年的勒维耶开始，天文学家注意到，观测的水星轨道稍异于牛顿力学的预测：其差距相当于水星近日点（行星轨道中最接近太阳的点）的进动，约每世纪 43 弧秒（这是一个小得令人难以置信的角度：想想看，1 弧秒是 1 度的 1/3600，而 1 度是整个圆的 1/360）。在牛顿力学的语境之内，种种尝试被提出来说明这种异常的行为：例如，推测水星轨道内有一颗新的行星（很自然的想法，因为曾有关于天王星的这种取向是成功的）。然而，想发现这颗行星的所有尝试都失败了。这个异例最后终因其作为 1915 年爱因斯坦广义相对论的成果而被说明了。更详细的历史，见罗塞韦尔（Roseveare, 1982）。

[29] 诚然，误差可能是在附加假定中的一项，而不是在牛顿力学本身。例如，水星轨道异常行为可能是不明行星、小行星群，或太阳非完美球形所造成的。当然，这些假设能够，也应该受到独立于水星轨道的检验；但是这些检验还是需视不易评估的附加假定而定（例如，很难看到一颗接近太阳的行星）。我们绝不是在暗示可以这样永无止境地继续下去——不久之后，这一特别设定的说明就变得太奇怪，而无法被接受——但这个过程大概要花掉半个世纪；就好像水星轨道刚好花了约半世纪一样（见罗塞韦尔，1982）。

此外，温伯格（1992，第 93—94 页）注意到，20 世纪初，太阳系的力学中有几个异例：不只是水星轨道，也包括月球、哈雷彗星及恩克（Encke's）彗星的轨道。现在我们知道，后几个异例是因为附加假定的误差——对于来自彗星的气体发散以及作用在月球的潮汐力量，都未有完全的了解——而只有水星轨道构成牛顿力学一个真正的否证。但是，这在当时是一点也不明显。

益。特别是，比较如天文学和占星学这两种完全不同的研究，在某种程度上运用波普尔的判准是很有用的。但是，要求伪科学循从科学家自己也不会全盘遵行的严格规则毫无意义（否则的话就会招致费耶阿本德的批评，这我们将在后文讨论）。

显然，为了变成科学，理论必须做种种方式的经验测试——测试越严格越好。预测出未预期的现象经常构成最惊人的检验，这也是真的。最后，要显示一个精确的数量判断为假比显示其为真还容易。或许就是这三个想法的组合，部分说明了为什么波普尔受到许多科学家的欢迎。但是这些观念并不应归于波普尔，也不是他作品中的原创部分。经验检验的必要性至少可溯至 17 世纪，也就是经验主义的学说：拒斥先验的或启示的真理。此外，预测并不总是最有力的检验方式[30]；而那些检验可采取相对复杂的形式，无法化约成简单的假设、每一假设的逐一证伪。

如果没有造成非理性论者的强烈反弹，一切问题就不会这么严重：有些思想家，如著名的费耶阿本德，从许多刚才讨论过的理由来反对波普尔的知识论，然后落入一种极端的反科学态度（见后文）。但是，支持相对论或演化论的合理论证出现在爱因斯坦、达尔文及其后继者的著作中，而不在波普尔的著作中。因此，就算波普尔的知识论完全为假（当然不是这样），那也与科学理论的有效性无关。[31]

69

---

[30]　例如，温伯格（1992，第 90—107 页）说明了为什么水星轨道的溯测（retrodiction）相较于恒星光线因太阳而偏转的预测（prediction）而言，是对广义相对论的一个更具说服力的实验。亦见布拉什（Bruch, 1989）。

[31]　譬如，想想芝诺悖论（Zeno's paradox）：它并未表明阿基里斯事实上不会抓到乌龟；而只是表明运动和极限的概念在芝诺的时代还未有清楚的理解。同样，我们可以妥善地实践科学，而不必然理解我们是如何做到的。

迪昂－蒯因命题：不充分决定论

另一个经常被称为"迪昂－蒯因命题"（Duhem-Quine thesis）的观念是证据无法充分决定理论。[32] 我们所有实验的数据集是有限的，但理论至少潜在地包含无数的经验预测。例如，牛顿力学不只描述星球如何运行，也描述一枚尚未发射的卫星会如何运行。如何从有限的数据集过渡到理论上应是无限的断言集？或者，更精确地说，此事是否有一可行的独特方法？这很像在问，一个有限数的点集合，是否就有通过这些点的一条独一无二的曲线？答案当然是没有：有无限多的曲线通过任何一组有限的点。同样，总是有非常多的（甚至无限的）理论是与数据兼容的——而且，不论是什么数据，也不论数目多少。

70　　　回应这种一般论旨有两种方法。第一个方法是将之有系统地应用于我们**所有的**信念（逻辑上是可以这么做的）。所以我们可以得出某些结论，譬如，不论事实为何，任何犯罪调查结束时，有嫌疑的人数总是会像刚开始时一样多。这一看就很荒谬。但是，这的确是使用不充分决定论旨所能"证明"的东西：总是可以编故事（可能还是很怪异的故事）说 X 有罪而 Y 无罪，其中数据以**特设的**方式被说明。我们再一次回到了休谟式的彻底怀疑主义。该论旨的弱点依然是它的普遍性。

处理这个问题的另一种方法是，考虑理论和证据对照时可能发生的各种具体情况：

1. 可能有利于某一既定理论的证据十分稳固，以致怀疑该理论几乎是像相信唯我论一样不合理。例如，我们有很好的理由相信血

[32] 容我们强调，关于这一理论的说法，迪昂比蒯因更为温和。同时需要注意的是，"迪昂－蒯因命题"这个词有时候用来指称一个观念（在前一节里分析的），亦即观察渗透理论。参考有关这一节的观念的一些更细节的讨论，见劳丹（1990b）。

液的循环、物种演化、物质由原子所组成，以及一大堆其他的事。类似的情况，在犯罪调查中等同于可以肯定，或者几乎可以肯定，已经找到了罪犯。

2. 可能有一些相互矛盾的理论，但似乎没有一种是能够完全令人信服的。生命起源问题（至少在目前）就为这种情形提供很好的例子。以犯罪调查作比，即显然有许多合理的嫌疑犯，但并不清楚谁是真正有罪的。也可能出现的情况是只有一个理论，却不具说服力，因为缺乏充分有力的检验。如果是这样，科学家会隐然地运用不充分决定论旨：既然另一个尚未构想出来的理论也有可能是正确的，就赋予既存的唯一理论相当低的主观概然率。

3. 最后，可能连一个可以说明所有现存数据的可行理论都付之阙如。这大概就是今天广义相对论与基本粒子物理学的统一，以及其他许多困难的科学问题所面对的情况。

容我们暂时回到"画出穿透有限数目的点的曲线"之问题。最能说服我们已找到正确曲线的，当然是当我们进行附加实验时，**新数据仍与旧曲线相拟合**。我们必须隐然地假设没有这样的宇宙结构，在其中真实曲线非常不同于我们已画出的曲线，而我们所有的数据（不论新旧）都刚好落入两者的交集部分。套用一句爱因斯坦的话，上帝是难以捉摸的，但并不邪恶。

库恩和范式间的不可通约性

我们现在所知的比五十年前多，比 1580 年知道的又多得多。所以最近四百年来，知识有很大的累积或成长。这是一个大家都知道的事实……所以若一个作者的立场使他倾向于否认（此事），或甚至他完全不愿承认之，那么对于阅读他的哲学家而言，这个作者不免显得像在坚持某种极端不合理的主张。

——大卫·史托夫，《波普尔和波普尔之后》

（*Popper and After*）（1982，第 3 页）

容我们将注意力转向一些历史分析，它们显然助长了当代相对
72　主义的发展。其中最著名者无疑是托马斯·库恩的《科学革命的结
构》（*The Structure of Scientific Revolutions*）。[33]这里将单单处理库
恩著作中的知识论面向，把其中历史分析的细节摆在一旁。[34]无
疑，库恩设想其作品会像历史学家的作品那样对我们的科学在行动
的概念产生冲击，也因而至少间接地对知识论造成冲击。[35]

库恩的架构众所周知：大部分的科学在行动——库恩称为"常
态科学"（normal science）——是在"范式"（paradigm）当中发生
的，它界定什么问题被研究、什么判准被用来评估一个解答，还有
什么实验程序是可接受的。偶尔，常态科学会面临危机—— 一个
"革命"的时期——且范式发生转换。举例而言，随伽利略和牛顿
而诞生的现代物理学，构成与亚里士多德的决裂；同样，在 20 世
纪，相对论和量子力学又取代了牛顿的范式。同样的革命也发生在
生物学中，静态物种观到演化理论的发展，或由拉马克（Lamarck）
到现代遗传学的发展。

这种洞见非常符合科学家对自己工作的觉知，所以乍看之下很
难发现这个研究取径的革命性何在，更别说如何用它来反对科学。

[33]　关于这一节，见希莫尼（Shimony，1976）、西格尔（Siegel，1987），更详细的批
　　　评，特别参见莫德林（1996）。
[34]　我们将只局限在《科学革命的结构》（库恩，1962，第二版，1970）。关于库恩后
　　　续观点的批判，见莫德林（1996）和温伯格（1996b，第 56 页）。
[35]　谈到"我们现在拥有的科学形象"，而且也透过科学家传播于大众，库恩写道：
　　　"本论文企图展示，我们……基本上是被误导了。本论的目的是勾勒一个相当不
　　　同的科学概念，它将从研究活动本身的历史记载中浮现。"（库恩，1970，第 1 页）

只有在面对范式的**不可通约性**时，问题才出现。科学家一般认为，虽然那些理论已被赋予"范式"的地位，但要在观察和实验的基础上理性地裁决相互竞争的理论（例如，牛顿和爱因斯坦之间）仍是可能的。[36] 对照之下，虽然我们可以赋予"不可通约性"一词许多含义，关于库恩著作的大量辩论也是以这个问题为中心，但至少有一种不可通约性论旨的版本，对于合理地比较竞争理论的可能性抱持怀疑的态度；也就是，我们的世界经验根本上为我们的理论所限制，而理论又依赖范式。[37] 例如，库恩观察到，道尔顿（John Dalton）之后的化学家是以整数的比而非小数来记录化学组成。[38] 尽管当时原子理论解释了大部分的有用数据，有些实验还是产生了矛盾的结果。库恩提出的结论相当激进：

> 因此，化学家不能简单地接受道尔顿关于证据的理论，因为大部分的证据仍然是否定性的。即使接受理论之后，他们还要调整自然（beat nature into line），而这一调整顺应过程最终则需要再一个世代的时间才能完成。当其完成之时，即便是已知化合物的百分比构成也不相同。数据本身发生了改变。在最后一个意思上，我们可能想说，革命之后科学家是在一个不同的世界里工作。
>
> （库恩，1970，第 135 页）

---

[36] 当然，库恩并未明确否认这种可能性，但是他倾向于强调在理论选择时非经验性的面向：例如说，"太阳崇拜……有助于使开普勒变成一个哥白尼论者"（库恩，1970，第 152 页）。

[37] 注意，这个断言比迪昂的想法更激进，迪昂认为，观察有部分依赖于附加的理论假说。

[38] 库恩（1970，第 130—135 页）。

但是库恩所谓的"调整自然"究竟是什么意思？他是在暗示道尔顿之后的化学家修改他们的数据，以便使之和原子的假设相符吗？而且他们的后继者至今仍这样做？或是，原子的假设是错的吗？显然这不是库恩的意思，但是，说他的表达方式模棱两可，至少是不为过的。[39] 很可能19世纪化学成分的测量相当不精确，也有可能实验受到原子理论非常强烈的影响，以至于他们以为测量结果得到证实，其肯定程度甚于实际情形。不过，**时至今日**我们有那么多的证据支持原子论（许多是与化学无关的），如果怀疑它就会变得不合理。

当然，历史学家绝对有权利说这不是他们所关心的：他们的目的是了解范式转换时发生了什么。[40] 了解这种改变是建立在稳固的经验论证，或是建立在科学之外的信念（如太阳崇拜）之上，其程度又如何，这才是他们的兴趣。在极端情形中，一种范式甚至可能出于完全的非理性的原因，出于偶然间的意外事件而发生正确的转变。最初由于偏差理由而被采用的理论，**今日**已获得经验上的确立，不再受到任何合理怀疑，乃是一个不可改变的事实。再者，至少就现代科学诞生以来的大部分情形看来，范式的转换并非因为一些完全不合理的理由而发生。譬如，伽利略和哈维（Harvey）的著作中包含许多经验论证，内容绝不是全都错的。确实，造成新理论出现的，总是好理由和坏理由兼而有之，而科学家很可能在经验证

[39] 也要注意，库恩的措辞——"百分比构成也不相同"——混淆了事实以及我们对事实的知识。改变了的东西，当然是化学家对多少百分比的知识（或信念），而不是百分比本身。
[40] 如此，历史学家正确地拒绝了"辉格历史"（Whig history），也就是，将过去的历史重成一则迈向现在的序言。然而，这个相当合理的态度不应当和另外一个相当可疑的方法论的禁令相混淆，也就是，以今日之资讯过去并不可取得（包括科学证据）为借口，所以拒绝使用当下所能获取的一切信息来对历史做出尽可能好的推论。毕竟，艺术史家也运用当代物理学及化学，以断定史料出处和真本；即使这些技术在艺术史所研究的时期当时是不可行的，它们对艺术史研究也仍有用。类似之推论应用到科学史中的例子，见温伯格（1996a，第15页）。

据的说服力还不够充分之前，就已坚持新的范式了。这一点也不让人惊讶：科学家必须尽其可能地猜测要循哪一条路走——毕竟，人生有限——在缺乏充分经验证据的情况下，必须常常做一些权宜的决定。这并不会破坏科学事业的合理性，反而让科学史如此吸引人。

科学哲学家蒂姆·莫德林指出，基本的问题是存在**两个库恩**——一个温和的库恩和他那激进的兄弟——两人推推挤挤贯穿《科学革命的结构》全书。温和的库恩承认，过去的科学辩论已获得正确解决，但他强调当时可取得的证据比一般所想的还弱，而非科学的考虑也发挥了功能。基本上我们不反对温和的库恩，我们把研究这些想法在具体情况中正确到什么程度的重任留给历史学家。[41]另一方面，激进的库恩——或许不是自愿的，他变成当代相对主义的创始者之一 ——认为范式的转换主要是因为非经验的因素（non-empirical factors），一旦被接受，就会限制我们对世界的知觉到这种程度，我们后来的经验只能印证它。莫德林再度伶俐地反驳这个观念：

> 如果亚里士多德面前是一块月石，他会认为那是一块石头，是一个有掉落倾向的物体。他不会无法下结论说，关于自然运动方面，月球的组成物质和地球上的物质没有基本差异。[42]同样，不论一个人偏好的是怎样的宇宙观，越来越好的望远镜都会越来越清楚地显示金星的盈亏[43]；即使托勒密也会 76

----

[41] 可参见多诺万（Donovan）等人的研究（1988）。

[42] ［这个注释和以下两个由笔者所加。］亚里士多德认为，地球的物质由火、气、水和土四种元素组成，根据它们的组成，其自然倾向是上升（火、气）或下降（水、土）。而月球及其他星体是由"以太"（aether）这种特别的元素组成，其自然倾向是一种永远的循环运动。

[43] 人类在古代便观察到，金星一直不会离太阳太远。托勒密的地球中心宇宙论对此的解释是，金星和太阳多多少少是同时绕地球运行的（金星较近）。因此，金星看起来应该一直是薄钩状，如"弦月"。而太阳中心论对此的解释自然是假设金

注意到傅科摆明显的转动。[44]一个人所相信的范式会影响其对世界的经验，但并不能强烈到保证说一个人的经验总是与其他理论相符，否则，就不会有修正理论的需要。

（莫德林，1996，第 442 页[45]）

因此，虽然科学实验确实不会提供它们自己对理论的解释，但是理论并不决定对结果的知觉，这也是真的。

对库恩科学史激进版本的第二种反对意见，是对"自我反驳"（self-refutation）的反对——这个反对意见我们稍后也要用来反对科学社会学中的"强纲领"（strong programme）。历史的研究，特别是科学史，使用的方法和自然科学没有根本的差异：研究文件资料、提出最理性的推论、根据可得数据做出归纳等等。如果物理学和生物学中这类型的论证不能让我们得出合理可信赖的结论，有什么理由可以信赖被应用在历史研究中的这类论证？如果以实在论者的态度去谈电子或 DNA 这样的科学概念是一场幻觉的话（这些概

星绕太阳的轨道半径小于地球。因此，金星应该像月球一样，呈现由"弦"（当金星和地球同在太阳的一边）到"满"（当金星在太阳的另一边）的面貌。裸眼看金星，它像一个点，因此经验上不可能分辨这两种预测，一直要等到伽利略和他的后继者以望远镜观察到金星盈亏现象的存在。这并未证明太阳中心论模型（其他理论也能够解释盈亏），但是它提供了一个支持的重要证据，同时作为托勒密模型的强烈反证。

[44] 根据牛顿力学，一个摆动的单摆总是保持在单一平面上，然而，只有对于一个所谓的"惯性参考坐标系"，例如固定地参考遥远的恒星，这个预测才是有效的。依附地球的参考坐标系不是精确惯性，因为地球每日环绕其轴自转。法国物理学家傅科（Jean Bemard Leon Foucault, 1819—1868）发现，相对于地球，单摆摆动的方向会渐渐前进，而这可理解为是地球自转的证据。要了解这现象，可以想象有一个摆被定位在北极。相对于远方的行星，它的摆动方向会一直保持固定，而地球在它之下旋转；因此，相对地球上的观察者而言，它摆动的方向每 24 小时会转一整圈。在其他的纬度上（赤道除外），也有类似的效果，但行进较缓慢；譬如，在巴黎的纬度上（49°N），进动是每 32 小时一圈。1851 年，傅科证明了这一效应，他使用一个 67 米长的吊摆，悬挂在巴黎万神殿（Pantheon）的拱顶，不久之后，傅科摆成为全世界科学博物馆的标准展示项目。

[45] 这篇论文一直只以法译本出版。感谢莫德林教授向我们提供英文原稿。

念的定义事实上是更精确得多的），为什么要以实在论者的姿态谈论像范式这样的历史范畴？[46]

但还可以更进一步。根据不同的理论，视其支持证据的质与量而定，引入一个具有可靠性的阶层乃是很自然的。[47]每一个科学家——也可说是每一个人——都以这个方式进行，给予根基稳固的理论较高的主观或然性（例如，物种的演化或原子的存在），而给予较为臆测性的理论较低的主观或然性（如关于量子引力的详尽理论）。在比较自然科学的理论和历史或社会学的理论时，这个推理方式也同样适用。例如，地球自转的证据比库恩所能提出支持其历史理论的证据要强太多了。当然，这不是说物理学家比历史学家聪明，或者他们所用的方法比较好，只是他们处理的问题比较不复杂，涉及较少的变量，因而比较容易衡量和控制。要避免在我们的信念中引入这样一种层级思考是不可能的。这也意味着，以库恩式的历史观为基础的论点中，没有任何可认知的论点能够为那些希望以一种概括方式挑战科学结果之可靠度的社会学家或哲学家提供援助。

78

费耶阿本德："怎么都行"

在讨论相对主义时，另一位经常被引用的著名哲学家是费耶阿本德。我们先从费耶阿本德的复杂性格入手。他的个人和政治态度为他赢得相当的同情，而他对将科学实践体系化（codification）之企图的批评，经常也是公平的。再者，虽然他有一本著作名为《告

---

[46] 值得注意的是，费耶阿本德在《反对方法》（*Against Method*）的最新版本中提出了类似的论点："以历史的论证去破坏科学的权威是不足的；为什么历史的权威应该比物理学的权威伟大呢？"（费耶阿本德，1993，第271页）类似的论点亦见金斯（Ghins，1992，第255页）。

[47] 这种推理可推回到至少休谟反对神迹的辩证：见休谟（1988[1748]，第10章）。

别理性》（*Farewell to Reason*），他却也从未完全公开变成一名非理性主义者；晚年时，他开始和他的一些追随者的相对主义及反科学的态度保持距离（或者看起来是这样）。[48] 尽管如此，费耶阿本德的著作包含许多模棱两可或混淆的陈述，有时以对现代科学的强烈攻击结尾；同时是哲学的、历史的及政治的攻击，其中事实的判断和价值的判断混在一起。[49]

阅读费耶阿本德的主要难题在于弄清楚什么时候得认真看待
79 他。一方面，他常被看作科学哲学界的弄臣，而且他对于扮演这个角色似乎也乐在其中。[50] 有时候，他自己会强调，他的话不应该照字面意思来理解。[51] 另一方面，他的著作充满对科学史及科学哲学还有物理学专业作品的指涉；而他作品的这一面向，大大有助于建立起他作为一位主要科学哲学家的声誉。将这些记在心上，我们将讨论他所犯的基本错误，并举例说明它们导致的过度结论。

————————

[48] 例如，他写道：

　　一个事业如何能在这么多方面依赖文化，而又产生出如此稳固的结果？……对这个问题大部分的答案不是不完全就是不连贯。物理学家把事实视为理所当然。种种把量子力学视为思想转折点的运动——包括夜间飞行的神秘主义者、新时代（new age）的先知，以及各类的相对主义者——都受文化的成分所激发，而忘却预测和技术。

（费耶阿本德，1992，第 29 页）

亦见费耶阿本德（1993，第 13 页，注 [12]）。
[49] 参见《反对方法》第 18 章（费耶阿本德，1975）。然而，这一章并不包含在最近的英文版本中（费耶阿本德，1988，1993）。也见《告别理性》（*Farewell to Reason*）第 9 章（费耶阿本德，1987）。
[50] 例如，他写道："伊姆雷·拉卡托斯（Imre Lakatos）开玩笑地叫我无政府主义者，而我也不反对戴上无政府主义者的面具。"（费耶阿本德，1993，第 vii 页）
[51] 例如："这议论的唯一观念……是琐碎的，以适当的词语表达出来时，也显得琐碎。然而，我较偏好悖论，因为没有什么会比听到类似的字词和口号更使人心智迟钝。"（费耶阿本德，1993，第 xiv 页）以及："请牢记在心，证明和修辞并不表达出我任何'深刻的信念'。它们只显示出，以理性的方法牵着别人的鼻子走，是多么容易的事。一个无政府主义者就像一个隐匿的间谍，玩弄着理性的游戏以便削弱理性的权威（真理、诚实、正义等等）。"（费耶阿本德，1993，第 23 页）这一段加上一个脚注，指涉达达主义运动（Dadaist movement）。

基本上，我们同意费耶阿本德对抽象地考察科学方法的说法：

> 科学能够，也应该根据固定而普遍的规则来进行，这个观念既不实际也有害。
>
> （费耶阿本德，1975，第 295 页）

他花了篇幅批评"固定而普遍的规则"（fixed and universal rules）——早期的哲学家认为，透过这样的规则，他们便能表达出科学方法的本质。我们说过，要将科学方法固定成体系，如果不是不可能，就是极端困难，虽然这不会阻碍某些规则在过往的经验中作为基础发展，达到一个或多或少普遍的有效性程度。如果费耶阿本德透过历史例证，将自己局限在证明科学方法的任何一般性及普遍性的体系化都有其限制，我们就只能同意他。[52] 不幸的是，他走得太远：

80

> 所有方法论都有其局限，而唯一留下来的"规则"是"怎么都行"。
>
> （费耶阿本德，1975，第 296 页）

这是典型的相对主义推理的错误推论。费耶阿本德从一个正确的观察开始——"所有方法论都有其局限"——跳到一个完全错误的结论："怎么都行"。游泳的姿势有很多种，且各有其限制，但说所有

---

[52] 但是，关于其历史分析之细节的有效性上，我们不表意见。例如，克拉弗林（Clavelin，1994）对费耶阿本德提出的有关伽利略看法的批评。
　　也容我们提醒：他对现代物理学问题的许多讨论是错误的，或者有严重夸大，可参见他关于布朗运动（费耶阿本德，1993，第 27—29 页）、重整化（renormalization）（第 46 页）、水星轨道（第 47—49 页）以及量子力学的散射（scattering）（第 49—50 页注）的主张。澄清这些混淆会占太多篇幅，但是可参见布里克蒙（1995a，第 184 页）针对费耶阿本德关于布朗运动及热力学第二定理的主张所做的简短批评。

的肢体动作都一样好却并不准确（如果你不想沉下去的话）。犯罪调查没有单一的方法，但这并不意味着所有的方法都同样可信（想想看以火逼供）。科学方法也是如此。

在该书的第二版，费耶阿本德试图为自己辩护，以反对"怎么都行"的字面理解。他写道：

> 天真的无政府主义者说，（a）绝对的规则和依赖语境的规则都有其局限，并推论说（b）所有的规则和标准都没有价值且应该抛弃。大部分的人都认为我是这种天真的无政府主义者……［但是］虽然我同意（a），却不同意（b）。我论证所有的规则都有其局限，而且没有广含一切的"合理性"（rationality），但我并未论证我们应该在没有规则和标准下而进行。

> （费耶阿本德，1993，第231页）[53]

81　问题是费耶阿本德并未指出这些"规则和标准"的**内容**，且除非它们受某些理性观念的约束，否则很容易就会走到最极端的相对主义上。

费耶阿本德谈到具体争议时，常常兼有合理的观察和相当怪异的建议：

> 我们对于习惯性概念和习惯性反应的批评，第一步是走出圈圈，或发明一个新的概念系统，例如一个新理论，与最精心建立的观察结果相冲突，搅乱最合理的理论原则；或者由科学之外引进这样一种系统，如从宗教、神话、外行人的想法，或

---

[53]　类似的陈述，见费耶阿本德（1993，第33页）。

疯子的胡言乱语。

（费耶阿本德，1993，第 52—53 页）

要反驳这些断言，可以诉求**发现语境**（context of discovery）和**证成语境**（context of justification）的古典区分。诚然，发明科学理论的个人化过程中，所有方法原则上都是可允许的——演绎、推理、类比、直觉，甚至幻觉[54]——而唯一的判准就是实用。此外，理论的证成必须是合理的，即使这种合理是不能确定地被体系化。有人可能因而会认为，费耶阿本德明白承认的极端例子只涉及发现语境，也因此在他的观点和我们的观点间没有真正的冲突。

　　但问题是，费耶阿本德明确地否认在发现和证成之间进行区分的有效性。[55]当然，在传统知识论中，这一区分的截然分明过于夸大。我们总是回到相同的问题，"存在着普遍、独立于语境的规则，能让我们检证或证伪一个理论"，此一信念太天真；换个方式说，证成语境与发现语境在历史上是平行演化的。[56]然而，在历史的每一刻，这种区分都存在。如果没有，理论的证成会不受任何理性考虑的约束。容我们再以犯罪调查来谈：可能是多亏各种偶发的事件才得以找到嫌疑犯，但是提出来证明他有罪的证据可未享有这种自由（即使证据的标准也会在历史上演化）。[57]

　　费耶阿本德既然能一步跳到"怎么都行"，他经常将科学与神

[54] 例如，据说化学家凯库勒（Kekule，1829—1896）因为一个梦而使他推测出苯的（正确）结构。
[55] 费耶阿本德（1993，第 147—149 页）。
[56] 例如，水星轨道的异常行为，因广义相对论的出现而取得不同的知识地位（见本章注［28］—［30］）。
[57] 关于观察陈述与理论陈述的古典区分（费耶阿本德对之亦有所批评），也可以做类似的评论。当说到一个人"测量"某东西时，不应该太天真；不过，"事实"的确存在——例如，测表上指针的位置或者一张计算机打印的字体——而这些事实并不总是与我们的欲望相符合。

话或宗教相提并论也就不足为奇了。例如，下面这段话：

> 牛顿主宰了 150 多年，爱因斯坦才刚引入一个较自由的观点，哥本哈根解释（Copenhagen Interpretation）就继之而起。科学和神话间的相似性的确令人咋舌。
>
> （费耶阿本德，1975，第 298 页）

费耶阿本德在这里暗示，物理学家以相当独断的方式接受量子力学所谓的哥本哈根解释——主要提倡者是尼尔斯·玻尔（Niels Bohr）和维纳·海森堡（Werner Heisenberg），这样说并非完全错误。（比较不清楚的是，他所暗示的是爱因斯坦的哪一个观点。）但费耶阿本德并没有提出神话因与实验冲突而改变的例子，或者建议一些实验以区分较早和较晚的神话版本。就是这个理由——关键的理由——"科学和神话间的相似性"变成了肤浅的说法。

83　　在费耶阿本德提议分隔科学与国家时，这个类比再度出现：

> 一个六岁男孩的父母可以决定让儿子接受基督新教或犹太信仰教义的教育，或完全取消宗教教育。然而，在科学方面他们就没有类似的自由。物理学、天文学、历史都是必须学的，它们不能用巫术、占星学或传奇阅读代替。
>
> 我们也不满足于只将物理（天文、历史等）的事实与原则做历史性的呈现。我们不说：有些人相信地球绕着太阳转，而另一些人认为地球是包含太阳、行星和恒星的一个空心球体。我们说：地球绕着太阳转——其他任何说法都是痴话。
>
> （费耶阿本德，1975，第 301 页）

在这一段中，费耶阿本德以一种特别粗暴的方式，再度引入"事实"与"理论"的古典区分——他所拒绝的维也纳学派的一个基本教义。同时，他似乎也在社会科学中隐然地使用一种素朴的实在论的知识论，这却是他在自然科学中所要拒绝的。毕竟，一个人如果不是用类似科学的方法（观察、问卷调查等等），又如何得知"有些人相信"的究竟是什么？如果在美国人的天文学信念调查中，样本限于物理学教授，大概就不会有人"认为地球是一个空心球体"；不过，费耶阿本德可以正确地回应说，问卷调查之设计不佳，而且取样有偏差（他敢说那是不科学的吗？）。同样的道理也可以适用在纽约的办公室里杜撰其他民族神话的人类学家。但是，费耶阿本德可接受的哪一种判准会被违犯？不是怎么都行吗？费耶阿本德的方法论相对主义，如果照字面上来理解，是如此彻底以致变成自我反驳。若没有一个最小程度的（合理）方法，"只将事实做历史性呈现"也会变得不可能。

84

吊诡的是，费耶阿本德的著作中令人惊讶的是其抽象性和普遍性。他的论证顶多显示科学不是循着一个完整定义的方法而进步，我们基本上同意这点。但费耶阿本德从未说明，原子理论或演化论在什么意义上是假的，尽管我们今天已知这一切。而如果他没说，大概是因为他不相信，而且与他的多数同事分享（至少部分）一样的科学的世界观，也就是物种是演化的，物质是原子组成的等等。如果他也有这些想法，可能是因为他有好理由如此相信。为什么不想想那些理由，把它表达清楚，反而一次又一次重复这不能被一些普遍的方法规则加以证成的内容？若以个案研究，他便可以证明，的确有稳固的经验论证来支持那些理论。

当然，这可能是，或可能不是费耶阿本德感兴趣的问题。他总是给人一种印象，他对科学的反对不是认知的，而是从生活方式的选择而来的。当他说："爱，对于那些坚持'客观性'的人，也就是完全遵照科学精神而生活的人，是不可能的。"[58] 麻烦的是，他无法清楚区分事实判断和价值判断。例如，他可以坚持演化理论绝对比任何造物的神话可信，但是，父母亲仍有权要求学校教给他们的小孩假的理论。我们不会同意以上陈述，但是争辩就不再只是认知的层次，而是包含政治和伦理的考量。

85　　同样，费耶阿本德在《反对方法》的中文版导言中[59]写道：

> **第一世界科学是许多科学中的一种……**我写本书的主要动机是出于人道主义的，而非知识上的动机。我想支持人们，而不是"促进知识"。
>
> （费耶阿本德，1988，第3页，以及1993，第3页，
> 黑体为原文所有）

问题是，第一个论旨本质上纯粹是认知的（至少他在说的是科学而非技术时），而第二个论旨则与实践目标相联结。但是，如果事实上没有任何"其他科学"真正不同于"第一世界"科学，而在认知层次上也是同样有力的，那么主张第一命题（那会是错的命题）要用什么方式使他能"支持人们"？真理和客观性的问题是不能以这种方式轻易逃避的。

---

[58]　费耶阿本德（1987，第263页）。
[59]　重刊于英文本第二、第三版。

科学社会学中的"强纲领"

20 世纪 70 年代，科学社会学出现一个新学派。一般而言，以前的科学社会学家只满足于分析科学在行动发生的社会语境，但是聚集在"强纲领"大旗之下的研究者，如其名所示，野心大得多了。他们的目标是以社会学的名词说明科学理论的内容。

当然，听到这些观念时，大部分的科学家表示抗议，并指出这种解释错漏了最重要的部分：自然本身。[60]这一节中，我们将说明强纲领所面对的基本概念性问题。它的一些支持者近来虽然对最初的主张做了修正，但是他们似乎仍不了解，他们的出发点偏差到了什么程度。

容我们由引述强纲领的创始者之一——大卫·布鲁尔（David Bloor）为知识社会学所提出的原则，开始讨论：

1. 关于产生信念或知识状态的条件上是因果的。当然，除了社会的原因外，还有其他形态的原因合作产生信念。

2. 就真理与谬误、合理或不合理、成功或失败而言，它是不偏不倚的。这些二分法的两个方面都需要说明。

3. 在说明的风格上，它是对称的。同样形态的原因说明真和假的信念。

4. 它是自反的。原则上，它的说明模式必须能应用到社会学本身。

（布鲁尔，1991，第 7 页）

---

[60] 一些科学家和科学史家以个案研究来说明强纲领支持者的分析所包含的具体错误；关于这些个案分析，可参见金格拉斯和斯韦伯（Gingras and Schweber，1986）、富兰克林（Franklin，1990，1994）、默明（1996a，1996b，1996c，1997a）、戈特弗里德和威尔逊（Gottfried and Wilson，1997），以及克瑞杰（Koertge，1998）。

为了理解何谓"因果的""不偏不倚的"及"对称的",我们将分析布鲁尔以及他的同事巴里·巴尼斯(Barry Barnes)的一篇文章,文中他们说明了他们的方案,并为之辩护。[61]文章以一个明显善意的陈述起头:

> 相对主义一点也不是对于知识形式之科学理解的威胁,反而是后者所需要的……是那些反对相对主义、那些赋予某种特定知识形式特殊地位的人,对知识和认知的科学理解造成真正的威胁。
>
> (巴尼斯和布鲁尔,1981,第21—22页)

然而,这已经引起自我反驳的争议:想要提供"知识和认知的科学理解"的社会学家不是宣称,他们的论述对于其他论述而言——譬如巴尼斯和布鲁尔在文章的其他部分所批评的"理性主义者"之论述——有"特殊地位"?对我们而言,一个人如果要对任何事寻求"科学的"理解,就会被迫在好的理解和坏的理解之间做出区分。巴尼斯和布鲁尔似乎意识到了这一点,因为他们写道:

> 像其他人一样,相对主义者必然得选择信念,接受某些而排拒其他。他自然会有偏好,而且这些偏好典型地符合"他所在之处的他人"的偏好。"真"与"假"的字眼提供了评价的用语,"理性"和"非理性"的字眼也有相似的功用。
>
> (巴尼斯和布鲁尔,1981,第27页)

---

[61] 巴尼斯和布鲁尔(1981)。

但这是一个奇怪的"真理"的概念，明显地和日常生活所用之概念相矛盾。[62] 如果我视"今天早上我喝了咖啡"这一陈述为真，并不是单单表示我**偏向于**相信今天早上我喝了咖啡，更不是我"所在之处的他人"认为我今天早上喝了咖啡！[63] 这里，我们见到对真理概念的重新定义，没有人（从巴尼斯和布鲁尔起）会在实践上接受它是一般知识。那么，它为何必须被接受为科学知识？也要注意，即使在后来的语境中，这个定义也站不住脚：伽利略、达尔文和爱因斯坦，并不追随相关人士的信念来选出他们的信念。

88

再者，巴尼斯和布鲁尔未能有系统地使用他们关于"真理"的新观念，有时，他们会回到该字的传统意义上，而未加评注。例如，他们在文章的开头承认，"说所有的信念都同样为真，会遇到如何处理相互冲突之信念的问题"，而"说所有的信念都同样为假，便会带出相对主义者自我宣称之地位的问题"。[64] 但是如果"一个真的信念"只意味"一个人与他所在之地的其他人共同持有的信念"，不同地方不同信念间的冲突问题，就不再造成任何困难了。[65]

---

[62]　我们当然可以把这些话解释为纯描述性的：人们倾向于将他们所相信的称为"真话"。但是，这么诠释的话，该陈述就会很老套。

[63]　这一例子是采自罗素对实用主义者詹姆斯（William James）和杜威（John Dewey）的批评：见罗素（1961a）第 24 章和第 25 章，特别是第 779 页。

[64]　巴尼斯和布鲁尔（1981，第 22 页）。

[65]　类似的谬误也出现在他们对"知识"（knowledge）一词的使用上。哲学家通常都了解，"知识"意指"已证成的真信念"（justified true belief）或者某种类似的概念，但是布鲁尔一开始就对该词重新提出一个激进的定义：

> 社会学家不将 [知识] 定义为真的信念——或者可能是，已证成的真的信念——对社会学家而言，知识就是人们视为知识的信念。它是由人们深信而且以之维生的信念所组成的……当然，知识必须和纯信念区分开来。要做到此，可以将"知识"一字保留给集体支持的信念，个人的信念则是单纯的信念。
>
> （布鲁尔，1991，第 5 页；亦见巴尼斯和布鲁尔，1981，第 22 页注）

类似的模糊性同样也蔓延至他们关于合理性的讨论：

> 有些标准或信念，不同于某些地区性的标准或信念，是真
> 正合理的，这样的想法对相对主义者而言，并没有意义。
>
> （巴尼斯和布鲁尔，1981，第 27 页）

这到底又是什么意思？至少对有机会搭飞机和看到卫星照片的我们
89 而言，相信"地球（近乎）圆形"不是"真正合理"的吗？这仅仅
是一个"可部分接受的"信念吗？

在这里，巴尼斯和布鲁尔似乎是在两个层面上玩：一种即普遍
的怀疑主义，那当然是无法反驳的；另外，是一种以"科学的"知
识社会学为目的的具体方案。但是，后者预设一个人已经放弃了彻
底的怀疑主义，并尽着最大的努力试着了解现实的某些部分。

因此，容我们暂时把有利于彻底的怀疑主义的论证放在一边，
先问若作为一个科学计划来考虑，"强纲领"是否可行。下面是巴
尼斯和布鲁尔如何解释强纲领所立基的一个对称原则：

> 我们的等价设定是，所有的信念在其可信性的原因
> （causes of credibility）上都是具有同等地位的。并非所有的信
> 念都同样真或同样假，然而不论真或假，其可信的事实都该看作
> 同样有问题的。我们要辩护的主场是，所有信念发生的方式都需
> 要经验的调查，还必须找出这种可信性之特性、地域性的原因
> （specific and local causes）来加以说明……这一切问题的答案，

然而，这个非标准的"知识"定义宣布之后仅九页，布鲁尔就不加说明地转回到
标准的"知识"定义，他将之对比于"错误"（error）："若假设我们生理资源的
自然运作总是会产生知识，这是错误的。它同样自然地会产生知识与错误的混
合……"（布鲁尔，1991，第 14 页）

都应该和社会学家根据自己的标准来判断和评价的地位无关。

（巴尼斯和布鲁尔，1981，第 23 页）

这里，巴尼斯和布鲁尔说的不是**普遍的**怀疑主义或哲学的相对主义，而是很清楚地为知识社会学家提出一种**方法论**上的相对主义。然而，暧昧含混之处犹在："和社会学家根据自己的标准来判断和评价的地位无关"，这到底是什么意思？

　　如果仅仅是主张，我们应该使用与社会学和心理学同样的原则，去说明所有信念发生的原因，不论对它们的评价是真或假，是合理的或不合理的；那么我们不会特别反对。[66] 但是如果主张是，只有社会原因才能提供说明——世界的实然（即自然）则不能——那么，我们则要强烈反对。[67]

　　为了了解自然的角色，让我们来考量一个具体的例子：为什么在 1700 年至 1750 年之间，欧洲的科学社群会深深相信牛顿力学的真实性？毫无疑问，各种历史的、社会学的、意识形态及政治的因素，必定都在这种说明中发挥了作用——例如，我们必须说明为什么牛顿力学在英国那么快被接受，而在法国比较慢[68]——然而，说明的特定部分（而且相当重要的部分）必定是，行星和彗星真的如牛顿力学所预测的那样运行（即使不精确，

90

[66]　以为人类的信念总是可以用因果来说明，这种过度科学的态度，以及目前我们有适当且充分检证的社会学或心理学原理可以用于这个目的的假定，都可能引起人们的疑惧。

[67]　在其他地方，布鲁尔的确明白说出"当然，除了社会原因以外，还有其他类型的原因，和社会原因合作以产生信念"（布鲁尔，1991，第 7 页）。可问题是，他未能说明清楚，自然原因将会以什么方式被允许去说明信念，或者，如果自然原因被认真对待，对称原则还会剩下什么。关于布鲁尔的暧昧性，较细节的批评（从哲学的角度进行，稍微不同于我们的批评）见劳丹（1981），亦见斯莱扎克（Slezak，1994）。

[68]　例见，布吕内（Brunet，1931）以及多布斯和贾可布（Dobbs and Jacob，1995）。

但近似程度很高）。[69]

91   这里有一个比较日常的例子：假如我们突然看到一个人冲出讲堂，鼓足气大喊里面有一大群横冲直撞的大象，我们该如何理解他的说辞，特别是该如何评估其"原因"？似乎很明显地，我们应该看事实上房间内是否有一群横冲直撞的大象——或者，更精确地说，因为我们承认没有直接、未经媒介的管道通抵外在实在——我们和其他人（小心！）往内窥视时，是否看到或听到有一大群横冲直撞的大象（这样一群大象可能对房间摆设造成的破坏）。如果我们有这样的观察，那么对于这整个观察最可信的证据就是，讲堂中真的有（或有过）一大群横冲直撞的大象，这个人看到也／或听到，而他所受到的震惊（我们若身处其地也可能如此）使得他冲出房间，大声喊出我们听到的话。我们的反应会是叫警察或动物园管理员。如果我们自己的观察未显示出讲堂里有大象的证据，那么最可信的解释就是，讲堂中其实没有过一大群横冲直撞的大象，这个人因为某种精神异常（不论是内在的或是化学药物导致的）而幻想有大象，而这使得他冲出房间，喊出我们听到的话。而我们会去叫警察或精神科医师。[70] 我们敢说，巴尼斯和布鲁尔在现实生活中也会这么做，不论他们在给社会学家及哲学家看的期刊文章中可能写些什么。

       现在，如我们先前所说明的，我们看不到科学的知识论与日常

[69] 或者更精确地说：在支持行星和彗星如牛顿力学所预测的那样运行（虽不完全正确，但高度逼近）的信念上，有大量极度有说服力的天文学证据；但是，如果这信念是正确的，那么正是关于这个运行的事实（而不只是我们相信它）部分说明了 18 世纪的欧洲科学社群会相信牛顿力学之真实性的原因。请注意，我们所有对事实的断言——包括"今天纽约在下雨"——都应该这样解释。

[70] 运用我们在讲堂发现大象的概率、精神异常的概率、我们的视觉及听觉之可信度等先前的经验，这些判定大致可以用贝叶斯传统的理由来证成。[贝叶斯估计法（Bayesian estimation）：根据要分析的问题原来的概率以及新的相关证据来计算该问题概率的统计决策理论。——译者注]

生活的理性态度有任何**根本上的**差异：前者不过是后者的延伸和精 92
致化。任何科学哲学——或社会学家的方法论——应用到日常生活
的知识论时，若错误如此明显，其核心必然有严重缺陷。

简言之，我们认为"强纲领"的意图暧昧不明，它要不是对
非常素朴的心理学和社会学观念——让我们想到"真信念也有原
因"—— 一个有效而温和有趣的纠正，就是一个粗糙而明显的错
误，但这要看一个人如何解决它的暧昧性。

"强纲领"的支持者因此面临着一个困境。如果他们选择的话，
他们可以有系统地执着于一种哲学的怀疑主义或相对主义，但是若
是这样，他们为什么（或如何）要建立一种"科学的"社会学，就
不清楚了，从另一种方向来看，他们也可以只采取一种方法论的相
对主义，但是，如果放弃哲学的相对主义，这立场便维持不住，因
为它忽略了一个需要说明的根本要素，也就是自然本身。为此，"强
纲领"的社会学途径和相对主义的哲学态度是相互增强的。其中，
该方案不同变种的危险依旧留存。

布鲁诺·拉图尔及其方法规则

科学社会学的强纲领在法国也有回响，特别环绕在布鲁诺·拉图
尔周围的圈子。他的作品包含许多表述上暧昧含混的命题，几乎很难
从字面意思来理解。而当排除歧义后——我们会在此举几个例子——
获得的结论是，说法若不是真实而陈腐，就是语出惊人但明显为假。

拉图尔在他的理论著作《科学在行动》(*Science in Action*)[71]里， 93

---

[71] 拉图尔（1987）。关于《科学在行动》一书的细节分析，见阿姆斯特丹斯卡
（Amsterdamska, 1990）。对于拉图尔学派后来之论文（以及科学社会学中其他流
派）的批判分析，见金格拉斯（1995）。

为科学社会学家发展出了七条方法规则（Rules of Method）。以下是第三方法规则：

> 既然争议的解决是自然之表征（Nature's representation）的起因，而非结果，我们绝不能以结果——自然（Nature）——去说明一个争议是如何以及为何解决的。

> （拉图尔，1987，第99、258页）

注意拉图尔是怎么说顺嘴的，其间没有任何说明或论证的情况下，从句子前半部分的"自然之表征"滑到后半部分**简单的**"自然"。如果我们在**两**部分中都阅读到"自然之表征"，那么我们就得到陈腐之言：科学家对自然的**表征**（也就是他们的理论），是由一种社会过程所达成，而这个社会过程的进行和结果不能**单**由其结果来说明。但是如果我们严肃地看待后半部分中的"自然"一词，将其视为与"结果"一词相关联，那么我们就会宣称，外在世界是由科学家们的磋商所**创造**的：这一主张，至少可以被视为激进唯心主义的一种相当怪异的形式。最后，如果认真看待句子后半部的"自然"，但删除前面的"结果"一词，那么我们就会（a）得到一个弱的（琐碎的真）宣称，即科学争议的过程和结果都不能**单**由外在世界的自然来说明（即使在某一特定时代，在决定哪一个实验在技术上可行之时，显然会有**某些**社会因素起了作用，更不必提其他更微妙的社会影响）；不然就会（b）得到一个强的（却显然是假的）宣称，即外在世界的自然在约束一个科学争议的过程和结果上，完全不起任何作用。[72]

---

[72] 关于（b），格罗斯和莱维特（1994，第57—58页）书中的"日常例子"（homely example）清楚地说明了这一点。

在这里，我们或许会被指责，只将注意力放在表述的暧昧性上，而不是试着了解拉图尔真正的意思。为反驳这一指责，让我们回到"诉诸自然"（Appealing［to］Nature）（第 94—100 页）那一节，该节提出并发展了第三个规则。拉图尔开始时就嘲笑诉诸自然来解决科学争议的方法，例如关于太阳中微子（solar neutrinos）[73]：

> 激烈的争议把天文物理学家和实验家分裂成两个阵营：天文物理学家计算来自太阳的中微子数目，实验家戴维斯则得到小得多的值。要辨识他们并使争议平息很容易。只要让我们自己来看看，太阳是被哪一个阵营真正发现的。在某个地方，自然的太阳会和它真实数目的中微子，让有异议的人闭嘴，并迫使他们接受事实，不论他们的论文写得有多好。

> （拉图尔，1987，第 95 页）

拉图尔为何选择用反讽的口吻？问题在于想知道有多少中微子是由太阳放射出来，而这个问题的确难答。我们希望有一天会解决，不是因为"自然的太阳会……让有异议的人闭嘴"，而是因为将来可以取得充分有力的经验数据。确实，为了填补目前可得资料的缺陷，也为了区辨目前既有的理论，几个物理学家小组最近建造了不同类型的侦测器，现在也正在进行（困难的）测量工作。[74] 因此，

---

[73] 提供太阳能量的核反应，被预期会放射出大量的亚原子粒子，即中微子。通过组合现今的太阳结构理论、核物理学和基本粒子物理学理论，就有可能获得对太阳中微子通量及能量分布之数量预测。自 1960 年末，从雷蒙德·戴维斯（Raymond Davis）的先驱工作开始，实验物理学家就一直尝试探测太阳中微子并测量它的通量。太阳中微子实际上已被探测到了，但是其通量似乎不及理论预测的三分之一。天文物理学家及基本粒子物理学家正积极尝试决定这个大差距是来自实验的误差还是理论的误差，如果是后者，也试着决定失败是在于太阳的模型还是在于基本粒子模型。概要介绍见巴考（Bahcall）等人（1990）。

[74] 例见巴考等人（1996）。

95 期待这个争议未来几年会得到解决是合理的；由于事实证据的累积，一起考察时会清楚指出正确的解答。不过，不同的情节原则上也有可能：可能会因人们对该问题失去兴趣，而争议渐渐消失，或者问题变得太困难而无法解决；在这一层次上，社会学因素无疑起了作用（不论是否只是因为预算限制了研究）。显然，科学家认为，或至少是希望，如果争议解决了，是因为观察，而不是因为科学论文的文字质量。否则的话，他们就会干脆不再做科学了。

但是，一如拉图尔，我们在太阳中微子的问题上也不是专家；对于太阳放射多少中微子，我们不能做非正式的猜测。我们可以查看关于这个主题的科学文献，试着取得一个粗略的答案；如果失败的话，可以检查这个问题的社会学面向——例如，参与争议的研究者的科学地位——取得一个更粗略的答案。实际上，科学家自己如果不是专研这个领域，又缺乏更好的替代方式，无疑也会这么做。但是这种调查的确定程度非常弱。尽管如此，拉图尔似乎让它扮演重要的角色。他区分出两种"版本"：根据第一种，是自然在决定争议的结果；根据第二种，研究者之间的权力斗争扮演了该角色。

对我们这些想要了解科技的外行人而言，决定哪一个版本是对的是件很重要的事，因为在第一版本中，自然便足够解决所有的争辩，既然不论科学家的资源多么庞大，最后都不相干——只有自然相干，所以我们什么都做不了。……然而在第二版本中，我们可以做许多事，因为，借由解决争议的结盟与资源的分析，我们了解科技要了解的**每一件事**。如果第一版本是正确的，除了抓住科学最表面的面向之外，就没什么可以做

96

的；如果主张第二版本，则除了或许是科学最浮滥和炫耀的面向以外，每一件事都要了解。已知这利害关系，读者会了解为什么这个问题要小心克服。在这里，整本书都陷入危险中。

（拉图尔，1987，第 97 页，黑体为原文所有）

既然"在这里，整本书都陷入危险中"，就让我们仔细看看这一段。拉图尔说，如果自然会解决所有的争辩，社会学家的角色便是次要的，但如果不是这样，社会学家就能了解"科技要了解的**每一件事**"。他怎么决定哪一个版本是正确的？答案出现在接下来的文字中，拉图尔区分出"科技的冷漠部分"和活跃的争议——前者，"自然被当作对她本身精确描述的原因"（第 100 页），后者，则不能诉求自然：

在研究争议的时候——我们至今所做的——我们要比我们的科学家和工程师伙伴更加是个相对主义者；他们不把自然**用**为外在参考，而我们也没有理由想象自己比他们更聪明。

（拉图尔，1987，第 99 页，黑体为原文所有）

上面两段引文中，拉图尔不断地将事实与我们有关事实的知识相混淆。[75] 任何科学问题的正确答案，不论是否已经解决，都端赖

[75] 关于这种混淆，有一个更极端的例子出现在拉图尔最近刊在《研究》（*La Recherche*）的一篇文章中。《研究》是以科学普及为目的的一份法文月刊（拉图尔，1998）。这里，拉图尔讨论到他发现的事件：1976 年，一位研究埃及法老拉美西斯二世（Ramses II）之木乃伊的法国科学家，发现该法老死于（约公元前 1213 年）肺结核。拉图尔问："他怎么能因为感染罗伯特·科赫（Robert Koch）在 1882 年才发现的结核杆菌而去世？"拉图尔正确地注意到，若断言拉美西斯二世是被机关枪打死或因股市崩盘压力过大致死，是时空错乱的说法。然后，拉图尔问，说他死于肺结核为什么不是时空错乱？他继续强调："在科赫之前，结核杆菌并不真实存在。"科赫发现一种先前就存在的结核杆菌，他贬抑为"只具

97

自然的状态（例如，太阳真正放射出来的中微子数量）。现在，对于未解决的问题，刚好没人知道正确答案，对于已解决的问题，刚好我们确实知道答案（至少如果被接受的解答是正确的，这也可以随时被挑战）。但是，没有理由在一个情况中采取一种"相对主义"的态度，而在另一情况中采取一种"实在论"的态度。这些态度间的差别是一个哲学的问题，与问题是否已解决完全无关。对于相对主义者来说，就是没有独立于所有社会和文化环境的单一正确答案；对解决了的问题或开放的问题皆然。但另一方面，寻求正确解答的科学家，根据定义就不是相对主义者。当然，他们的确"把自然用为外在参考"：也就是说，他们努力想知道自然中真正发生什么事，而且为了该目的而设计实验。

然而，别以为第三方法规则只有琐碎性或粗糙的错误。我们要再做一个解释（无疑**不会**是拉图尔自己的解释），使它同时既有趣又正确。让我们把它读为一个科学社会学家的方法论原则——这个科学社会学家本身没有科学能力去独立评估：实验/观察的资料是否事实上保证科学社群提出的结论。[76] 在这种情况下，社会学家不会情愿说"在做研究的科学社群获得结论 X，因为 X 是世界真正的样子"——**即使事实是**，X 是世界的真实，而这是科学家相信它的

常识的表相"。当然，在文章其余的篇幅中，拉图尔并未以论证来证成这些激烈的主张，也没有对常识的答案提供另种真确的选项。他只是强调明显的事实，要发现拉姆塞斯的死因，在巴黎的实验室中进行的精致分析是必要的。但是拉图尔若未提出真正激烈的主张，亦即没有任何东西在它被"发现"之前是存在过的——具体而言，没有一个杀人犯是杀人犯，也就是在他被警察"发现"是杀人犯之前，他没有犯罪——拉图尔就必须解释为什么结核杆菌特别不一样，但他完全未做到。结果，拉图尔什么也没说清楚，而全篇文章在极端的老套和粗率的错误之间来回。

[76] 社会学家在研究当代科学时，这条原则适用起来特别有力，因为当代科学的情况是，通常除了在做研究的科学社群外，没有其他科学社群能够提供这种独立的评估。对照之下，对于遥远过去的研究，可以利用后来科学家所知道的，包括超越原初实验的那些实验结果。见本章注[40]。

理由——因为社会学家没有独立的理由去相信 X 是世界真正的样子，不同于做研究的科学社群相信它的事实。当然，由这个困境提出的敏感结论是，如果社会学家没有他可以信赖的其他科学社群来做这样的独立评估，就不应该研究他们没有能力做事实的独立评估的科学争议。但是不用说，拉图尔不会喜欢这个结论的。[77]

事实上，"科学在行动"的社会学家在这里面对着一个基本问题。研究科学家之间的结盟和权力关系或许重要，但并不足够。被一位社会学家看作纯粹权力游戏的，可能事实上是由全然合理的考量所发动的，然而，要了解这种考量，只有透过对科学理论和实验的详细理解。

当然，没有什么会阻挡一个社会学家去取得这种理解——或阻挡他和已掌握这种理解的科学家合作——但是在拉图尔的方法规则中，没有一条建议科学社会学家实行此法。确实，在爱因斯坦相对论的例子里，我们可以指出拉图尔自己也未实行。[78] 这是可以理解的，因为要取得所需的知识很困难，连对于研究领域稍微不同的科学家也是一样。但是贪多无益。

实践结果

我们不想给人一个印象：我们只是在攻击科学社会学界中一批人所遵循的某些奥秘哲学教条或方法论。事实上，我们的目标要广得多。相对主义（还有其他的后现代观念）对一般文化和人们的思考方式都有影响。这里是我们遇到过的几个例子。我们相信，读者

---

[77] 史蒂夫·富勒（Steve Fuller）也不喜欢，他断言"STS（Science and Technology Studies，科学与技术研究）的研究者使用的方法，让他们不必成为其研究领域的专家，就能够探测科学的'内在运作'和'外在性格'"（富勒，1993，第 xii 页）。

[78] 见后文第六章。

在报纸的文化版、在某些教育理论，或者就是每天的对话中，还会找到许多例子。

1. **相对主义和犯罪调查**。我们已将各种相对主义的论证应用到犯罪调查中，以展示这种论证在此语境中是完全没有说服力的，应用到科学时也没有理由去信任它。这就是为什么以下节录的片段会令人吃惊：就字面读来，它所表达的就是关于犯罪调查的一种相当强烈的相对主义形式。语境如下：1996 年，比利时惊爆一连串的绑架儿童撕票案。为了响应公众对于警察工作无能的愤怒，国会成立了一个委员会，任务是检查在犯罪调查中所犯的错误。在一次众人瞩目的电视转播会议中，两位证人——一名警察（勒萨热［Lesage］）和一名法官（杜特列夫［Doutrèwe］）——对质，并被询问有关一份关键档案递送的事。警察信誓旦旦地说他已将档案交递给法官，但法官否认收到。次日，列日大学（University of Liège）的一位传播人类学学者伊福·维金（Yves Winkin）教授，接受比利时一份主要报纸的访问（《太阳报》［*Le Soir*］，1996 年 12 月 20 日）：

问：勒萨热和杜特列夫的对质，是对于真相的终极追求所激发的。真相（truth）存在吗？

答：……我认为，委员会所有的工作是基于一种预设，存在的不是**某个**（a）真相，而是**那个**（the）真相——如果够努力，它最终总会出现。

然而，就人类学而言，只有由一个团体、家庭、公司等较多数或较少数的人所共同持有的部分真相。没有任何超越经验的真实。因此，我不认为杜特列夫法官和勒萨热警官在隐瞒什么：两人都在陈述他们的真相。

真相总是和一个组织相连，端看他们认为重要的元素为何。这两个人，代表两个非常不同的专业领域，两个人会提出不同的真相并不令人惊讶。虽然说了这些，我认为基于公共责任，委员会只能继续如此进行下去。

这个回答惊人地证明了一些社会科学部门因他们对相对主义词汇的使用而陷入混淆。毕竟，警官和法官的争辩所牵涉的，是客观有形的事实：一份档案的递送。（当然，有可能档案已交递却在半途遗失了，但是这还是定义很清楚的事实问题。）无疑，知识论问题是复杂的：委员会要如何找出真正发生什么事？尽管如此，**存在**一个事实真相：档案不是送交就是未送交。将"真相"这个词（不论是不是"部分的"）重新定义为只是"由较多数或较少数的人所共同持有的信念"，我们很难看出能够从中得到什么。

此文中还可以发现"不同领域"的观念。社会科学的某些倾向，一点一点地将人类原子化为有其自身之概念领域的文化和团体——有时还有他们自己的"真实"——而且想象彼此无法互相沟通。[79] 但是这个情况几达荒谬的程度：这两个人说的语言相同、住的地方相隔不到百里，也同在不到四百万人的比利时法语区的刑事－司法系统中工作。很明显，问题不是因为无法沟通：警察和法官都非常了解问题内容，也最可能知道事实真相；很简单，其中一个人因故撒谎。但是就算两人都说实话——也就是，档案已交递

101

[79]　在这一发展中，语言学中所谓的萨丕尔－沃尔夫假说（Sapir-Whorf thesis）似乎扮演了一个重要的角色：见第 3 章注［2］。同样需要关注的是，费耶阿本德在他的自传中（1995，第 151—152 页）否认他在《反对方法》中使用了萨丕尔－沃尔夫假说的激进相对主义（费耶阿本德，1975，第 17 章）。

却在过程中遗失，这情况事实上不太可能发生，但逻辑上是可能的。那说"两人都在陈述**他们的**真相"这句话便是没意义的。幸好，回到实际考虑时，人类学家承认委员会"只能继续如此进行下去"，也就是，寻找那个真相。但找到之前的种种混淆多么不可思议。

2. **相对主义与教育。**有一本高中老师写的书，目的在说明"一些知识论观念"[80]，书中可以找到以下定义：

> 事实（fact）
>
> 一般所称的事实，是对一个情境的诠释，这个情境至少在目前没有人要质疑。应该记住，如普通语言所说，如果能举例证明某人宣称为适当的理论模型，这个例子是一个事实就成立了。

102

> 举例："计算机在桌上"或"如果将水煮沸，它会蒸发"，这些断言在此时此刻没有人想挑战它的意义上，被认为是事实的命题。它们是无人质疑之理论诠释的陈述。
>
> 断定一个命题陈述一个事实（亦即有事实的或经验性命题的地位）便是宣称：关于这个诠释，在谈话的此时，几乎没有任何争议。但是，事实是可以被质疑的。
>
> 举例：好几世纪以来，太阳每天绕地球旋转被认为是一个事实。另一种理论的出现，像是地球每日旋转的理论，蕴含上述的事实被另一个事实取代："地球每天绕其轴而自转。"
>
> （富雷等，1997，第76—77页）

---

[80] 该书的资深作者热拉尔·富雷（Gérard Fourez）是教育学方面非常具影响力（至少在比利时）的科学哲学家，他的著作《科学的建构》（*La Construction des sciences*）（1992）被翻译成多种语言。

这里混淆了事实与事实的断言。[81] 对大部分的人，"事实"是存在于外在世界的一个情境，与我们有没有它的知识无关——特别是，无关于共识或诠释。因此，说有我们所不知的事实（莎士比亚精确的出生日期，或太阳每秒钟放射的中微子数量），这种说法是有意义的。而说 X 杀了 Y，和说目前无人对这个断言持有异议（譬如，因为 X 是黑人而其他人都是种族主义者，或者因为新闻媒体的偏差报道使人认为是 X 杀了 Y），两种说法天差地别。当谈到具体例子时，作者回溯：他们说太阳绕地球旋转在过去被认为是一个事实——等于承认我们在强调的区别（亦即那并非真的是事实）。但是在下一句，他们又掉回混淆当中：一个事实已经由另一个取代。就"事实"一词的通常用法，字面上的意思会是，自从哥白尼之后地球才绕其轴自转。但是，该文作者真正的意思当然是，人们的信念改变了。那么，为什么不这么说，反而用同样的字去涵盖两个概念，而混淆事实与（共识）信念？[82]

作者们对于"事实"的非标准观念有一个附带利益：人绝对不会错（至少和我们周围的人们一样地断言相同的事之时）。理论在与事实抵触的意义上也绝不会错；而是当理论改变时，事实亦改变。

最重要的，我们以为，一个以这种"事实"观念为基础的教学法，是与鼓励学生的批判精神相对立的。要挑战优势的假设——其

103

[81] 注意这段引文出现在一本意在**"启蒙"**高中教师的书中。

[82] 或者更糟糕的是，不是由不提出论证，而是单由支持共识而忽略事实来降低事实的重要性。该书的定义的确有系统地将事实、信息、客观性与合理性混同了"主体间的一致同意（intersubjective agreement）"——甚至是化约为"主体间的一致同意"。再者，类似的形态也出现在富雷的《科学的建构》。例如（第 37 页）："'客观'意味遵循体制的规则……'客观'不是'主观'的对立，反而是以一种确定方式表达的主观。但是它不会是个人的主观，因为我们会遵循社会体制的规则……"这段话具有极强的误导性：遵循规则不保证一般意义中的客观性（盲目重复宗教或政治口号的人一定遵循社会体制的规则，但他们几乎无法说是客观的），而破坏许多规则的人反而可能是客观的（譬如伽利略）。

他人的或我们自己的——很重要的一点是要记住，人是会错的：存在着独立于我们的宣称之事实，而我们的宣称必须借着和这些事实（在我们可以确定的程度内）相比较而加以评估。说了这么多之后，富雷对"事实"的重新定义，就如罗素在类似的语境中说的，偷鸡摸狗胜过老实苦干。[83]

3. 相对主义与第三世界。 不幸的是，后现代主义的观念不只限于欧洲哲学系或美国文学系。在我们看来，它对第三世界的伤害似乎最大，在那里有世界上大多数的人口，而已是"过去式"的启蒙工作根本还没完成。

梅拉·南达（Meera Nanda），一位曾经参与印度"为人民的科学"运动而现在在美国研究科学社会学的印度生化学者，说了以下关于传统的吠陀信仰的故事，这迷信主宰了神庙的建造，神庙的目的在于将"正面能量"极大化。有人建议一位遇上麻烦的印度政客：

> 如果他从向东的门进入办公室，他的麻烦就会消失。但是办公室的东侧有一个贫民窟，他的车子开不过去。[于是他]下令拆除该贫民窟。

（南达，1997，第 82 页）

南达的观察相当正确：

---

[83] 还请注意一点，将"事实"定义为"几乎没有任何争议……"会碰到一个逻辑问题：没有争议本身是事实吗？如果是，怎么定义？由没有争议这个断言本身没有争议来定义吗？显然，富雷和他的同事是将一种他们隐然在自然科学中拒绝的素朴的实在论知识论，用在社会科学中。关于费耶阿本德类似的不一致性，见前文第 85—87 页。

如果印度的左派人士像以前在人民科学运动中一样活跃，便会领导一场抗争，不只反对拆除人民的家园，也反对用来将这拆除行动正当化的迷信……一个不是如此地忙于建立对非西方知识之"尊敬"的左派运动，绝不会允许掌权者躲藏在本土"专家"的背后。

我以这个例子去试探我在美国那些社会建构理论（social constructlonist）的朋友……［他们告诉我］看到两种受文化包围的空间描述[84]互相并立，本身就是进步的，因为这样任何一者都不能宣称知道绝对的真理，而这样传统会失去它在人们心中的分量。

（南达，1997，第82页）

这种答案的问题在于，必须做实际的选择时——用哪一种药，或建筑要朝哪一个方向——理论的冷静就站不住脚。结果，知识分子在关键的时候，譬如病**重**之时，就容易掉入使用"西方"科学的伪善中，而鼓励一般民众将信仰投注于迷信。

105

---

[84] 也就是，科学的观点和以传统的吠陀观念为基础的观点。［该书作者注］

第五章　露西·伊利格瑞

　　露西·伊利格瑞的著作涉及十分广泛的主题，从精神分析、语言学到科学哲学。在科学哲学的领域中，她主张：

> 每一段知识都是由处于既定历史语境的主体所生产的。即使知识立意要求客观，即使它的技术设计在确保客观性，科学总是展现了某些选择、某些排除，而这些特别是由参与学者的性别所决定。
>
> （伊利格瑞，1993，第 204 页）

我们以为，这一论旨需要深入研究。但是，让我们来看看伊利格瑞以物理科学来佐证的例子：

> 今天这个（科学）主体对超越人类能力的加速度、对无重量、对跨越自然的空间与时间、对克服宇宙的节奏及其调节，怀有极大的兴趣。也对解体、分裂、爆炸、剧变（catastrophe）等等感到兴趣。这一现实可以在自然及人文学科内得到印证。
>
> （伊利格瑞，1993，第 204 页）

这里列举的现代科学研究是相当武断的，也相当含糊：什么叫作"超越人类能力的加速度""跨越自然的空间与时间"，或"克服宇宙的节奏及其调节"？但接下来的说法更为奇怪：

> 如果人类主体的认同在弗洛伊德的作品中被界定为一种 **分裂**（Spaltung），这一词也被用于核裂变中。尼采也认为他的自我如同受爆炸威胁的原子核。至于爱因斯坦，我想，他引起的主要问题是：由于他对于无电磁的再度平衡之加速度（acceleration without ectromagnetic reequilibration）的兴趣，他留给我们的只有一个希望，即他的上帝。爱因斯坦拉小提琴，没错，音乐帮助他保持个人的平衡。但是广义相对论这一有力理论，除了建立核能电厂以及质疑作为生命必然条件的身体惯性之外，对我们有什么用？

107

> ——至于追随美国的大爆炸（big bang）理论的天文学家里夫斯（Reaves）描述宇宙的起源为一次爆炸。这一流行的解释与其他科学发现的整个领域之抽象观念如此地近乎一致，怎么会这样？
>
> ——雷内·托姆（René Thom），另一位工作横跨科学与哲学两界的理论家，谈论透过冲突后的灾难，而非谈论透过丰饶、生长、正面吸引的生成（特别在自然界中）。
>
> ——量子力学对世界的消失感兴趣。
>
> ——今天的科学家研究的是越来越小的粒子，它们无法被感知，只能拜精密技术仪器和能量束之赐来加以定义。
>
> （伊利格瑞，1993，第 204—205 页）

让我们来一一检视这些论点：

——关于**分裂**，伊利格瑞的"逻辑"的确奇怪：她真的认为这个语言上的巧合构成一个论证吗？如果是，这个论证又证明了什么？

——关于尼采：原子核是1911年发现的，而核裂变是1938年；导致爆炸的核子连锁反应之可能性，是在20世纪30年代末期进行理论上的研究，而不幸于20世纪40年代在实验上成真。因此，尼采（1844—1900）会觉察他的自我"如受爆炸威胁的原子核"，简直是完全不可能。（当然，这一点也不重要：就算伊利格瑞对尼采的宣称是对的，又代表什么？）

——"无电磁再平衡的加速度"这个说法在物理学中没有意义；完全是伊利格瑞的发明。不用说，爱因斯坦是不可能对这不存在的题目有兴趣的。

——广义相对论和核能电厂没有关系；伊利格瑞大概把它和狭义相对论混淆了，狭义相对论的确被应用于核能发电，还有其他许多东西（基本粒子、原子、恒星等）。惯性的概念当然出现在相对性理论中，牛顿力学中也有；但它和人类"身体惯性"（bodily inertia）毫无关系，不论它的意思是什么。[1]

——宇宙大爆炸的理论是以什么方式"与其他科学发现的整个领域……如此地近乎一致"？哪些其他科学发现？什么时候的发现？伊利格瑞没说。最重要的是，能够追溯至20世纪20年代的"大爆炸理论"，今天得到了非常多的天文学观测的支持。[2]

---

[1] 介绍狭义相对论和广义相对论的好书，可参见爱因斯坦（1960[1920]）、默明（Mermin, 1989）及萨托利（Sartori, 1996）。

[2] 20世纪20年代，天文学家艾德温·哈伯（Edwin Hubble）发现银河系正在离开地球，速度与它们和地球的距离成正比。1927年到1931年之间，各类物理学家针对这种在爱因斯坦广义相对论架构内的扩张（不以地球作为观察的优位中心）提

　　伊利格瑞提到的里夫斯大概是休伯特·里夫斯（Hubert Reeves），定居于法国的加拿大天文物理学家，他写过几本关于宇宙学和天文物理学的科普读物。

　　——在量子力学的一些（高度争议的）解释中，原子层次上客观实在的概念的确受到质疑，但是这和"世界的消失"扯不上关系。或许伊利格瑞暗示的是宇宙终结的宇宙理论（大坍缩［the Big Crunch］），但是量子力学在这些理论中的角色并不重要。[3]

109

　　——伊利格瑞正确地注意到，亚原子物理学处理小到我们的感官无法知觉的粒子。但是，很难看出这要如何和研究者的性别扯上关系？延伸人类感官范围的工具之使用，是"男性"特有的特质吗？居里夫人和罗莎琳德·富兰克林（Rosalind Franklin）可能要抗议了。

　　最后，让我们来考虑伊利格瑞在别的地方提出的一个论点：

　　　　$E=Mc^2$ 是一个带有性别偏见的方程式吗？或许如此。让我们做如下假设，只要它让光速凌驾于其他与我们生命息息相关的速度之上，这一方程式便成立。对我而言，指出这等式中可能的性偏见本质，并不直接源于其在核武器上的应用，而是它

出说明，说这是起于一次最初的宇宙"爆炸"；此理论后来被称为"大爆炸"。但是，大爆炸的假设虽然以非常自然的方式说明了观察到的扩张，却不是唯一可能的理论：到了 20 世纪 40 年代末时，霍伊尔（Hoyle）、邦迪（Bondi）及戈尔德（Gold）提出了"静态宇宙"（Steady State Universe）的替代理论，该理论认为存在着普遍的扩张，无需一次最初的爆炸（而是由于新物质的连续创造）。然而，1965 年，物理学家彭齐亚斯（Penzias）和威尔逊（Wilson）（意外地！）发现了宇宙微波背景辐射（cosmic microwave background radiation）其光谱与近乎等向特性（isotropy），结果与基于广义相对论对大爆炸"残迹"的预测完全相符。部分因为这个观察，但也因其他的理由，今天天文物理学界普遍接受大爆炸理论，虽然对于细节一直还有争议。关于大爆炸理论及支持它的观察记录，有非技术性的介绍，参见温伯格（1977）、西尔克（Silk, 1989）以及里斯（Rees, 1997）。

[3]　只有在最后一秒钟的十亿分之一的十亿分之一的十亿分之一的十亿分之一的百万分之一时，量子引力的效应才会变得重要。

> 让跑得最快者具有特权地位……
>
> （伊利格瑞，1987b，第 110 页）

不论我们对"其他与我们生命息息相关的速度"作何考虑，能量（E）和质量（M）之间的关系式 $E=Mc^2$，经实验证明具有高度的精确性，仍然是事实。如果以其他的速度来代替光速（c），这关系式显然就会无效。

总括言之，对我们而言，文化、意识形态及性别的因素对科学选择——研究的主题、提出的理论——的影响，是科学史上一个重要的研究题目，该有严格的探讨。但是，要有实质的贡献，就必须在相当深刻的层次上理解所分析的科学领域。很不幸地，伊利格瑞的说法显示出对她提到之主题的肤浅理解，结果对讨论毫无帮助。

流体力学

几年前，在一篇名为《流体的"力学"》（The "Mechanics" of Fluids）的文章中，伊利格瑞已经苦心臆造她对"男性"（masculine）物理学的批判：她似乎宣称，相对于固体力学，流体力学的发展程度较低，因为固体性（solidity）（据她说）等同于男人，而流体性（fluidity）等同于女人。（但是伊利格瑞生于比利时，难道她没见过布鲁塞尔的市徽吗？）一位伊利格瑞的美国诠释者归纳她的论证如下：

> 她将固体力学优先于流体力学，以及科学的确无法处理紊流（turbulence）的问题，归因于将流体性联结了女性（femininity）的缘故。男人有突出且会硬挺的性器官，而女人

有流出经血和阴道分泌物的开口。虽然，男人偶尔也会流——
譬如，射精时——他们这方面的性征并未被强调。重要的是男
性性器的硬挺，而非液体流动中的共谋。这些理想化的东西被
重新写入数学中，将流体理解为分层平面及其他变化的固体
形式。女人在阳性中心的理论和语言中被抹除，只以非男人
（non-men）而存在，同样地，流体也一直从科学中被抹除，只
以非固体（non-solids）而存在。由此角度观之，难怪科学一
直无法做出成功的紊流模型。紊流的问题无法解决，因为流体
的概念（和女人的概念）被形构的方式，必然使之遗留下来，
成为未被精心研究的残余物。

（海勒斯［Hayles］，1992，第 17 页）

海勒斯对伊利格瑞之观念的阐释，在我们看来似乎比原说更为直
白。然而，由于伊利格瑞的文本暧昧难解，我们不能保证海勒斯忠
实解释了伊利格瑞的原意。至于海勒斯，她反对伊利格瑞的推理，
因为它太远离科学事实了（见本章注［5］），但她也试图从不同的
路径达至相同的结论。我们认为，海勒斯的尝试不比伊利格瑞的好
多少，但至少表达得更为明晰。[4]

[4] 海勒斯论证起于一个说明，是针对线性微分方程式和流体力学中的非线性方程式
之间的重要差异之说明。这是科学报道中一次值得尊重的尝试，虽然有一些错
误的瑕疵（例如，她混淆了反馈与非线性，她坚称尤拉的方程式是线性的）。然
而，从这一点起，她的论证开始堕落为后现代文学批评的滑稽版本。她追溯 1650
年到 1750 年间流体力学的历史发展，宣称指认"一对有层级性的二分法（还会
有什么？！），其中第一项总是占优势而牺牲第二项：连续对抗断裂，守恒对抗
耗散。"（海勒斯，1992，第 22 页）接下去是针对微积分的概念基础所做的一个
相当混乱的讨论，一个对于早期水力学中"潜在性别认同"（subliminal gender
identifications）的想象释意，以及"从热寂到快感"（from heat death to jouissance）
的热力学之弗洛伊德式的分析。结论时，海勒斯主张一个激进相对主义的论旨：

　　守恒定律虽然如此命名，却不是不可避免的自然事实，而是突出某些经
验并将其他经验边缘化的建构……几乎毫无例外的，守恒定律是由男人所形

111

让我们追循伊利格瑞的论证细节。她的论文如此开始：

已经开始活动了——以何种速率？在何种环境下？不论何种阻力？——女人根据与主导的符号架构几乎不兼容的模态而散裂了她们自己。如果不引发某种紊流就不会出现这种情况，我们甚至可以说是某种旋风，必须被限制在原理的稳固之墙内，以免其扩张至无穷。不然的话，他们可能会达到干扰被指称为真实的第三动因之程度，对于这种界限的逾越和混淆，恢复其适当的秩序是重要的。

所以我们将必须回到"科学"，问它一些问题。[注：建议读者参考一些固体及流体力学的书。[5]] 例如，问问它**在阐释流体"理论"上的历史停滞**，继而在建立数学公式上的困境（aporia）。一个迟来的评定最终被归给真实（the real）。[注：参考在拉康作品中之真实的表意过程（《文集》《研讨集》）。]

现在如果检视流体的特质，我们注意到这个"真实"大概

构、发展及实验检验的。如果守恒定律代表特定重点而非不可避免的事实，那么活在不同身体、与认同不同性别建构的人，大有可能达成不同的流动模式。

（海勒斯，1992，第31—32页）

但是她没有提出论证来支持她的主张，例如，能量与动量的守恒定律可能不同于"不可避免的自然事实"；她也没有至少暗示一下，何种"不同的流动模式"可能由"活在不同种身体的人"来达成。

[5] 海勒斯大致上支持伊利格瑞，但她也注意到：

与几个应用数学家和流体力学家谈论伊利格瑞的宣称之后，我可以证明，他们一致认为她并不了解流体力学的首要内容。他们认为，她的论点不必认真看待。

有证据支持这个观点。该章第一页的一则注释中，伊利格瑞轻轻松松地建议读者"参考一些固体及流体力学的书"，但没有提到哪些。她的论证中缺乏数学的细节，让人不得不怀疑，她有没有照自己的建议去做。她没有提到任何一个名字或日期，让人可以将她的论点和某特定的流体理论相连，遑论追踪对立理论间的辩论。

（海勒斯，1992，第17页）

包含——而且在很大的规模上———一种**物理实在**，此种实在持续抗拒适切的符号化（adequate symbolization），也／或意指逻辑无力将自然的所有特征含纳在其文字中。经常有人认为有必要将其中一些自然特征降到最低，去正视它（们），而且只有在一种理想状态的启发下，防止它（们）阻碍理论机器的运作。

但是，在一种永远臣服于理想性设准的语言，与一种已丧失了所有符号化的经验项之间，何种区分是永久固定的？我们怎么会无法确认，就这个中断、这个保证逻辑之纯粹性的分裂而言，语言必然一直是后设的"某物"？不仅仅在此时此地藉由一个"主体"的表陈、发言，也因为"主体"——由于他自身的结构和他所不知的事物——已是在重复着对一个抗拒此种誊写的自然下规范"判断"。

而我们要如何阻止这个"主体"（的）无意识不被如此中止？确实而言，是不被一个系统学在其诠释中缩减——这个系统学再度标志历史对流体的"不注目"。换句话说：什么样的语言结构化过程不会维持着**一种理性**（rationality）和**一种独一的固体力学之间屹立不倒的共谋**？

（伊利格瑞，1985a，第 106—107 页）

伊利格瑞关于固体力学和流体力学的主张，需要加以评论。首先，固体力学根本还不完全；有许多未解决的问题，譬如对于破裂（fracture）的量化描述；第二，我们对于流体平衡或层流之所知，相对了解得更好。此外，我们知道控制了大量情况下的流体行为的方程式——所谓的纳维－斯托克斯方程组（Navier-Stokes equations）。主要问题是，这些非线性偏微分方程式非常难解，特别是关于紊流。[6]但是这个困难与"逻辑的无力"或未能达成"适切的符号化"无关，亦与"语言结构化过程"无关。在此，伊利格瑞追随她的（前任）老师拉康，太过坚持逻辑形式主义而牺牲了物理内容。

伊利格瑞继续她对流体、精神分析和数学逻辑的奇怪混合：

> 当然，强调的重点由名词的定义逐渐转移到名词间关系的分析（弗雷格的理论是众多例子当中的一个）。这甚至已导致**一个不完备事物的语义学之确认**：函数符号。
>
> 命题所容许的不确定性，隶属于一个形式类型的**一般含义**——变量只是在语法形式同一的范围内——除了这个事实外，一个重大的角色留给了**普遍性的符号**——全称量词（universal quantifier），它使用几何的模态仍必须加以检视。
>
> 如此，"所有"（all）——的 x，还有系统——已经规定了每一个已建立的特别关系之"并非所有"（not-all），而"所有"只是由外延而界定——没有朝向一个既有空间图（space-map）的投射，其"之间"（between［s］）会在精确参考坐标系的基础上被赋予其值，外延就无法进行。[7]
>
> 因此，这个"场所"（place）已用某种方法计划并分段，其目的是计算每一个"所有"，也包括系统的"所有"。除非这个"场所"得能延伸到无限——这就事先排除了任何对变量或变量间关系的值的确定。
>
> 但是，"比所有更大"（greater-than-all）以便能够以此方

---

[6]　对于（应用于方程式的）线性概念之非技术性的说明，见本书第 144—145 页。
[7]　前面这三段，应该是关于数理逻辑的，却缺乏意义，只有唯一一例外："一个重大的角色留给……全称量词"有意义，但为假。见本章注［12］。

式自我形成（形式化）的（论述）空间在哪里？而那比"所有"更大的，不会在仍为神性-逻辑（theo-logical，原文如此）的模式中，从其去否定（denegation）——从其"为肯定"（forclusion）中——回返吗？回返它和阴性"并非所有"的关系还有待表明：**上帝或者阴性的愉悦**。[8]*

　　一个女人（awoman，原文如此）在等待这些神的再发现时，她（只）是一个**投射图**（projective map），为保证系统的总体性——"比所有更大"的额外因素——之目的而服务；她是**一个几何的道具**，为衡量其每个"概念"外延的"所有"——包括那些仍然未决定的概念——而服务，也为其"语言"定义之间固定而凝结的**区间**（intervals）而服务，还为在这些概念之间**建立个别关系**的可能性服务。

115

（伊利格瑞，1985a，第107—108页）

稍后，伊利格瑞回到流体力学：

　　在流体经济学中未被诠释的——例如，和固体有关的阻抗——最后是交托于上帝的。忽视**真正**流体的特质——内在的摩擦、压力、运动等等，亦即，**它们特别的动力学**——导致将真实交托于上帝，就像只有流体的可理想化特征才会被纳入它们的数学处理当中。

　　或者，再说一次：纯数学的考虑已预先排除了流体的分析，除了和真正流体只有近似关系的分层平面、螺线管运动

---

[8]　此处伊利格瑞像拉康一样玩弄着拆字组字的游戏，如theology是神学，被拆成theo-logical而成"神性-逻辑"，在暗示逻辑学被当成神圣唯一一般。至于"denegation"则是"de"（去除、解除）加上"negation"（否定）.forclusion似乎也是伊利格瑞自造的字，即"for"加"clusion"。

（或者流行地将"和坐标轴的关系"优先化）、喷出点（spring-points）、井点（well-point）、旋风点。留下某些残留物。直到无穷：和 0 相应的这些"运动"的中心，其中假设了一个无限的速度，是**物理上无法接受的**。当然这些"理论的"流体使技术的（也是数学的）分析形式能够进步，却也失去了和**过程中的物体之真实**的某种关系。

这对于"科学"和精神分析的实践有什么影响？

（伊利格瑞，1985a，第 109 页）

这一段里，伊利格瑞显示出她不了解近似值与理想化在科学中的角色。首先，纳维－斯托克斯方程是近似值，只有在一个宏观（或至少是超原子）的尺度上才有效，因为它们将流体当作连续体来处理而忽视其分子结构。而这些方程式本身非常难解，于是数学家试图先在理想化的情况中，或透过多少经过控制的逼近来研究。但是，譬如说，旋涡中心的速度是无限的，只是意味着接近该点时近似值不必看得太认真——从一开始时就很明显，因为在任何情况下，该步骤只有在其尺度远大于分子时才有效。不论如何，没有东西是"交托于上帝的"；很简单，只有留给未来世代的科学问题。

最后，除了纯粹的隐喻关系外，很难看出流体力学和精神分析能搭上什么关系。假设明天就有人发现一个令人满意的紊流理论，那又会（或应该）以何种方式影响人类心理学的理论？

我们可以继续援引伊利格瑞的文章，但读者可能会晕头转向（我们也是）。她以一些安慰的字句，为文章做总结：

而如果你偶然有这个印象，自己还是什么都不懂，那么，你大可以让耳朵半开,接收那与自身处在如此接近的接触中,以至于搅混了你的判断的东西。

（伊利格瑞,1985a,第 118 页）

从头到尾,伊利格瑞都无法了解关于流体力学的物理学和数学的问题。她的论述只建基于含糊的类比,何况又进一步混合真正流体的理论和其在精神分析中的类比使用。伊利格瑞似乎察觉到这个问题,她的回答如下:

如果有任何人反对地说:以这种方式来陈述的问题太依赖于隐喻,这很容易回答:事实上,这一问题恰恰是对如下情况的一种抨击,即赋予隐喻（一个准固体）凌驾于转喻（更为接近流体）之上的特权。

（伊利格瑞,1985a,第 109—110 页）

啊,这回答让我们想起一个古老的犹太笑话:"为什么犹太人总是以问题来回答问题?""那么为什么犹太人不应该以问题来回答问题?"

数学与逻辑

我们看到,伊利格瑞喜欢把物理科学里的问题化约到数学形式 117
的游戏甚至是语言游戏。很不幸,她对数理逻辑的认识和她对物理学的认识一样,只知皮毛。她著名的文章《科学主体是性歧视的吗?》（Is the Subject of Science Sexed?）便是一个例证。伊利格瑞先对科学方法做了一个相当奇特的概述,然后继续写道:

这些特征显露了男人性想象中的一种同构体（isomorphism），必须被紧紧掩盖。"我们的主观经验和我们的信念绝不能为任何发言提供正当理由。"科学的知识论者如此肯定道。

你必须加上，这一切发现都必须以一种**写得好的**、（意指）**合理的**语言表达出来，那就是：

——用可以和专有名词互换的符号或字母表达出来，专有名词只指称一个理论内的（intra-theoretical）客体，因此没有指称真实或实在中的性格或客体。学者进入一个虚构的宇宙，是未参与其中者所无法了解的。

（伊利格瑞，1985b，第 312 页；伊利格瑞，1987a，第 73 页）

在这里，伊利格瑞又一次误解了数学形式主义在科学中的角色。并非科学理论的所有概念都"只指称一个理论内的客体"。恰恰相反，至少有些理论概念必须相应于真实世界中的某种东西，否则，理论就不会产生任何经验的结果（也就不是科学的）。科学家的世界不是只充斥着虚构。最后，不论是真实世界还是说明它的科学理论，都不是非专家完全不能理解的；许多情况都有好的通俗性或半通俗性的说明。

伊利格瑞文章的其他部分，既卖弄学问又令人忍俊不禁：

——谓词或谓词的构成符号有：

+：或新词的定义[9]；

=：通过等价或代入（属于一个整体或一个世界）表示的性质；

∈：意指属于一个客体类型

---

[9] 我们在小学里就学过，"+"代表两数相加。我们搞不懂，伊利格瑞如何会想到"+"表示"新词的定义"。

——**量词**（quantifier）（而非**质词**［qualifier］）的有：

≥ ≤；

全称量词；

存在量词（existential quantifier），如其名所示，是属于量的。

根据不完备事物（incomplete beings）的语义学（弗雷格），函数（函项）符号是在句法形式同一性之边界上找到的变量，而支配角色则是普遍性符号或全称量词。

——**连词**有：

否定（negation）：P 或非 P；[10]

连言（conjunction）：P 或 Q；[11]

选言（disjunction）：P 或 Q；

蕴含（implication）：P 包含 Q；

等值（equivalence）：P 等于 Q。

而没有以下的符号：

非数量性的**差异**（difference）符号；

相互性（reciprocity）的符号（不在一共同属性或共同整　119

体以内的）；

交换（exchange）的符号；

流动性（fluidity）的符号。

（伊利格瑞，1985b，第 312—313 页；

伊利格瑞，1987a，第 73—74 页）

首先，伊利格瑞将逻辑中的"定量"（quantification）概念与

---

[10] 我们要为我们的卖弄向读者道歉：命题 P 的否定不是"P 或非 P"，而只是"非P"。

[11] 这可能是打字上的错误；法文原文中也出现，又被翻译者忽略。两个命题的连言，当然是"P 和 Q"。

该字的日常用法混淆（亦即，使某物可计量或计数）；事实上，两个概念并无关联。逻辑中的量词是"对所有"（for all）（全称量词）和"存在"（there exists）（存在量词）。例如，"x 喜欢巧克力"是一个关于某个个体 x 的陈述；全称量词将它转化为"对所有的 x 而言，（属于某个假定已知集合的）x 喜欢巧克力"，而存在量词将它转化为"至少有一个（属于某个假定已知集合的）x，x 喜欢巧克力"。这显然和数目无关，而伊利格瑞意图指出的"量词"与"质词"的对立，是无意义的。

此外，不相等的符号"$\geq$"（大于等于）和"$\leq$"（小于等于）不是量词。它们和计量此词的日常意义有关，而和逻辑中量词的意思无关。

再说，没有什么"支配角色"被赋予全称量词。正相反，全称量词和存在量词之间有绝佳的平衡，任何使用其中之一的命题，都可以被转换成使用另一个但在逻辑上等值的命题（至少在古典逻辑中如此——那应该也是伊利格瑞的主题）。[12] 这是一个基本事实，每个逻辑导论课程都有教；令人惊讶的是，谈了那么多数理逻辑的伊利格瑞竟然不知道。

120　　最后，她断定没有非定量的差异记号（或者，较适切地说，是**概念**），这是错误的说法。在数学里，除了数目以外，还有很多类型的对象（例如，集合、函数、群、拓扑空间），而当谈到两个这种对象时，当然就有可能说它们是相同的或有差异的。标准的等号（$=$）用来表示它们是相同的，而标准的不等号（$\neq$）用来表示它们是有差异的。

---

[12] 为了解这一点，令 $P(x)$ 是任何关于个体 x 的陈述。命题"对所有的 x，$P(x)$"等价于"不存在 x，使 $P(x)$ 为假"。同样，命题"至少有一个 x 使得 $P(x)$"等价于"对所有的 x，$P(x)$ 为假，是假的"。

在同一篇文章稍后的部分，伊利格瑞宣称也要揭开"纯"数学核心中的性别偏见：

——**数学科学**，在全体理论（theory of wholes［théorie des ensembles］）中，关注的是封闭与开放的空间、无穷的大和无限的小。[13] 它们很少关心到局部开放事物的问题、未明显界定的全体（ensembles flous）、边界难题的分析、之间的过程问题、出现在特定整体阈值之间的起伏变动问题。就算拓扑学提出了这些问题，它也是强调封闭，而非抗拒一切循环。

（伊利格瑞，1985b，第 315 页；

伊利格瑞，1987a，第 76—77 页[14]）

伊利格瑞的用语含糊："局部开放事物""之间的过程""特定整体阈值之间的起伏变动"——她究竟在说什么？稍微可以谈的，边界的"难题"一点也未受到忽视，它自一世纪前代数拓扑学发轫之初，就已是该学科的核心[15]，而"具边界的流形"（manifold with boundary）在微分几何学中一直被积极地研究五十年之久。还有，121 同样重要的是，这一切和女性主义有何关系？

所以，我们在最近一本献给数学教育的书中看到下列引文时，甚感惊讶。作者是杰出的美国女性主义数学教育家，她的目标——我们衷心同意——是吸引更多年轻女性参与科学事业。她赞许地引

---

[13] 事实上，集合理论研究"纯"集合的属性，也就是，没有任何拓扑或几何结构的集合。伊利格瑞这里暗指的问题，反而属于拓扑学、几何学和分析学。

[14] 我们要提醒一下，以上所引用的英文译本有若干错误。"Théorie des ensembles"是"集合理论"，不是"全体理论"。"Ensembles flous"大概指涉"模糊集合"（fuzzy sets）的数学理论。"Bords"在数学的语境中最好译成"boundaries"（边界）。

[15] 参见，例如，迪厄多内（Dieudonné，1989）的著作。

用了伊利格瑞这个文本，接着说：

> 在伊利格瑞提供的语境中，我们可以看见有关速率、距离公式及线性加速之数学问题的线性时间，对比于女性经期时，身体所经验的循环时间。区间有端点，抛物线整齐切割了平面，以及教学的线性数学以直观上明显的方式描绘经验的世界，这些对于女性身心而言是明显的吗？[16]

> （戴玛林［Damarin］，1995，第252页）

含蓄地说，这套理论令人吃惊：作者真的相信经期使得年轻女人较难了解几何学的基本观念吗？这个观点简直就是维多利亚时代的绅士们那种观念的残余，他们认为女人有精巧的生殖器官，不适于理性思想和科学。有友如此，女性主义者几乎不需要敌人了。[17]

122　　在伊利格瑞自己的著作中，也可见类似的观点。她科学观念上的含混，与其带有含混的相对主义本质的更为一般性的哲学思考相关联，同时，前者也为后者提供了支持。从科学是"阳性的"观念开始，伊利格瑞拒绝"独立于主体的真理之信念"，并建议女人不要

接受或支持一个中立的、普遍的科学的存在。女人竟然须

---

［16］注意，这一段中，"线性"（linear）一词用了三次，既不适当又显然有三个不同的意义。参考下文第144—147页对于滥用"线性"一词的讨论。

［17］这还不是一个孤立的例子。海勒斯在她关于流体力学的文章结论中说，

> 这篇论文中所表明的经验，是努力停留于理性论述的界线内同时不断质疑它的某些主要前提所形塑的。辩证之流虽是女性的和女性主义的，引导进入其中的管道却是男性和男性主义。

> （海勒斯，1992，第40页）

如此，海勒斯似乎毫无自觉地就接受了"合理性论述"与"男性和男性主义"的等同。

痛苦争取才得进入该科学，然后又用它来折磨自己并嘲弄别的女人，把科学变成一个新的超我。

（伊利格瑞，1993，第 203 页）

这些主张显然非常有争议性。当然，还伴随着一些稍微不同的断言，譬如，"真理总是某些男人或女人的产物。这并不表示真理不含任何客观性"；以及"所有的真理都是部分相对的"。[18]问题是要去了解，伊利格瑞想说的究竟是什么，以及她想如何解决这些矛盾。

科学之树的根或许是苦的，但果实却是甜的。说女人应该躲开普遍科学，等于是把她们当作小孩。将理性和客观性与男人相联系，而把情感和主观性与女人相联系，是重复最嚣张的性别歧视刻板印象。伊利格瑞谈到女性由青春期到停经期的"性经济"时，写道：

但这个发展的每一个阶段都有其时间性，可能是周期的，和宇宙的节奏相连。如果女人对切尔诺贝利的意外感受到如此恐怖的威胁，那是因为她们的身体和宇宙有不可化约的关系。

（伊利格瑞，1993，第 200 页）[19]

伊利格瑞在这里一头栽入神秘主义之中。宇宙的节律（cosmic rhythms）和宇宙（universe）的关系——她到底在说什么？将女人化约到她们的性征、经期的循环和节律（不论是不是宇宙的），是在攻击过去三十年来女性主义运动所争取的每一件事。西蒙娜·波伏瓦定然难以瞑目。

---

[18] 伊利格瑞（1993，第 203 页）。
[19] 同样论调有更惊人的陈述，见伊利格瑞（1987b，第 106—108 页）。

第六章　布鲁诺·拉图尔

　　科学社会学家布鲁诺·拉图尔以《科学在行动》一书闻名，我们在第四章已对该书做过简短的分析。然而较鲜为人知的，是他对相对论的符号学分析（semiotic analysis），在其中"爱因斯坦的文本被解读成对委任社会学（sociology of delegation）的一项贡献"（拉图尔，1988，第3页）。在本章中，我们将检视拉图尔对相对论的诠释，并展示他的诠释完美地佐证了不完全理解科学理论内容的社会学家，在分析该理论时所遭遇的问题。

　　拉图尔认为他的文章是对科学社会学强纲领（strong programme）的贡献，也是它的扩充；强纲领主张"任何科学的内容彻彻底底都是社会的（social through and through）"（第3页）。根据拉图尔的说法，强纲领"在经验科学上"已有"某种程度的成功"，在数学化的科学方面则较不彰（第3页）。他抱怨先前对于爱因斯坦相对论的社会分析，已"避开其理论的技术面向"，而且无法提出"任何线索，指出相对论**本身**如何可以说是社会的"（第4—5页，黑体字为原文所有）。拉图尔赋予自己一个雄心勃勃的任务，他提议重新定义"社会的"这个概念以证明它是正当的。为了简单起见，我们将不讨论拉图尔从分析相对论提出的社会学结论，只简单指出，他的论证已被若干对相对论本身[1]的根本误解所破坏了。

拉图尔对相对论的分析，是以对于爱因斯坦的半通俗读物《相 125
对性：狭义与广义相对论》（*Relativity：The Special and the General
Theory*，1920）的符号学阅读为基础。在叙事者对"移入"（shifting
in）、"移出"（shifting out）之类的符号学概念做简介之后，拉图尔
便尝试将这些概念应用到爱因斯坦的狭义相对论中。但是，在这么
做的时候，他误解了物理学中"参考坐标系"（frame of reference）
的概念。因此按理，我们要先讨论参考坐标系。

在物理学中，**参考坐标系**是将空间和时间坐标（x, y, z, t）
指派给"事件"的图示。例如，发生在纽约市的一桩事件可以这么
定位：它发生在第六大道（x）和第 42 街（y）的交叉口，距地面
30 米高（z）的地方，时间是 1998 年 5 月 1 日（t）。一般而言，一
个参考坐标系可以被视觉性地想成由量尺和时钟所构成的精密直角
坐标，两者合起来可以把"何地"和"何时"指派给任何事件。

很明显地，建立参考坐标系包含做很多任意的选择：例如，在
哪里设定空间坐标的原点（在这里是第 0 大道第 0 街的地面），如
何标示空间轴的方向（在这里是东—西、南—北、上—下），以及
在哪里标示时间的原点（在此是 0 年 1 月 1 日）。但是，这种任意
性是相对琐碎的，因为如果我们选择其他的原点和方向，要将前一
个坐标转换为后者，有很简单的公式可循。

当我们考虑相对运动中的两个参考坐标系时，就会出现一个比
较有趣的情况。例如，一个参考坐标系可能是依附地球的，另外一
个则依附于以每秒 100 米相对于地球向东移动的一辆汽车。自伽利

---

[1]　还是让我们引用物理学家胡斯（Huth, 1998）的话，胡斯对拉图尔的文章也做了
　　　批判的分析："在这篇文章中，'社会'和'抽象'的意义被延伸，以配合他对相对
　　　性的诠释，以至于这两个名词失去其一般意思，对于理论本身也没有任何启发。"

略以来，现代物理学史的主要关切是关于这两个参考坐标系的任何一个，物理定律是否保持相同的形式，以及要使用什么方程式将前一个坐标（x, y, z, t）转换为后一个坐标（x', y', z', t'）。具体而言，爱因斯坦的相对论正是处理这两个问题的。[2]

在教学上要说明相对论时，一个参考坐标系大致等于一个"观察者"。更精确而言，参考坐标系可以等同于"一组"观察者，被放在空间的**每个**点上，彼此之间都保持静止，而且每一个都备有适当调整同步进行的时钟。但是，关键在于注意到这些"观察者"不必是人：参考坐标系完全可以由机器所组成（就像今天在高能物理的实验一般）。的确，参考坐标系全然不必是"建构的"：想象一个参考坐标系，依附在一个高能碰撞中运动的质子，完全是有意义的。[3]

回到拉图尔的文本，我们可以在他的分析中分辨出三个错误。首先，他似乎以为相对论考虑的是不同参考坐标系的相对**位置**（而非相对运动），至少在下列引文中如此：

> 我将使用以下的图式，其中两个（或更多个）参考坐标系标示空间或时间中不同的**位置**（positions）……
>
> （拉图尔，1988，第 6 页）

> 不论我把观察者委派到**多远**的地方，他们都会送回可互相重叠的报告（superimposable reports）……
>
> （同上，第 14 页）

---

[2] 介绍相对论的好文章，可参见爱因斯坦（1960［1920］）、默明（1989）或萨托里（1996）。

[3] 的确，两个质子互相碰撞，将参考坐标系依附在其中一个，而且参考此坐标系来解释碰撞，可以学到关于质子内在结构的重要知识。

要不是我们维持绝对的空间和时间而自然律会在不同的**地方**（places）变得不一样……

（同上，第 24 页）

假使两个相对论［狭义的和广义的］都被接受，我们就可以增加、减少、累积和组合更多比较不具特权的参考坐标系，观察者可以被委派到更多在无穷大（宇宙）或无限小（电子）的**地点**，而他们所送回来的读数会是可以理解的。他［爱因斯坦］的书大可以命名为："带回长途科学旅人的新指引"。

（同上，第 22—23 页，黑体字为笔者所加）

这个错误或可归因于欠缺精确的拉图尔风格。而第二个错误（在我们看来，这一错误更为严重，且与第一个错误间接相关），则源于对物理学中的参考坐标系概念和符号学中的"行为者"（actor）概念的混淆：

一个人如何能决定，是否在一辆火车上对一个落石所做的观察和从堤防上对同一个落石所做的观察一致？如果只有一个或甚至**两个**参考坐标系，无法找到任何解答……爱因斯坦的解答是考虑**三个**行为者：一个在火车上、一个在堤防上，还有第三个是作者［主述者］，或者他的一个代表人，他试图叠加由另外两者送回来的编码后的观察记录。

（同上，第 10—11 页，黑体为原文所有）

事实上，爱因斯坦从没有考虑过三个参考坐标系。洛伦兹变换[4]允许我们在两个参考坐标系的事件坐标间建立一对应关系，永远不必使用第三者。拉图尔似乎以为，这第三个坐标系从物理学的观点而言具有关键意义，因为他在一个尾注中提到：

128　　　　大部分与惯性原理的古老历史相关的困难，只关系到两个坐标系的存在；解决方式总是加上一个第三坐标系，以收集前两者送来的讯息。

（同上，第43页）

不只是爱因斯坦从未提到一个第三坐标系，在伽利略或牛顿力学中——拉图尔提到"惯性原理的古老历史"时，指的可能是后二者——这个第三坐标系也未出现。[5]

在同样的精神上，拉图尔非常强调人类观察者的角色，他以社会学的名词来分析它，以为爱因斯坦有意地

　　　　执迷于透过毫无**变形**（deformation）的**转形**（transformation）来传送**赋形**（information）（信息）；他对读数能精确叠加的热情；他想到派出去的观察者有可能背叛、可能持有特权而送回无法用以扩增我们的知识的报告时之惊恐；他想训练被派任之观察者的渴望，以便将它们转变成设备的相关零件，除了观察指针和刻数的相合什么事也做不了。……

（同上，第22页，黑体字为原文所有）

[4] 容我们顺便指出，拉图尔把这些方程式抄错了（拉图尔，1988，第18页，表8）。在最后一个等式中的分数，应该是 v/c^2，而不是 v^2/c^2。

[5] 默明（1997b）正确指出，相对论中的某些论证牵涉到三个（或多个）参考坐标系的比较。但是这和拉图尔所说的"第三坐标系收集其他两者送回来的讯息"没有关系。

但是，对爱因斯坦而言，"观察者"是一个教学上的虚构，完全可以用机器设备来取代，绝对不需要"训练"他们。拉图尔还写道：

> 被派任的观察者送回可叠加的报告时，由于他们全然的依赖性甚至愚蠢而成为可能。他们唯一需要的是，仔细而坚持地观察其时钟的指针……这就是要为主述者的自由和可信度而付出的代价。

> （同上，第 19 页）

129

前面几段中，还有在论文的其余部分，拉图尔犯了第三个错误：他强调相对论中所谓的"主述者"（enunciator［author］）的角色。但是这个想法建立在一个基本的混淆上，即爱因斯坦的教学法和相对论本身之间的混淆。爱因斯坦描写一个事件的时空坐标，如何能透过洛伦兹变换的方式，由任何一个参考坐标系转换为另一个。这里没有任何一个参考坐标系有优先地位；作者（爱因斯坦）在他描述的物理情境之中根本不存在，更不用说构成一个"参考坐标系"了。就某种意义而言，拉图尔的社会学偏见导致他误解了相对论的基本主张，亦即没有一个惯性的参考坐标系会比另一个更优先。

最后，拉图尔在"相对主义"（relativism）和"相对性"（relativity）之间做了十分合理的区分：前者是主观而不能调和的种种观点；后者是时空坐标可以在参考坐标系间毫无歧异地转换（同上，第 13—14 页）。但他接着宣称，"主述者"在相对论当中扮演了一个中心角色，他以社会学，甚至经济学的名词来转译：

只有当主述者的**获利**纳入考虑时，相对论和相对主义之间的区分才揭显其深层意义。……是主述者有这特殊地位，将他委派的观察者所记录的一切场景描述累积起来。上述的困境就浓缩成斗争：针对特权的控制、柔顺身体的训练，正如福柯说的。

（同上，第15页，黑体字为原文所有）

甚至更强烈地说：

130　　　　在经济学或物理学中，反特权的战斗，就字面意思（而非隐喻意义）来说是一样的。[6]……派遣所有这些受委托的观察者到堤防上、到火车上、光线中、太阳、附近的恒星、加速的电梯、宇宙的范围里，谁会因此而获利呢？如果相对主义是对的，每个人都与其他人同等获利。如果相对性是对的，只有其**中一个人**（亦即，主述者、爱因斯坦或某个物理学家）能够在某个地方（他的实验室、他的办公室）汇集由他所有委派者回报的文件、报告及测量结果。

（同上，第23页，黑体字为原文所有）

最后这一个错误相当重要，因为，拉图尔想要从他对相对论的分析中提炼出的社会学结论，是以他赋予"主述者"的特权地位为基础的，这"主述者"又与其"计算中心"（centres of calculation）之概念相关。[7]

---

[6] 应注意，拉图尔像拉康（拉图尔，1988，第26页）一样，在此坚持一种仅有字面意义上的有效性比较（camparison），这种比较充其量只能被视作模棱两可的暗喻。

[7] 这个概念出于拉图尔的社会学。

　　结论中，拉图尔混淆了相对论的教学法和理论本身的"技术内容"。他对爱因斯坦半通俗著作的分析，顶多只能够阐明爱因斯坦的教学和修辞策略——这当然是一个有趣的计划，比起展示证明相对论本身是"彻彻底底社会的"这一计划要温和得多。但是，即使分析教学法的成果丰硕，还是需要了解根本的理论，以便厘清爱因斯坦文本中的修辞策略和物理内容的区别。拉图尔的分析有一个致命的缺陷，因为他对于爱因斯坦试图说明的理论了解不足。

　　我们需注意的是，拉图尔傲慢地拒斥科学家对其作品的评论：

　　　　首先，科学家对于科学研究的意见并不是非常重要。对于我们的科学探索，科学家是信息提供者，不是法官。我们发展的科学见识，不必和科学家对于科学的想法类同……

（拉图尔，1995，第6页）

131

我们可以同意最后一句陈述。但是，对于一个如此严重地误解了其"信息提供者"所告知其信息的"研究者"而言，我们应该如何看待他呢？

　　拉图尔对相对论的分析以如下谦虚的提问收尾：

　　　　我们教授了爱因斯坦什么吗？……我的主张是，没有主述者的位置（藏在爱因斯坦的说明背后的），没有计算中心的概念，爱因斯坦本人的技术论证是不可理解的……

（拉图尔，1988，第35页）

附言

几乎与本书法文版出版同时，美国期刊《今日物理学》(*Physics Today*) 刊载了物理学家大卫·默明所写的一篇文章，对于拉图尔的相对论文章提出一种同情的阅读法，并且对于我们相当激烈的批评分析持有异议，至少隐含此意。[8] 基本上，默明说，批评拉图尔误解了相对论并没有触及重点，根据他"资格优异、沉潜文化研究已数年的女儿莉兹"说，真正的重点如下：

> 拉图尔想要建议，将爱因斯坦论证的形式属性转译到社会科学，以便看看社会科学家能学到什么关于"社会"的东西以及他们如何使用"社会"这个词，也看看硬科学家（hard scientists）能从他们自己的假设中学到什么。他试图说明相对论，只是想要得出一个关于相对论的形式（"符号学的"）阅读，可以转用到社会范畴之内。他在寻找一个理解社会实在的模型，帮助社会科学家处理他们的辩论主题——这和观察者的位置与意义有关，和社会活动的"内容"与"语境"（用他的话说）之间的关系有关，也和可以透过观察抽取出来的结论和规则种类有关。
>
> （默明，1997b，第 13 页）

这话只说对了一半。在引言中，拉图尔提出了两个目标：

> 我们的目的……如下：借由重新形塑社会概念，以何

---

[8] 默明（1997b）。

种方式，我们能把爱因斯坦的作品视为具有**明确的**社会性（explicitly social）？一个相关的问题是：我们如何从爱因斯坦那儿学到怎么研究社会？

（拉图尔，1988，第 5 页，黑体为原文所有；

类似陈述见第 35—36 页）

为了简洁之故，我们原本想避免去分析拉图尔将这两个目的实现到什么程度，只想指出一些关于相对论概念的基本误解，这种误解把他的**两个**计划都破坏了。但是既然默明把问题提出来，就让我们来谈一谈：拉图尔已从他对可以"转用到社会"（transferred to society）之相对论的分析中学到了任何东西吗？

就纯粹逻辑的层次而言，答案是没有：物理学中的相对论没有任何社会学上的含意。（假设，明天欧洲粒子物理研究中心［CERN］的一个实验证明了，电子的速度及其能量的关系和爱因斯坦所预测的有些许不同。这个发现会造成物理学的革命；但是究竟为什么，它会迫使社会学家改变他们的人类行为理论呢？）很明显，相对论与社会学的关联，顶多是类比的关联。或许，借着了解"观察者"和"参考坐标系"在相对论中的角色，拉图尔能够阐明社会学的相对主义和相关争议。但问题是，谁在说话以及对谁说话。让我们假设，为了论证之故，拉图尔所使用的社会学概念可以像相对论概念一样加以精确定义，而某个对两种理论都熟悉的人可以在两者之间建立一种形式的类比。这种类比或许有助于向一位熟悉拉图尔理论的社会学家说明相对论，或者向一位物理学家说明他的社会学。但是使用这种与相对论的类比来向**其他社会学家**解释拉图尔的社会学，用意何在？毕竟，即使承认拉图尔能完全掌握相对

133

论[9]，也不能假定他的同行社会学家拥有这种知识。他们对相对论的理解（除非他们碰巧学过物理学），是一种典型的基于与社会学概念的类比。拉图尔为什么不直接参考其读者的社会学背景，去说明他想引介的新的社会学观念？

[9] 默明并没有走到这么远：他承认"当然，有许多含糊的陈述，看起来像是关于相对论物理学，可能是基本技术论点的错误诠释"（默明，1997b，第13页）。

第七章　间奏：混沌理论与"后现代科学"

> 经由数世纪的不断研究，终有一天，现在被隐藏的事情会随
> 证据出现；而后代会讶异，这么明白的真理，我们竟然没注意。
>
> ——塞涅卡（Seneca）论彗星的运动，
>
> 为拉普拉斯引用（1902［1825］，第 6 页）

在后现代的书写中，我们常常会碰到这种宣称，大约最近的科 134
学发展不只修改我们的世界观，也带来深远的哲学和知识论的转
移——简言之，科学的本质已经改变了。[1]最经常被援引以支持这
一论旨的例子是量子力学、哥德尔定理和混沌理论。但是我们也可
以发现时间之箭、自组织（self-organization）、分形几何学（fractal
geometry）、大爆炸以及各类其他理论。

我们认为这些观念大部分是建立在混淆之上，虽然这些混淆还
比拉康、伊利格瑞或德勒兹的理论要细致得多。要解开所有的误
解，并公正处理藏在误解中的真实核心，得写上好几本书。本章
中，我们将大致勾勒出这种批评，并以两个例子做说明：利奥塔的
"后现代科学"和混沌理论。[2]

在利奥塔的《后现代状况》（*The Postmodern Condition*）中，有

---

[1] 这类文本不胜枚举，见索卡尔谐拟文中的引文（见附录 A）。
[2] 关于"时间之箭"的混淆，见布里克蒙（1995a）的详细研究。

一章专门讨论"后现代科学是寻找不稳定性"（postmodern science as the search for instabilities）[3]，可以找到关于深刻概念革命（conceptual revolution）的观念，当中的提法现在已经成为经典。在这里，利奥塔检视 20 世纪科学的一些面向，在他看来，这些面向暗示着转向新的"后现代"科学。让我们来检视他提出来以支持这种诠释的例子。

匆匆提到哥德尔定理后，利奥塔谈及原子和量子力学中的可预测性是有局限的。一方面，他观察到，因为有太多太多气体分子，所以要知道气体中所有分子的位置，在实践上是不可能的。[4]但是这一事实是众所周知的，至少从 19 世纪的最后几十年起，就成了统计物理学的基础。另一方面，在显然论及量子力学的不确定性时，利奥塔使用一个十分古典的（非量子的）例子来说明：一种气体的密度（质量/体积的比例）。利奥塔引了法国物理学家让·佩兰（Jean Perrin）关于原子物理学的半通俗著作中的一段[5]，他观察到，气体的密度端赖气体在什么比例上被观察：譬如，如果考虑一个大小可与一种分子相比的区域，该区域中的密度就会从零到非常高的值不等，端看该分子是否在该区域中。但是这种观察平凡无奇：密度是一种宏观的量，只有在涉及大量分子的时候才有意义。然而，利奥塔提出的结论相当激进：

> 关于气体密度的知识因而变成多种绝对不相容的陈述；只有在相关于说话者所选择的尺度上而被相对化后，它们才能变成可兼容的。

（利奥塔，1984，第 57 页）

---

[3] 利奥塔（1984，第 13 章）。
[4] 一立方厘米的空气中，大约有 2.7×10^{19} 个分子。
[5] 佩兰（1990［1913］，第 xii—xiv 页）。

这一评述带有主观论者的口吻，不可能被目前这个例子所证成。很
明显，任何陈述的真与假，有赖于所使用之字词的意义。而当这些
字词（如密度）的意思视尺度而定时，陈述的真假也就会视尺度而
定。关于空气密度的"多种陈述"，如果小心表达（也就是，清楚
标明一则陈述所指涉的尺度）的话，则完全是可容的。

　　该章后文，利奥塔提到分形几何学，那是处理像雪花和海岸
线等种种"不规则"物体的几何学。以某种技术意义来说，这些
物体是非整数的几何维度。[6] 利奥塔以同样的方式召唤突变理论
（catastrophe theory），这是数学的一支，概略而言，是将某些曲面
（或类似对象）的尖点加以分类。这两个数学理论当然很有趣，在
自然科学中也有些应用，特别是在物理学方面。[7] 一如所有科学的
进展，它们提供了新的工具，将焦点集中在新的问题上。但是他们
绝未质疑到传统的科学知识论。

　　追根究底，利奥塔并未提供任何论据以支持他的哲学结论：

　　　　我们从这个（以及更多这里没有提到的）研究可以提出的
　　　结论是，连续微分函数[8] 正渐渐失去其作为知识和预测之范式
　　　的优越地位。后现代科学——关注于不可判定、精密控制的局

---

［6］ 一般（平滑）几何对象可以根据其**维数**来分类，而维度总是一个整数：例如，一
　　直线或一平滑曲线的维度等于1，而一个平面或平滑曲面的维度等于2。相反，分
　　形物体比较复杂，需要选定几个不同的"维数"来描述其几何学的不同面向。因
　　此，任何一个几何体（不论平滑与否）的"拓扑维数"总是一个整数，而一分形
　　物体的"豪斯多夫维数"（Hausdorff dimension）一般而言不是整数。
［7］ 然而，一些物理学家和数学家相信，环绕这两个理论大做文章的传播媒体，已大
　　大超越他们的科学成就：参见，萨莱尔和祖斯曼（Zahler and Sussmann, 1977）、
　　祖斯曼和萨莱尔（1978）、卡达诺夫（Kadanoff, 1986）、阿诺德（Arnol'd, 1992）。
［8］ 这些是来自微分演算的技术概念：如果（这里我们有一些过简化）一个函数图形
　　可以用铅笔在纸上一笔就画出来，那就是**连续**（continuous）函数；如果在图形的
　　每一点上都有一条唯一的正切线，这一函数就称为**可微分**（differentiable）函数。
　　值得注意的是，每个可微分函数都自动是连续的，而突变理论是建立在关心（对
　　利奥塔是讽刺的意思）可微分函数这种非常美丽的数学之上。

限、不完整的讯息所刻画的冲突、**分形**（fracta）、剧变，以及语用悖论（pragmatic paradoxes）——正将自己不连续的、剧变的、不可求长的[9]，以及悖论的演化加以理论化。它正在改变**知识**这个词的意义，也表现出这种转变是如何发生的。它产生的不是已知，而是未知。它还暗示一种合法化模型（a model of legitimation），与最大化的效能无关，而是被理解为非逻辑推理的差异（difference understood as paralogy），可当作后现代科学的基础。

（利奥塔，1984，第 60 页）

这段话经常被引用，所以让我们来仔细检视一下。[10]利奥塔在这里把至少六个不同分支的数学和物理学混在一起，而它们彼此在概念上是截然不同的。此外，他把科学模型中不可微（nondifferentiable）（甚至不连续）函数的引入，与一种所谓的科学本身的"不连续的"或"吊诡的"演化相混淆。利奥塔所援引的理论当然产生新的知识，但是生产新知识并未改变"知识"这个字的意义。[11]**进而言之**，它们所生产出来的是已知的，不是未知的（除了以琐碎的意义来说：新的发现开启新的问题）。最后，"合法化模型"依然是把理论拿来和观察及实验比较，不是"被理解为非逻辑推理的差异"（不论这是什么意思）。

138

---

[9] 不可求长的（non-rectifiable）是微分演算里的另一个技术名词；适用于某些不可微分的曲线。（即无法求其长度。）

[10] 亦见布弗雷斯（Bouveresse，1984，第 125—130 页）类似方向的批判。

[11] 此话要稍加斟酌：数学逻辑中的元定理（metatheorem），像哥德尔定理或集合理论中的独立定理，其逻辑地位与传统数学定理的地位稍有不同。然而应强调的是，数学基础的这些精密分支对于数学研究的整体影响很小，对于自然科学则几乎没有影响。

现在让我们把注意力转向混沌理论。[12]我们将论及三种混淆：关于理论的哲学含意的混淆、把"线性"与"非线性"两词当隐喻使用的混淆，以及草率的应用及挪用造成的混淆。

混沌理论（chaos theory）是什么？有许多物理现象是由决定律（deterministic law）所控制的[13]，因此原则上是可预测的，然而因为它们"对初始条件的敏感"而在实践上不可预测。意思是，在某一个时间，遵循同样定律的两个系统，或许是处于类似的（但不是完全相同的）状态，然而经过一段短暂的时间之后，却变成非常不同的状态。这个现象可以比喻如下：今天马达加斯加岛上一只蝴蝶拍拍翅膀，三星期后就能在佛罗里达引发一场飓风。当然，蝴蝶本身没做那么多。但是如果将地球大气中有蝴蝶拍翅和没有蝴蝶拍翅构成的两个系统相比较，三星期后的结果可能会非常不一样（飓风的有无）。一个实际的结果是，我们不期望能够预测超过几星期之后的天气。[14]那确实必须考虑非常大量的数据，并且要非常精确，连可以想见的最大型的计算机都还做不到。

更精确而言，让我们考虑一个我们并不完全了解其初始状态的系统（实际情形也一直是这样）。显然，初始数据的不精确，会反映在我们对系统的未来状态所做的预测质量之上。大体而言，随着时间过去，预测会变得更不精确。而不精确度增加的方式，依系统而定：在有些系统中会缓慢增加，在另一些系统中则非常快速。[15]

为了说明此点，让我们来想象，我们想在最后的预测中达到

139

[12]　较深入但仍属非技术性的讨论见吕埃勒（Ruelle, 1991）。
[13]　至少近似度非常高。
[14]　注意，这并不先验地排除以统计方式预测未来气候的可能性，像是平均温度或温度的升降，以及2050年到2060年十年间英格兰的降雨量。以模型来说明全球气候是一个困难而具争议性的科学问题，但是对于人类的未来至关重要。
[15]　以术语来说：前者的不精确度随时间呈线性或呈多项式地（polynomially）增加，后者则是呈指数性地增加。

某种具体的精确度，并且自问，我们的预测维持充分准确的时间会有多长。再假设，某种技术的改良，能使我们对初始状态所知的不精确度减半。对于第一类系统（不精确度缓慢增加），如果我们以想要的精确度来预测在某段时间内的系统状态，则技术的改良可把这段时间延长为**两倍**。但是对于另一类系统（不精确度快速增加），技术的改良会只以一个固定的量，容许我们增加"可预测性窗口"：例如一个小时或一周（多寡要视情况而定）。简单一点说，我们会称第一种为"非混沌"（non-chaotic）系统，第二种为"**混沌**"（chaotic）（或"对初始条件敏感"）系统。因此，混沌系统的特征即：它的可预测性受到严格限制，因为即使在初始资料的精确度上有可观的改进（例如，一千倍以上），对于预测保持有效的持续时间也增加不了多少。[16]

所以一个非常复杂的系统，像是地球的大气层，其难以预测或许并不令人惊讶。令人惊讶的是，由**少数**变量并遵循简单的决定律方程式——例如，绑在一起的一对摆锤——就可以描述的一个系统，却可能呈现相当复杂的运动和对于初始条件的强烈敏感性。

然而，我们应该避免做出草率的哲学结论。[17]例如，常常有人断言说，混沌理论已显示了科学的局限。但是大自然中有许多系统是非混沌的；而即使在研究混沌系统，科学家也不觉得是走到死胡同，或遇到标示"禁止前进"的障碍。混沌理论为未来的研究开辟了一个广大的领域，也把注意力转向许多新的研究对象上。[18]此

140

---

[16] 再加上一句话很重要：就某些混沌系统而言，将初始测量的精确度加倍时，我们所得的定量可能很长，这意味着，在实践上，这些系统的可预测时间比大部分的非混沌系统更长。例如，最近的研究显示，有些行星的轨道出现混沌的行为，但是"定量"在此是以几百万年计的。

[17] 克勒特（Kellert，1993）清楚介绍了混沌理论，也认真检视了它的哲学含义，虽然并不是所有的结论我们都同意。

[18] 奇异吸引子（strange attractors）、李雅普诺夫指数（Lyapunov exponents）等等。

外，有思想的科学家一直都知道，他们不能期望去预测或计算**所有的事**。得知与我们息息相关的具体事物（如三星期以后的天气）非我们所能预测，实在不怎么愉快；但是这并不会中止科学的发展。譬如，19世纪的物理学家就十分了解，要知道一种气体中所有分子的位置，实际上是不可能的。这也鞭策他们去发展统计物理学的方法，这方法使人能了解由大量分子所组成的系统（像气体）的许多属性。类似的统计方法今天被用来研究混沌现象。而最重要的，科学的目标不只是去预测，也是去理解。

第二个混淆是关于拉普拉斯和决定论。容我们强调，在这个长期的辩论中，区分决定论（determinism）和可预测性（predictability）一直是最根本最必要的。决定论视大自然的实然而定（独立于我们），但可预测性则部分依赖大自然、部分依赖我们。要看出这一点，让我们来想象一个完全可预测的现象——譬如，一个钟——但是它的位置在一个不可及的地方（譬如在山顶）。钟的运动，**对我们而言**，是不可预测的，因为我们无法得知它的初始状态。但是，如果说钟的运动不再是决定性的，就会很可笑。再举另一个例子，试想一个摆：没有外力的时候，摆的运动是决定性的也是非混沌的。当我们施以一个周期力，它的运动或许会变成混沌的，因此也更难以预测；但是，它就不再是决定性的吗？

拉普拉斯的研究经常被误解。他在引入普遍决定论之时[19]，立即补充说，**我们**要与这想象的"智慧体"及其关于"构成"自然界的"存在物的个别情况"（用现代的话来说，所有粒子的精确初始条件）的理想知识"一直保持无止境的远离"。他清楚区分大自然

141

---

[19] "举例说，有一个智能体，能够理解驱动自然的所有力以及构成自然的存在物的个别情境——一个大得足以将这些数据纳入分析的智能体——它会以同样的公式含括宇宙最大星体以及最轻微原子的运动；对它而言，没有什么是不确定的，而未来，一如过去，都会呈现在它的眼前。"（拉普拉斯，1902［1825］，第4页）

所做的事和我们对它的知识。此外，他在一篇关于**概率论**的文章一开头，就提出这个原则。但是，对于拉普拉斯而言，何为概率论？不过是让我们能在部分无知的情形下进行推理的一个方法。如果我们想象，拉普拉斯希望有一天能取得完整的知识，达到普遍的可预测性，那么他的意思就完全被误解了，因为他的文章目的正是在解释，如何在欠缺这种完整的知识的情况下进行研究——譬如统计物理学所做的。

过去三十年来，数学的混沌理论已有显著的进步，但是，有些物理系统会呈现对于初始条件的敏感性，这一想法并不是现在才有。麦克斯韦在陈述决定论原理（"同样的因总会产生同样的果"）后，于 1877 年说：

142　　　　另有一个格律（maxim），不应该和［下述断言］混淆，即 "类似的因产生类似的果"。

只有当初始环境的小改变在系统最后状态也只造成小的变动时，上述的说法才是真的。在许多物理现象中，这条件是可以满足的；但是还有其他情形，初始的一个小的变动可能会在系统最后状态造成非常剧烈的改变，像是"点"的移位造成一列火车撞到另一列，而没有保持在原来行程中。

（麦克斯韦，1952［1877］，第 13—14 页）[20]

而在气象预测方面，亨利·庞加莱（Henri Poincaré）在 1909 年时就已经很现代了：

---

[20] 引述这些话的目的，当然是要澄清决定论和可预测性之间的区别，不是去证明决定论是真的。麦克斯韦本人显然不是一位决定论者。

为什么气象学家难以准确预测天气？为什么豪雨，甚至暴风似乎突然而至，以至于许多人视祈雨或祈求好天气是理所当然，尽管他们认为祈祷以求日食是很荒谬的？我们看到，大的扰动通常是在大气处于不稳定平衡的区域产生的。气象学家很清楚平衡状态若不稳定，龙卷风将会在某处形成，但是却无法指出确切地点；在一个给定点上的十分之一度偏离，龙卷风就会在此处而不是彼处形成，肆虐原本可能幸免的区域。如果察觉到这十分之一度，他们就能事先知道，但是观察既不能充分涵盖一切，也无法充分精确，这就是为什么一切似乎都是机运的干预之理由。

（庞加莱，1914〔1909〕，第68—69页）

现在让我们转向由"线性"和"非线性"二词的误用所造成的混淆。首先指出，在数学中，"线性"一词有两个不同的意思，不能搞错，这是很重要的。一方面，可以说线性函数（或方程式）：例如，函数 $f(x)=2x$ 以及 $f(x)=-17x$ 是线性的，而函数 $f(x)=x^2$ 和 $f(x)=\sin x$ 是非线性的。以数学模式来说，线性方程式描述一个情况，其中（稍微简化来说）"果与因成正比"。[21] 另一方面，可以说**线性秩序**（liner order）[22]，意思是，一个集合的元素以如下方式被排序：对于每一对元素 a 和 b，不是 $a<b$ 就是 $a=b$ 或是 $a>b$。譬如，在实数的集合中有一个自然的线性秩序，在复数中却没有这种自然的秩序。[23] 现在，后现代主义的作者们（基本上是在英语世界）在

143

----

[21] 这个用语事实上混淆了线性的问题和相当不同的因果性问题。在线性方程式中，是**所有变量**的集合遵循了比例的关系。没有必要具体指出，哪个变量代表"果"哪个变量代表"因"：的确，许多情形中（譬如在回馈系统中），这种区分是无意义的。

[22] 通常称为**总序**（total order）。

[23] 〔提供给专业人士：〕在这里，"自然的"指的是"与场结构兼容的"，意思是 a，$b>0$ 意味着 $ab>0$，而 $a>b$ 意味着 $a+c>b+c$。

谈**线性思维**（linear thought）时，为这个词加上第三种意思——和第二个意思隐约有关，但经常和第一者混淆。没有精确的定义，但是一般意义仍然够清楚：它指的是启蒙和所谓的"古典"科学的逻辑和理性主义式思考（通常被指控为极端化约主义和唯数目主义）。在反对这种老旧的思考方式中，他们鼓吹一种后现代的"非线性思维"（nonlinear thought）。后者的精确意义也没有清楚说明，但是，很显然的，那是一种由于坚持直觉和主观感知而超越理性的方法论。[24] 常常有人宣称，所谓的后现代科学——特别是混沌理论——证成且支持这种新的"非线性思维"。但是这种断言所依赖的却只是混淆"线性"这个词的三种意义。[25]

144

---

[24] 顺便一提，直觉在"传统"科学中不扮演任何角色是**错误的**断言。正好相反，科学理论是人心智的创造，也几乎不会被"写"入实验数据中，所以直觉在理论**发明**的创造过程中，扮演一个非常重要的角色。但是，在导向这些理论的**确证**（或否证）的推理中，直觉不能扮演明显的角色，因为这些过程必须独立于个别科学家的主观性。

[25] 譬如：

> "这些［科学］实践是根植于诠释主体与客体的二元逻辑、一种线性且目的论的理性……线性和目的论（teleology）正被非线性的混沌模型和对历史偶然性的强调所取代。"
>
> （拉瑟［Lather］，1991，第104—105页）

> "更线性的（历史的和精神分析的，也是科学的）决定论倾向于视它们为异常，将之排除在一般而言是线性事物的进程外。与此相对，某些较旧的决定论将混沌、不断的紊流、纯概率，纳入与现代混沌理论同根源的动态交互作用中……"
>
> （霍金斯［Hawkins］，1995，第49页）

> "混沌的模型不像目的论的线性系统，它抗拒封闭，破除而非落入无止尽的'递归对称'（recursive symmetries）。这种封闭之欠缺比不确定性优越。一个理论或'意义'散布成无尽的可能性……一度我们以为由线性逻辑所封闭的东西，开始开放，成为一连串令人惊讶的新形式和可能性。"
>
> （罗森博格，1992，第210页）

容我们强调，我们不是因为这些作者以他们的意思来使用"线性"这个词而批评他们：数学对于这个词没有独占权。我们在批评的是某些"后现代主义论者"的倾向，他们把他们使用这个词的意思和数学中的意思相混淆，并且提出与混沌理论的关联，却没有任何有效论证加以支持。达罕-达美迪柯（Dahan-Dalmedico，1997）似乎漏掉了这一点。

由于这些滥用，我们常会发现后现代主义的作者把混沌理论视为反对牛顿力学的革命——后者被贴上"线性"的卷标——或援引量子力学作为非线性理论的范例。[26]实际上，牛顿的"线性思维"所用的方程式完全是**非线性的**；这就是为什么，混沌理论中许多例子是来自牛顿力学，以至于混沌的研究事实上代表牛顿力学的复兴，是尖端研究的主题。同样的，量子力学常被引为"后现代科学"的最主要范例，但是量子力学的基本方程式——薛定谔方程（Schrödinger's equation）——绝对是**线性的**。

此外，线性、混沌与方程式的明显可解答性，经常遭误解。非线性方程式一般来说比线性方程式难解，但并不总是如此：有非常困难的线性方程式和非常简单的非线性方程式。例如，关于双体开普勒问题（太阳与一个行星）的牛顿方程式是非线性的，然而是明白可解的。另外，混沌要发生，方程式必须是非线性而且（这里我们稍微简化）不是显然可解的，但是这两个条件绝**不足以产生混**淆——不论它们是分开还是同时出现。和一般人所想的相反，一个非线性的系统不必然是混沌的。

试图将数学的混沌理论应用到物理学、生物学或社会科学的具体情况当中时，困难和混淆倍增。[27]若要以有意义的方式做，首先对相关变量和它们所遵循的演化类型必须有些概念。不幸的是，总

[26] 譬如，霍金斯就提到"描述行星和彗星之规律性，因而也是可预测的运行之线性方程式"（霍金斯，1995，第31页），史蒂芬·贝斯特（Steven Best）指出"牛顿力学甚至量子力学中所使用的线性方程式"（贝斯特，1991，第225页）；他们犯了第一个错误，但没犯第二个。相反，罗伯特·马克利（Robert Markley）宣称"量子力学、强子靴带理论（hadron bootstrap）、复数理论［！］以及混沌理论共有一个基本的假设：实在（reality）无法通过线性方式加以描述，非线性与不可解之方程式是唯一可能描绘一个复杂、混沌、非决定性之实在的工具"（马克利，1992，第264页）。这句话将最大量的混淆压缩到最少量的词语之中，实在该得个什么奖。第277页另有简短的讨论。

[27] 见吕埃勒（1994）较详细的讨论。

是很难发现一个数学模型，它既足够简单到可以分析，又能适当描述所考虑的对象。事实上，不论我们何时尝试将数学模型应用到实在时，这些问题都会出现。

有些所谓的对于混沌理论的"应用"——例如，应用到商业管理或文学分析——近乎荒谬。[28] 更糟的是，在数学上充分发展的混沌理论经常和新兴的复杂性（complexity）理论与自组织理论相混淆。

另一个大混淆，是由把数学的混沌理论和"失之毫厘，谬以千里"（small causes can have large effects）这类的大众智慧（popular wisdom）混在一起所造成的：什么"如果埃及艳后的鼻子更小一些就好了"，或丢了一根针造成帝国崩溃的故事。不断听到有人要将混沌理论"应用"到历史或社会上的主张。但是人类社会是牵涉数量巨大的变量的复杂系统，我们无法为此写下任何有意义的方程式。为这些系统谈混沌，不会使我们比大众智慧里已有的直觉更进一步。[29]

还有另一种滥用，源于混淆了（有意或是无意）"混沌"这一具有高度感召力之词语所具有的诸多彼此明晰的含义：在非线性动力学的数学理论中的技术意义（这一意义约略与"对初始参数的敏感依赖性"同，虽非精确），以及它在社会学、政治、历史和神学中广泛的意思，这些意思经常被当作无秩序的同义词。我们将会看到，鲍德里亚和德勒兹－加塔利在利用（或沉迷）这些词义混淆之时，尤其大言不惭。

[28] 参见马西森和基尔霍夫（Matheson and Kirchhoff, 1997）以及范皮尔（Van Peer, 1998）对混沌理论在文学中的应用的深入批判。

[29] 我们不否认，如果有人能了解这些系统——足以写下至少能大略描述这些系统的方程式——数学的混沌理论或许可以提出有趣的信息。但是社会学和历史目前还谈不上达到了这一发展阶段（或许也会一直保持如此）。

第八章　让·鲍德里亚

让·鲍德里亚的社会学作品挑战，也刺激所有当代理论。他以嘲弄，也以**极度精确性**，解开既成的社会描述，沉着自信兼幽默风趣。

——《世界》（1984b，第95页，黑体为作者所加）

社会学家与哲学家让·鲍德里亚，以其对于真实、表象和幻觉的思考著称。在本章中，我们想将注意力放在鲍德里亚作品比较少被注意的面向，也就是他经常使用科学和伪科学的术语。

在有些情况中，鲍德里亚用到科学概念的方式很显然是隐喻性质的。譬如，他写到海湾战争时：

最不寻常的是，真时（即时）（real time）与纯战争的预言随同虚拟（the virtual）对真实（the real）的胜利，这两个假设同时实现，在同样的时空，毫不留情地彼此追逐。这是一个标志：事件的空间已变成一个带着多重折射的超空间（hyperspace with multiple refractivity），而**战争的空间确然变成非欧几里得式的空间了**。

（鲍德里亚，1995，第50页，黑体为原文所有）

好像有一个断章取义地使用技术性数学概念的传统。在拉康处是圆环面和虚数；在克里斯蒂娃处是无穷集合；这里，又有了非欧几里得式空间。[1] 但是，这一隐喻又能意味着什么？欧氏几何的战争空间到底是什么样子？顺道一提，"带着多重折射的超空间"（hyperspace à réfraction multiple）既不存在于数学中也不在物理学中；那是鲍德里亚式的发明。

148

鲍德里亚的作品中充斥着从数学和物理学中提取的类似隐喻，例如：

> 在历史的欧氏空间中，两点之间最短的距离是一直线，进步和民主之线。但是这只有在启蒙的线性空间里才是真的。[2] 在非欧氏的世纪末空间，不祥的曲率成功地使所有的轨道偏斜。这无疑是和时间的球面性（sphericity）（在世纪终结的地平在线可见，一如地球的球面性在一日终了的地平在线可见）或引力场的细微扭曲有所相关……
>
> 通过由历史向无穷的回转，这一双曲曲率，这个世纪本身正逃离它的终点。
>
> （鲍德里亚，1994，第10—11页）

或许是因为此，我们受益于这"有趣的物理学"效应：

---

[1] 何谓非欧几里得式空间（non-Euclidean space）？在欧氏平面几何学（也即我们中学所学的几何学）中，对每一直线 L 和每一个不在 L 上的点 p，有一条也只有一条和 L 平行的直线（也就是不和 L 相交）会经过 p。相反，在非欧氏几何学中，可以有无穷数量的平行线，不然就是一条都没有。这些几何学可上溯到19世纪的波尔约（Bolyai）、罗巴切夫斯基（Lobachevskii）和黎曼（Riemann），而爱因斯坦将之应用到他的广义相对论（1915）。格林伯格（Greenberg, 1980）或戴维斯（Davis, 1993）对于非欧氏几何学都有很好的介绍。

[2] 参考前文我们对于"线性"一词之滥用的讨论（前文第144—146页）。

"集体或个体的事件已包捆成一个记忆的洞"这个印象。无疑，这种隐没是由于这个逆转的运动、这历史空间的抛物线曲率。

（鲍德里亚，1994，第20页）

但并不是所有鲍德里亚的物理学都是隐喻式的。在其更偏哲学性的文本中，鲍德里亚显然就字面含义来看待物理学（或者说他自己的物理学版本），像在他以概率（chance）为主题的文章《这命定的，或者，可逆的迫在眉睫》（The fatal, or, reversible imminence）：

因果秩序的这种可逆性——因倒为果、果先于因而胜于因——是根本的……　149

虽然科学不乐于质疑因果性的决定论原理，但是当它直觉地掌握了偶然是所有定律的浮动之时——甚至超越仍然像过度理性般运作的测不准原理——科学一眼瞥见的就是这个**可逆性**。这已经是相当不寻常了。但是现在科学在其运作的物理学和生物学极限上，感受到的不只有这种浮动、不确定性，还有一个可能的物理定律的可逆性。那会是一个**绝对的谜**，不是什么宇宙的外公式或后设方程式（相对论才是），而是任何定律都可逆转的想法（不只是粒子变反粒子、物质变反物质，还有定律本身）。这种可逆性的假设总是由大形上体系所肯定。它是表象游戏的基本规则，是表象变形的基本规则，与时间、法则和意义不可逆的秩序相对。但是看到科学达到同样的假设，很是吸引人，与它自身的逻辑和演化相反。

（鲍德里亚，1990，第162—163页，黑体为原文所有）

很难了解鲍德里亚所说的"逆转"（reversing）物理定律指什么。在物理学中，我们可以说定律的**可逆性**（reversibility）只是"对于时间倒转的不变性"（invariance with respect to time inversion）[3] 的简称。但是这一属性在牛顿力学中已众所周知，它不折不扣是因果性和决定论的理论；和不确定性无任何关系，也绝不符合科学的"物理学和生物学极限"。（正好相反：于 1964 年发现的"弱交互作用"定律的**不可逆性**，才是新的东西，目前对它的了解也不完全。）不论如何，定律的可逆性和所谓的"因果秩序的可逆性"毫无关系。最后，鲍德里亚的科学混淆（或幻想）使他做出没有根据的哲学宣称：他没有提出任何论证支持他的想法，即科学可以达成"与它本身的逻辑相反的"假设。

这条思考路线在其《指数不稳定性、指数稳定性》（Exponential instability, exponential stability）一文中再度被采用：

> 谈终结（特别是历史的终结）的整个问题是，你必须谈终结之外的是什么：同时也要谈终结的不可能性。这一吊诡是因以下的事实而产生，在非线性、非欧氏的历史空间中，终结无法被定位。事实上，终结只有在因果性和连续性的逻辑中才是可以感知的。现在，是事件本身，借由其人为的生产——也就是它们有计划地出现或者是它们的结果之预期，更不必提它们在媒体中的变形——压制了因果关系，以及由此而来的一切历史连续性。

---

[3] 要说明这一概念，试想撞球桌上一堆根据牛顿定律移动的撞球（没有摩擦力，但有弹性的撞击），并拍摄下这些运动。现在把影片倒转：反向的运动也会遵循牛顿力学的定律。这个事实可以简述为如下通则：时间倒转，牛顿力学定律还是不变的。事实上，所有已知的物理法则，除了亚原子粒子的"弱交互作用"（weak interaction）以外，都满足这种不变性。

这种因果的扭曲、这种果的神秘自主性、这种因-果之可逆性，产生了失序或混沌的秩序（正是我们目前的处境：真实和信息的一种可逆性，造成事件王国的失序和媒体效应的过度），在某种程度上，让人想到混沌理论以及一只蝴蝶拍翅与它在世界的另一端引发飓风之间的不成比例。也让人想到雅克·邦弗尼斯特（Jacques Benvenist）关于水之记忆的吊诡假设。……

或许历史本身已被视为一个混沌的形构，在其中，加速度终结了线性，而加速度引发的紊流明确将历史偏离它的终点，一如紊流隔开了结果和它们的因。

（鲍德里亚，1994，第110—111页）

首先，混沌理论绝不能逆转因果之间的关系。（即便是在人类事务 151
中，我们都严肃怀疑现在的一个行动竟能影响过去的一桩事件！）
此外，混沌理论和邦弗尼斯特的关于水之记忆的假设没有任何关系。[4] 最后，末一句虽然全句由科学术语所建构，从科学的观点来看却毫无意义。

随后，文章中胡言乱语之声更甚：

我们不会达到终点，即使那终点是最后审判，因为我们今后借由可变异的折射超空间（variable refraction hyper-space）

---

[4]　邦弗尼斯特一群人关于高度稀释溶液的生物学效果的实验，似乎为同种疗法（homeopathy）提供了科学基础，但发表于科学期刊《自然》（Nature）（达弗纳[Davenas] 等人，1988）之后，却很快遭到质疑。见马多克斯（Maddox）等人（1988）；还有，较详细的讨论见布罗克（Broch，1992）。最近，鲍德里亚发表意见，说水的记忆是"世界转形为纯信息的最后阶段"，以及"效果的虚拟化和最近的科学完全一致"（鲍德里亚，1997，第94页）。

而与之分离。历史的返转大可以被诠释为这种紊流，因为其进程被逆转并吞噬的事件加快了。这是混沌理论的一种版本——**指数不稳定性**及其无法控制效果的版本。这把历史的"终结"解释得非常好，它线性的或辩证的运动被剧变的奇异点（catastrophic singularity）所切断……

但是指数不稳定性不是唯一的版本。另一个是**指数稳定性**的版本。后者定义了一种状态，在其中，不论你从哪里开始，结束时总会回到原点。初始条件、原初的奇异点并不相干：每件事都倾向于零点——零点本身也是一个奇异吸引子（strange attractor）。[5]

两个假设——指数的不稳定性和稳定性——虽然不兼容，事实上却同时有效。再者，我们的系统在其**正常**（normal）过程（正常上是灾难性的）中，将二者结合得非常好。它实际上结合了扩张、奔驰的加速度、令人目眩的流动性旋涡、事件的离心性、意义和讯息的过多以及朝向全熵的指数倾向。因此我们的系统是双重混沌的：同时以指数的稳定性和不稳定性操作。

如此看来，似乎没有终结（end），因为我们已经处于一种终结的过量状态当中：超限（the transfinite）……

我们复杂的、突变的、病毒性的系统，注定只到指数的维度（不论是指数稳定性还是不稳定性的维度），注定只到偏离性和不明确的分形分离同位（indefinite fractal scissiparity），再也无法到达一个终点。注定到一密集的新陈代谢、一种密集的内在移形换位，在自身之中被耗尽，而不再有任何目的地、任何终结、任何他者、任何天数（fatality）。它们注定正

---

[5] 完全不是这样！当零是一个吸引子时，它就是所谓的一个"定点"：这些吸引子（还有其他称为"极限环"[limit-cycles]的东西）19世纪以来就为人所知，而"奇异吸引子"的说法被引入，特别是在指称另一种不同的吸引子。参见吕埃勒（1991）。

是患了流行病、没完没了的分形赘疣，而不是可逆性或宿命的完美解决。我们现在只知道灾变的征兆，我们不再知道命运的征兆。（此外，对于同样不平常的、相反的现象：对初始条件的**低敏感性**［hyposensitivity］、果与因之关系的反指数性［inverse exponentiality］——潜在的飓风结果仅是一只蝴蝶扇动翅膀——混沌理论中是否显示其关怀？）

（鲍德里亚，1994，第 111—114 页，黑体为原文所有）

最后这一段是鲍德里亚式**风格之最**。人们很难不被强迫去注意那高度密集的科学和伪科学术语[6]——就我们所能理解的范围而言，那些被插在句子中的术语，通通没有意义。

然而，这类文本在鲍德里亚的生平作品之中并不常见，因为它们至少间接提及了（虽然以一种混淆的方式）或多或少是有着清晰定义的科学概念。其作品中更常碰到的是像这样的段落：

描述计算机屏幕和我们脑部的心智屏幕之交织方式的最好的模型莫过于莫比乌斯拓扑学（Moebius's topology），它对于同一螺线中的近与远、内与外、客体与主体有特殊的邻接性。主体和客体、在内与在外、问与答、事件和影像等等的一种表面混接，正与此模型相一致，在此模型里，讯息与沟通在一种乱伦的回旋（incestuous circumvolution）中不断地向自身转向。形式不可避免地是一个扭曲的环形式，令人想起无穷大（infinity）的数学符号。

（鲍德里亚，1993，第 56 页）

153

---

[6] 伪科学术语的例子是，可变异的折射超空间和分形分离同位。

就像格罗斯（Gross）和莱维特（Levitt）所说的："此段既浮夸又毫无意义。"[7]

总而言之，鲍德里亚的作品充满科学名词，但是使用时完全不论名词的意义，而且，是用在一个看不出这些名词有何作用的上下文当中。[8]不论是否将这些名词诠释为隐喻，它们除了使有关社会学或历史的陈腐观察看起来很有深度之外，很难看出还有什么作用。此外，非科学的词汇也和科学术语混在一起，使用时同样马虎。当我们把一切都加以考察之后，令人怀疑：如果剥除覆盖其上的语言外饰，鲍德里亚的思想还剩下什么？[9]

---

[7] 格罗斯和莱维特（1994，第 80 页）。

[8] 其他例子，参见他提到混沌理论（鲍德里亚，1990，第 154—155 页）、大爆炸（鲍德里亚，1994，第 115—116 页）和量子力学（鲍德里亚，1996，第 14、53—55 页）的地方。最后一本书中弥漫着科学与伪科学的典故。

[9] 关于鲍德里亚的观念更详细的批判，见诺里斯（Norris，1992）。

第九章 德勒兹与加塔利

> 我必须在这里提到两本书，我认为是伟大著作中之最者：
> 《差异与重复》(*Difference and Repetition*)，《意思的逻辑》(*The
> Logic of Sense*) 它们是如此不容置疑的伟大，以致很难谈论，
> 也很少人这么做。我相信，有很长一段时间，这本书将盘旋在
> 我们的头上，如谜般地回响着克罗索夫斯基（Klossovski）的
> 作品，克罗索夫斯基是另一个重要而过度的记号。或许有一
> 天，这世纪会属于德勒兹的。
>
> ——米歇尔·福柯，《哲学剧场》
> (*Theatrum Philosophicum*)（1970，第 885 页）

最近刚去世的吉尔·德勒兹被誉为最重要的当代法国思想家之 154
一。他写了二十多本哲学著作，包括自己独立以及与费利克斯·加
塔利的合著。本章我们将分析德勒兹和加塔利合著部分引用到物理
或数学名词及概念的地方。

本章中所引的文本，主要特色是缺乏明晰性。当然，德勒兹和
加塔利的辩护者会反驳，这些文本十分深奥，是我们未能加以恰当
理解。但是仔细检视，会看到科学名词的密集运用，抽离语境、没

有任何明显的逻辑，甚至也没有以一般的科学意义来说明这些名词。德勒兹和加塔利当然有自由以其他的意思来使用这些名词：科学对于"混沌""极限"或"能量"这类词的使用没有垄断权。但是我们也会指出，他们的书写中也充满高度技术性的名词，在专业科学论述以外是不被使用的，而对那些名词，他们也没有提供其他定义。

155　　这些文本碰触到大量主题：哥德尔定理、超限基数论、黎曼几何、量子力学……[1] 但是只有简短而表面的涉及，若不是已经熟悉这些主题的读者，是无法从中得知任何具体东西的。而专业的读者则会发现，他们的陈述绝大部分没有意义，或者有时候可以接受，但是了无新意而且混淆不堪。

我们都知道，德勒兹和加塔利主治哲学，而非科学的普及。但是，扔下一大堆消化不良的科学（以及伪科学）术语，可以达到什么哲学作用？我们认为最可能的说明是，这些作者在他们书写中展示的知识广泛却浮于表面。

二人合著的《什么是哲学？》（*What is Philosophy?*）是 1991 年法国的畅销书。其中的一个基本主题是哲学和科学的分野。根据德勒兹和加塔利之说，哲学处理"概念"（concepts）而科学处理"功能"（functions）。他们是这样描写这个对比的：

> 科学和哲学之间的第一个差别，是它们各自对混沌的态度。混沌并不是由无秩序（disorder）来定义，而是由每个形式在消失时成形的无限速度来定义。它是一个非虚无

[1] 哥德尔：德勒兹和加塔利（1994，第 121、137—139 页）。超限基数：德勒兹和加塔利（1994，第 120—121 页）。黎曼几何：德勒兹和加塔利（1987，第 32、373、482—486、556 [注] 页）；德勒兹和加塔利（1994，第 124、161、217 页）。量子力学：德勒兹和加塔利（1994，第 129—130 页）。这些还不是全部。

（nothingness）却**虚拟**（virtual）的空乏（void），包含所有可能的粒子，产生所有可能的形式，一涌现即刻消失，没有一致性或参考基准，也没有后果。混沌是诞生与消失的无穷速度。

（德勒兹和加塔利，1994，第 117—118 页，黑体为原文所有）

稍微说明一下，虽然书中接下来的地方，又在未加评论的情况下以科学的含义使用这一词语[2]，但是"混沌"一词在这里，不是以通常的科学含义使用（见第七章）[3]。他们继续说：

现在，哲学家想知道，如何借由**赋予虚拟者一种它特有的一致性**，来保持无穷速度同时又获得一致性。哲学的筛网如切穿混沌的内蕴性平面（plane of immanence），选择无穷的思考运动，且充满概念，这些概念的形成有如像思想一样飞快的一

---

[2] 德勒兹和加塔利（1994），第 156 页及注 [14]，特别是第 206 页及注 [7]。

[3] 德勒兹和加塔利的确在注释中请读者参考普利高津和斯唐热的书，在那里可以找到以下这段对于量子场论如画般的描述：

量子的真空是无的对立：它绝不是被动或惯性的，潜在的包含所有可能的粒子。这些粒子不停地从真空中冒出，马上又消失。

（普利高津和斯唐热，1988，第 162 页）

之后，普利高津和斯唐热论及某些关于宇宙起源的理论，牵涉到（在广义相对论中）量子真空的不稳定性，然后他们补充道：

这个描述令人想起一个超冷液体（被冷却却低于其凝固点以下的液体）的结晶化。在这种液体中，小的结晶核形成，但是接着会融化于无形。为了让这种核释放出会造成整个液体结晶的过程，必须使之达到一个临界大小，这有赖高度非线性的合作机制，称为"成核作用"（nucleation）。

（普利高津和斯唐热，1988，第 162—163 页）

因此，德勒兹和加塔利所用的"混沌"概念，是对于量子力场论的描述和对于一种超冷却液体的描述的语言拼凑。这两个物理学分支都和通常意义上的混沌理论（亦即，非线性动力系统理论）没有直接关系。

致粒子（consistent particles）。科学以一种完全不同的、几乎是相反的方式来接近混沌：它放弃无穷、无穷速度，以获得**能够实现虚拟的一个参考基准**。借由保有这个无穷，哲学透过概念赋予虚拟一致性；科学透过放弃无穷性，给予虚拟一个参考基准，而参考基准透过功能来实现虚拟。哲学以一个内蕴性平面或一致性来进行；科学则以一个参考基准的平面。在科学的情况中，它像一个凝结的架构。是一种想象的**减缓**（slowing down），而那物质是借由缓慢下来，也借由能够以命题穿透该物质的科学思考，才被实现。一个函数是一种慢动作（slow-motion）。当然，科学不断加速进展，不只在催化作用上，也在粒子加速器和使银河系分离的扩展（expansion）上。然而，对于这些现象而言，原初的减缓不是一个它们随之停止的零的片刻，而是与它们的整个发展共同扩展（coextensive）的一个条件。缓慢下来，是在混沌中设下极限（limit），所有速度都受制于它，以便它们形成一个确定为横坐标的变量，同时，这一极限形成一个无法被超越的通用常数（例如，收缩的最大限度）。第一个功能素（functive）因此是极限（limit）和变量（variable），而参考基准是值和变量之间的一种关系，或更深远地看，是变量（作为速度的横坐标）与极限的关系。

（德勒兹与加塔利，1994，第118—119页，黑体为原文所有）

这一段至少包含了一打科学名词[4]，既不押韵也没道理，而论述是在无意义的话（"一个函数是一种慢动作"）和废话（"科学不断加

---

[4] 例如：**无穷、速度、粒子、功能、催化、粒子加速器、扩展、星系、极限、变量、横坐标、通用常数、收缩**。

速进展"）之间摆荡。接下来的内容更让人大开眼界：

有时候，恒限（constant-limit）本身是会以宇宙整体中的一个关系出现，所有的部分在一个有限条件下（运动的量、作用力、能量）是隶属于这个全体的。再说一次，必定有一个坐标系统是关系词所指涉的：而这个就是极限的第二意义，一个外在的框限（external framing）或外参考基准（exoreference）。因为这些原初限制，在所有坐标之外，主动地产生速度横坐标，在其上设置可以调整对应的轴。一个粒子会有一个位置、一种能量、一个质量，以及一个自旋值（spin value），但条件是，粒子要接收一种物理存在或实际性，或者是在可以被坐标系统掌握的轨道上"着陆"。是这些第一类限制，构成了混沌中的减缓或无穷性之悬置阈（the threshold of suspension of the infinite），它当作一种内参考基准（endoreference）并进行一种计算：它们不是关系而是数目，但整个函数理论依靠它们。我们提到光速、绝对零度、作用量子、大爆炸：绝对零度是零下 273.15 摄氏度，光速每秒 299 796 公里，在那里长度缩到零而时钟停止。这类极限透过它们所呈现的经验值，不只在坐标系统中适用；它们首先是当作初始减缓速度的条件，与无穷性相关，延伸过相应速度的整个范围，延伸过其受条件限制的加速度或减缓。不只是这些速度的多样性，使我们能够去质疑单一的科学志业。事实上，每个限制本身都产生无法化约的、异质的坐标系统，根据变量的亲近与距离（例如，星系的距离），强加以不连续性的阈。科学被笼罩了，不是被它自己的统一性，而是被一切限制或边界所构成的参考平面所笼罩。科学透

158

过这些限制或边界而面对了混沌。正是这些边界赋予平面参考基准。至于坐标系统，它们充斥着参考平面本身。

（德勒兹与加塔利，1994，第 119—120 页）

稍加努力，我们就可以在这一段话中发现几个意味深长的短语[5]，但是它们所嵌入的这段论述却是毫无意义的。

接下去几页也差不多，我们就不想用它来烦扰读者了。但是容我们提醒，并不是书中所有引用科学术语的地方都是那么荒谬的。有些段落似乎谈到科学哲学中的严肃问题，例如：

一般而言，观察者既非不适当也非主观的：即使在量子力学中，海森堡的恶魔也未表示，在测量与被测量者主观互涉的基础上测量一个粒子的速度和位置是不可能的，而是它精确地测量客观事态，将它的两个粒子的个别位置留在实现的领域之外，独立变量的数目被降低，坐标值有同样的概率。

（德勒兹与加塔利，1994，第 129 页）

这段文本的开始对量子力学的诠释似乎发人深省，但结尾（从"将它的两个粒子"开始）完全没有任何意义。然后他们继续说：

热力学、相对论，以及量子力学的主观主义诠释，显示同样的不适当。透视主义（perspectivism），或说科学相对主义，绝不是相对于一个主体的：它所建构的并不是真理的相对性，相反的，是相对者的真理，也就是说，变量的真理，根据变量

---

[5] 例如："光速……在那里长度缩到零而时钟停止"的陈述并不是错的，但可能会造成混淆。要正确了解它，我们必须具备有关相对论的充分知识。

所在之坐标系统里抽取出来的值，去安排各变量的情形（在这坐标系统里，圆锥截面的次序之排列依照的是其顶端被眼睛占据的圆锥的各个截面的次序）。

（德勒兹与加塔利，1994，第 129—130 页）

再一次的，即使开始的部分还模糊影射到科学哲学，本段结尾部分又是不知所云。[6]

如出一辙，德勒兹与加塔利好像在讨论数学哲学的问题：

当其中一个变量的幂次高于第一个变量的时候，变量各自的独立性便出现在数学当中。这就是为什么黑格尔指出，函数的变异性不受限于可以被改变的值（2/3 或 4/6），或使之未决（$a=2b$），而是要让其中一个变量在比较高的幂次（$y^2/x=P$）。[7] 因为如此之后，一个关系才可以直接被决定为微分关系 dy/dx，当中，变量值的唯一决定是消失的决定或出生的决定，即使它是从无穷的速度中强取而来的。一种事物状态或"导数"函数（"derivative" function）有赖于这种关系：去位势（depotentialization）的运算一直进行，使不同幂次的比较成为可能，一个事物或躯体大可能从这里开始发展（积分法）。一般而言，一个事物状态并不实现一种混沌的虚拟（a chaotic virtual），而不从中提出一个分散在坐标系统的**位**

160

---

[6] 对于上面这段话有个有趣的阐释，风格一如原文，见亚利兹（Alliez，1993，第 2 章）。

[7] 这个句子重蹈了黑格尔混淆的覆辙（1989［1812］，第 251—253、277—278 页），黑格尔认为 y^2/x 这种分数基本上不同于 a/b 这种分数。如哲学家德桑提（J. T. Desanti）所说："这种命题只会让一种'数学思维'感到惊讶，他会把这些命题视为荒谬。"（德桑提，1975，第 43 页）

势（potential）。由它所实现的虚拟当中，它提出一个它挪用的位势。

（德勒兹与加塔利，1994，第 122 页，黑体为原文所有）

这里，德勒兹和加塔利重复使用原本出现在德勒兹《差异与重复》里的旧观念，福柯称该书是"伟大著作中之最者"。书中有两个地方，德勒兹讨论微分和积分概念基础里的古典问题。自从这一数学分支在 17 世纪出现于牛顿和莱布尼兹的作品中，对于"无穷小的"量如 dx 和 dy 的使用，就出现有力的反对。[8] 这些问题已被达朗贝尔（d'Alembert）与柯西分别于 1760 年以及 1820 年左右发表的著作解决，他们引进了严格的**极限**概念——自 19 世纪中以来在所有微积分教科书中都会教的一个概念。[9] 然而，德勒兹在这些问题上进行了又长又混乱的思索，我们只摘录几个最具代表性的段落[10]：

> 我们必须说代命题（vice-diction）[11] 还没有达到矛盾的程度，因为它只考虑到属性？事实上，"无穷小的差异"（infinitely small difference）这一说法的确暗示着，就直觉而言，差异会消失。然而，一旦差异找到它的概念，却是直觉本身为了微分关系（differential relation）而消失，就像说 dx 在与 x 的

----

[8] 出现在导数 dy/dx 以及积分 ∫f(x)dx 中。

[9] 历史性的说明，可参见波依尔（Boyer, 1959 [1949]，第 247—250、267—277 页）。

[10] 德勒兹对于微积分的进一步评论，见德勒兹（1994，第 43、170—178、182—183、201、209—211、244、264、280—281 页）。其他对于数学概念的思索，混杂着陈词滥调与胡说八道，参见德勒兹（1994，第 179—181、202、232—234、237—238 页）；关于物理学，见德勒兹（1994，第 117、222—226、228—229、240、318 [注]页）。

[11] 先前一段有如下定义："这个无限小的程序维持了本质（essences）的区别（即一者扮演的角色比另一者更不可或缺），是相当不同于矛盾的。因此，我们应该给它一个特别的称呼，即'代命题'。"（德勒兹，1994，第 46 页）

关系中是极小的，dy 在与 y 的关系中是极小的，但是 dy/dx
是内在的质的关系，表达出一个独立于特别数值的函数普遍
性。[12] 但是，如果这关系没有数值上的确定性，它确实有对
应于不同形式和方程式的变化程度。这些程度本身像是普遍的
关系，而微分关系在这个意义上是被扣在一个交叉决定的过程
中，这一转化过程解释了可变系数的相互依赖性。但是再说
一次，**交叉决定**（reciprocal determination）只表达了一个确实
的理性原则的第一个方面；第二个方面是**完全决定**（complete
determination）。因为，视作一个给定函数之普遍项的每个程
度或关系，决定不同点与在相应曲线上的存在分配。这里我
们必须非常小心，不要混淆"完全"（complete）和"完成的"
（completed）。例如，对一个曲线方程式，差别是微分关系只
指涉由曲线的性质所决定的直线。这已经是对客体的完全决
定，但是它只表示出整个客体的一部分，也就是视为"衍生"
的部分（另一部分，以所谓的原始函数表示的，只能有积分
［integration］才找得出来，积分不仅仅是逆微分化。[13] 同样，
是积分法界定了先前决定之不同点［distinctive point］的本
质）。这就是为什么一个客体可以完全被决定，虽然如此，还
不必具有单独便构成其实际存在的完整性（integrity）。然而，
在交叉决定和完全决定的双重意义上，极限似乎与幂重合了。
极限是由收敛（convergence）所界定的。一个函数的数值在微
分关系中找到它们的极限：微分关系在变动的等集中找到它们

162

---

［12］　这充其量是用一个非常复杂的方式，说传统的计法 dy/dx 指称一个客体，即函数
　　　　y(x) 的导数，但不是两个量 dy 和 dx 的商。
［13］　在单一变量之函数的微积分中，积分的确是微分法的逆反，与一个加成的常数相
　　　　近（至少对充分平滑的函数而言）。至于数个变量的函数情况较为复杂。可以想
　　　　象德勒兹指的是后者，但如果真是这样，是以非常混乱的方式来说明。

的极限。而在每一个等级上，不同的点也即在分析上一个一个连续下去的级数的极限。不只微分关系是位势的纯粹成分，极限更是连续统的幂（power of the continuous）[14]，如同连续统是这些极限本身的幂。

（德勒兹，1994，第46—47页，黑体为原文所有）

163　　　如同我们把差异（difference）本身对立于否定性（negativity）一样，我们也将 dx 对立于非 A（not-A），差异的符号（Differenzphilosophie）对立于矛盾的符号。的确，矛盾在最大差异这一边寻找它的**理型**（Idea），而微分冒着落入无穷小的深渊的危险。然而，这不是形构问题的方式：把符号 dx 的值连到无穷小的存在上是一个错误；但是以排斥后者为名，拒绝给它任何本体论（ontological）或知识论（gnoseological）的值，也是一个错误。……一般微分哲学的原则必须作为严格阐释的对象，也绝不得依赖无限小。[15] 符号 dx 的出现，同时是未决定的、可决定的和决定。三个原则共同形成对应这三个面向的充分原因：可决定性的原则对应于未被决定者本身（dx, dy）；交叉决定的原则对应于真正可决定的（dy/dx）；完全决定的原则对应于已有效决定的（dy/dx 的值）。简言之，dx 即是理型——柏拉图的、莱布尼兹的或康德的理型、"问题"及其存有。

（德勒兹，1994，第170—171页，黑体为原文所有）

---

[14] 数学名词"puissance du continu"，正确的英文翻译应是"power of the continuum"（连续统幂）。见第三章注［3］对此概念的简短说明。
　　　德勒兹虽这么说，"极限"和"连续统幂"还是两个完全不同的概念。事实上，"极限"的观念与"实数"的观念相关，而实数的集合有连续统幂。但德勒兹的说法充其量不过是过度混淆罢了。

[15] 这倒是真的；但是，就数学而言，这种严格的解释已存在150多年了。奇怪，哲学家怎么就把它忽略了。

微分关系呈现出的第三个元素，即纯位势（pure potentiality）。幂是交叉决定的形式，据此，变量被当作是彼此的函数。结果，微积分只考虑那些大小量，其中至少有一者的幂次高于另一者。[16] 无疑，微积分的第一步在于将方程式"去位势化"（例如，我们不写 $2ax\text{-}x^2=y^2$，而是 $dy/dx=(a\text{-}x)/y$）。然而，类比或可在两个先前的表中找到，在那里，**量子**（quantum）和**量性**（quantitas）的消失是可定量性（quantitablilty）元素出现的条件，而去质化（disqualification）是可定质性（qualitability）元素消失的条件。这次，跟随拉格朗日（Lagrange）的说明，去位势化限制了纯位势，借着让在由 i 的幂次（未决定的量）和这些幂次的系数（x 的新函数）构成的级数中的一个变量之函数进行开方，如此，该变量的开方函数可以和其他的函数相比。位势的纯粹成分出现在第一的系数或第一个导数，其他的导数以及接下来的所有的级数项由同样运算的重复而得。然而，整个问题所在，正是在于决定这本身独立于 i 的这第一个系数。[17]

（德勒兹，1994，第 174—175 页，黑体为原文所有）

如此一来，还有客体的另一部分是由实现（actualisation）所决定的。数学家问：由所谓的原始函数所表示的这另一部分是什么？在此意义上，积分绝非逆微分[18]，而是一个分化

---

[16]　这一句子重犯了黑格尔的混淆，见本章注 [7] 所提。

[17]　用这种方式介绍泰勒级数（Taylor series）是极端的卖弄，我们怀疑，若不是已经知道这个主题的人，有谁会懂这一段文字。再说，德勒兹（还有黑格尔）所说的，是以"函数"的古老定义为基础，可溯至拉格朗日（约 1770 年），但是自从柯西的作品（1821）出现之后就被取代了。可参见，波依尔（1959［1949］，第 251—253、267—277 页）。

[18]　见本章注 [13]。

（differenciation）的原始过程。微分决定了作为问题的理型的
虚拟内容，而分化则表达出这虚态的实现及解的构成（借由局
部积分法［local integration］）。分化像是差异的第二部分，而
为了指称客体的完整性或积分性（integrality），我们需要复杂
的微分法／差异化（different/ciation）。

（德勒兹，1994，第 209 页，黑体为原文所有）

165　这些文段中有少数几个句子可以读懂——有些陈腐老套，有些则是
错的——我们在注释中已做了说明。其他的，留给读者去判断。根
本的问题是：对于大家都已经知道了一百五十年的数学对象，做这
些神秘化的陈述又有何用？

　　再让我们来看看另一本"伟大著作中之最"的书——《意思的
逻辑》，我们可以发现以下这段惊人的话：

　　　　第一，奇异点－事件（singularities-events）对应于异
质的序列，后者被组织到一个既非稳定亦非不稳定的系
统，而是"亚稳定"的（metastable）系统，它被赋予一
个势能（potential energy），系列之间的差异在此中被分
配。（势能是纯粹事件的能量，而实现形式则对应于事件的
实现［realization］。）第二，奇异点控制着自动统一（auto-
unification）的过程，总是可流动的而被取代到一种程度：一
个矛盾的元素横越序列，使之回响，将互为对应的奇点
（singular point）包纳到单一的随机点，而所有的发散（每一次
的掷骰子）包纳到单独的一掷。第三，奇异点或位势萦绕于表
面。每件事都发生在表面结晶当中，而结晶只在边缘发展。无

疑，一个有机体不是以同样的方式发展的。有机体不会停止在一个内部空间收缩，并在一个外部空间扩张——去同化并且外部化。但是细胞膜（membranes）也一样重要，因为它负载位势，并再产生极性（polarities）。它们使外在和内在的空间接触，不论距离。内在与外在、深度与高度，只有透过这种拓扑曲面接触才有生物学价值。因此，甚至在生物学上，也必须了解"最深刻的就是皮肤"。皮肤有一种生命力和适当的曲面势能（superficial potential energy），任它处置。而就像事件并不占据曲面而是常常接触它，表面的能量也不在曲面**局部化**，而是与其形构和再形构紧密相连。

166

　　　　　（德勒兹，1990，第103—104页，黑体为原文所有）

这段文字再次预示了德勒兹后来和加塔利合写之作品的风格——充塞着技术名词[19]；但是，除了细胞透过细胞膜和外界沟通这样了无新意的观察以外，当中既无逻辑也无意义。

　　让我们从加塔利自己所写的书《混沌宇宙》（*Chaosmosis*）引一小段作结论。这段文字把科学、伪科学和哲学的术语全部拼凑在一起，精彩程度为我们所仅见；只有天才才写得出来。

　　　我们可以清楚地看到，在线性的表意联系或大书写（archi-

---

[19]　例如：**奇异点、稳定、不稳定、亚稳定、势能、奇点、结晶、细胞膜、极性、拓扑曲面**。德勒兹的辩护者或许会辩称，他在此使用这些词语，是取其隐喻或哲学的意思。但是，接下来的一段，德勒兹讨论"奇异点"和"奇点"，用的是取自微分方程式理论中的数学名词（cols, noeuds, foyers, centres），并继续在批注中引用一本关于微分方程式的书中的一段话，此书把"奇异点"和"奇点"等词当数学专有名词使用。也可参见德勒兹（1990，第50、54、339—340［注］页）。德勒兹当然可以随他喜欢赋予这些字词更多的意思，我们悉听尊便，但是这样的话，他应该区分两个（或多个）意思的差别，并提供论证说明彼此的关系。

writing）（视作者而定）和这个多指涉、多维度的机械催化作用之间，没有任何双－单义的对应（bi-univocal correspondence）。比例的对称性、横截性（transversality）、其延伸者消极的非推理（non-discursive）性格：所有这些维度将我们移离排中逻辑，并强化着我们对先前批评的本体论二分法时的摒斥。一个机器的组装，透过它的各种成分，借由穿过本体论的阈、不可逆性的非线性阈、本体和种系生发（phylogenetic）的阈、异质生发和自体生成（autopoiesis）的创造阈，来萃取其一致性。比例的概念需要延伸，在本体论的层次考虑碎形的对称。

167　　　　碎形机器横越的是本质的比例尺（substantial scales）。在产生比例尺的时候横越它们。但是，以下所说的也应该加以注意，它们所"发明"的存在纵坐标（existential ordinates）总是已经在那里。这一吊诡如何能获得支持？是因为一旦允许组装逃离能量—空间—时间的坐标，每件事都变成可能的（包括勒内·托姆提出的时间的倒退性平滑［recessive smoothing of time］）。而在这里，我们再一次需要重新发现一种存在于存在之外却与其自身同一的存在方式（a manner of being of Being without being）——以前、以后、这里以及其他各个地方；一个行列式的、复调式的存在，根据启动其虚拟组成的无穷速度，它可以被有无限复杂化可能的纹理质感所奇异化（singularisable）。

　　这里提倡的本体的相对性（ontological relativity），是和宣述的相对性（enunciative relativity）不可分的。对于一个大宇宙的知识（取天文物理学或价值学［axiology］的意义）只有透过自体生成之机器的沉思才有可能。一个自我归属的区域必须在某个地方存在，才可能使任何存在或存在的模态进入认知的存在（cognitive existence）。在这机器／大宇宙（Universe）的耦合以外，存在只有一个虚体的纯然状态。对于它们的宣述坐标而言亦然。生物圈和机械圈，聚集一种空间、时间和能量的视角，耦联与这个星球之上。它们勾勒出我们的星系构成之一角度。在这特定化的视角之外，大宇宙的其余部分的存在（在此处及后文我们所理解的存在的意义上），就只有透过其他自体生成机器在其他遍散于众宇宙间的生物－机械圈中心的虚拟存在。虽然如此，空间、时间和能量之视角的相对性，却不会将实在吸入梦境。时间的范畴消融在对于大爆炸的宇宙反思中，即使不可逆性的范畴是受到肯定的。剩余的客观性，是那种通过可在其上构成的观点的无穷变化来抗拒扫描的东西。想象一个其粒子是由星系所建构的自体生成实体。或者，反过来，一个在夸克的比例上构成的认知性（cognitivity）。一个不同的全景，另一种本体的一致性。机械圈抽出并实现那存在于虚性场域里无限多他者之中的组态（configurations）。存在的机器是和在其内在多重性中的存在处于同一层次的。它们不透过超越意符的中介，而由一个单义的本体论基础所包摄。它们对于自己，是自身符号表达的质料。存在作为一种去地域化（deterritorialisation）的过程，是一个具体的机器间的操作（inter-machinic operation）。但是，我重复，对于这些去地域化过程，没有任何通用的语法，存在不是辩证的，不是可再现的，甚至几乎适宜居住！ 168

（加塔利，1995，第50—52页）

　　读者如果对于德勒兹和加塔利作品中无所不在的伪科学语言还有怀疑的话，除了注释中提到的书以外，请参考《什么是哲学？》[20]的第20—24、32、36—42、50、117—133、135—142、151—162、197、202—207及214—217页，以及《千高原》（*A Thousand Plateaus*）的第32—33、142—143、211—212、251—252、293—295、361—365、369—374、389—390、461、469—473以及482—490页。上面所列绝对不是全部。此外，加塔利有关将张量积分（tensor calculus）应用于心理学的文章（1988）更是难得一见。[21]

---

[20] 事实上，这本书里密密麻麻是数学、科学以及伪科学的术语，但大多数是以一种完全随意的方式在使用。

[21] 精心研究德勒兹和加塔利伪科学的学术文章的例子，可参见罗森博格（1993）、坎宁（1994）以及最近以"德勒兹加塔利和物质"（Deleuze Guattari and Matter）为主题的学术会议（华威大学，1997）。

第十章　保罗·维利里奥

　　建筑师与都市计划者、特殊建筑学校（École Spéciale d'Archtecture）的前任校长，保罗·维利里奥，从战争的经验出发，对速度和空间提出质疑。对他来说，时间的支配涉及权力。这位研究者博学多识、横跨空间距离与时间距离，打开一重要的哲学领域，他称之为"速度支配"（dromocracy）（源于希腊语 "*dromos*"，意思是速度）。[1]

　　　　　　　　　　　　　——《世界》（*Le Monde*）（1984b，第 195 页）

　　保罗·维利里奥著作之主题主要围绕科技、沟通和速度。对于　　169
物理学，特别是相对论，多有涉及。虽然维利里奥的文句比起德勒兹和加塔利稍微有意义一点，但其中所呈现的"科学"，却是极度的混淆与疯狂幻想的混合。此外，他对于物理学和社会问题的类比，是最任意的想象，就只是陶醉在自己的文字中。我们承认对维利里奥的政治观及社会观有同感；但是，其因并不在其伪物理学。

　　《世界》所吹嘘的博学多识，容我们举一个小小的例证说明：

---

[1] 拉法尔（Revel）记注道（1997），"*dromos*" 并不是"速度"的意思，而意为"过程、竞逐、跑"；希腊文中表示"速度"的字是 "*tachos*"。或许错在《世界》，因为维利里奥（1997，第 22 页）给了正确的定义。

近来特大城市（MEGALOPOLITAN）的过度集中化（墨西哥市、东京……），本身是因为经济交换的加速而形成，因此有必要重新考虑加速度（ACCELERATION）和减速度（DECELERATION）观念（物理学家称为正和负的速度）的重要性……

（维利里奥，1995，第24页，楷体在原文中为大写）[2]

这里，维利里奥混谈速度（velocity［vitesse］）和加速度（acceleration）两个基本的运动学（kinematics，对运动的描述）概念，每一门物理学概论课程一开始时都会对此二者加以介绍，并仔细区分。[3]或许这个混淆没什么大碍；但对于一个被称为速度哲学专家之人士而言，还是有些令人惊讶。

维利里奥由相对论得到灵感，继续写道：

我们如何在不求助于某种新型区间的情况下，充分理解光的种类的收敛区间（**THE INTERVAL OF THE LIGHT KIND**）（中立的记号）呢？相对论对于第三类型区间的创造，其本身实际上是一种未受瞩目的文化启示。

如果时间区间（正号）和空间区间（负号）已透过农地区域（分散为地块）和都市区域（地籍图系统）的几何设计，

---

[2] 这一段由我们自己翻译。对已出版的英译本的批评（维利里奥，1993，第5页以及1997，第12页），见下注。

[3] 加速度是**变化速率**（rate of change）。这种混淆在维利里奥的作品中比比皆是：例见维利里奥（1997，第31、32、43、142页）。维利里奥的一位译者（维利里奥，1993，第5页）使错误变本加厉，把"vitesse"（速度）转译成"speed"（速率），而不是"velocity"（速度）。在物理学的英文用法中，"速率"是指速度向量的长度，所以绝不可能是负的。另一位译者（维利里奥，1997，第12页）则试图改善这一错误，在"正或负的速度"之前加入"向量"（vector quantities）一词（法文原文中并没有）：这一个插入虽然正确，但是却未触及速度和加速度之间的根本混淆。

展开世界的地理和历史，日历的组织和时间的测量（钟）也主导了对于人类社会广大的时序政治管制（chronopolitical regulation）。因此，最近出现的第三类型区间，标示着一种突然的质的飞跃，一种人与其环境之间的深刻变更。

现在若没有光（极限速率），光速的宇宙常数，就无法想 171
象时间（延续）和空间（延伸）……

（维利里奥，1995，第25页；维利里奥，1997，第12—13页；

楷体在原文为大写）

的确，在狭义相对论中，会介绍"类空"（space-like）、"类时"（time-like）、"类光"（light-like）的区间，其"不变长度"分别为正、负、零（根据一般的约定）。然而，这些时空中的区间，和我们习惯上说的"空间"和"时间"不同。[4]尤其是，它们和"世界的地理和历史"或者"人类社会的时序政治管制"没有任何关系。"最近出现的第三类型区间"则不过一个卖弄的表达，指的其实是现代的远距通信（telecommunications）。这一段中，维利里奥完美地展现出如何将一个陈腐的观察包装在复杂的术语当中。

接下来的内容更令人吃惊：

听听物理学家谈粒子的逻辑："一个表象是由一个交换的可观察项之完整集合所界定的。（A representation is defined by a complete set of commuting observables.）"（关塔努齐［G. Cohen Tannoudji］与M. 斯皮罗［M. Spiro］，《物质 - 空间 - 时间》［*La matière-espace-temps*］，巴黎，法雅出版社，1986），这句话对

---

［4］ 泰勒和惠勒（Taylor and Wheeler，1966）的著作对时空区间的概念有精彩的介绍。

于这种突然的"远距区域交换"（teletopical commutation）之真时（REAL-TIME）技术的宏观逻辑，描述得再好不过，"远距区域交换"则把至今一直是"人的城市"（City of Man）基本的"区域"（topical）性质的东西，变得整全而完美。

（维利里奥，1995，第26页，楷体部分原文为大写[5]）

"一个表象是由一个交换的可观察项之完整集合所界定的"，这句话是**量子力学**（而非相对论）中相当普通的技术表达。和"真时"或任何"宏观逻辑"（完全相反的，它指的是微观物理学）没有任何关系，更别说"远距区域交换"或"人的城市"。但最重要的，为了要了解这句话确实的意思，必须认真研究物理学和数学好几年。维利里奥竟能**清醒地**照抄一句他显然不懂的句子，加上一个全然随意的评论，还被编者、评论者及读者认真看待，我们觉得很不可思议。[6][7]

172

---

[5] 这一段由我们自己翻译。对已出版之英译本的批评（维利里奥，1993，第6页以及1997，第13页）见下注。

[6] 维利里奥的英译者们（我们很难期待他们拥有物理学的技术知识）同样把这个句子给译糊了。一者译为"一个表象是由前后摇动的可观察项之总和所界定的（A representation is defined by a sum of observables that are flickering back and forth）"（维利里奥，1993，第6页），另一者则译为"一个展示是由一整组交换的可观察项所界定的（A display is defined by a complete set of observables that commutate）"（维利里奥，1997，第13页）。

[7] 维利里奥的这篇文章收录在一本书中，这本书受到美国一本文学研究期刊如下的称赞：

重新思考科技，对于今天科技文化的分析形成重要的贡献。对于那些老是认为后现代只是个时髦词语或空洞流行的人来说，这个看法必然会和他们相冲突。有人喋喋不休，抱怨文化理论和批判理论"太抽象"、完全远离现实、欠缺伦理价值，最甚的是无法符合**博学多闻**、**整体思考**、**知性的严格**及创意批判的要求，这些批评论调只会自行瓦解……这本文集收录了几位知名文化批评家及艺术和科学理论家的最新力作，像维利里奥、加塔利……

（加蓬［Gabon］，1994，第119—120页，黑体由笔者所加）

看评论者卖力去了解（也以为他了解）维利里奥关于相对论的异想天开很有意思。但是恐怕要有更有力的论证，才能瓦解我们"喋喋不休的批评"。

维利里奥的作品中充斥着这种伪科学的词。[8]以下是另一个例子：

> 当"真时"的**界面**（interface）接管了古典的"区间"，当**距离**突然让位给传输和实时接收的权力，对于空气、水、玻璃的透明性——也可以说，我们周遭事物的"真实空间"——会有什么影响？……透明性不再是由光线（太阳的或电力的）所组成，而是以光速传输的粒子（电子或光子）。
>
> （维利里奥，1989，第129页；维利里奥，1990，第107页，黑体为原文所有）

值得一谈的部分是，与光子不同，电子有一个非零的质量，因此不能以光速来运动，似乎因为维利里奥对相对论情有独钟。

接下来，维利里奥继续乱丢科学术语，还辅以他自己的发明（远距拓扑学［teletopology］、时序复制［chronoscopy］）：

> 物质的直接透明性之移除最初是因为……**波动光学**（undulatory optics）随同古典**几何光学**（geometric optics）的有效使用。同样，沿着欧氏几何学，我们可以发现一个非欧氏的、拓扑学的几何学，摄影机镜头和望远镜的几何学之被动光学（passive optics）是伴随着光电波（optoelectric wave）之**远距拓扑学**的主动光学。
>
> 传统的年代学（chronology）——未来、现在、过去——

---

[8]　特别是《批评的空间》（*L'Espace crtique*，1984）、《极性的惯性》（*L'Inertie polaire*，1990）和《解放的速度》（*La Vitesse de liberation*，1995）。第一本书被翻译为《失去的向度》（*The Lost Dimension*，1991），第三本译成《开放的天空》（*Open Sky*，1997）。

已被时序复制所取代——低度曝光、曝光、过度曝光。时间类型（正号）的区间和空间类型（负片，和底片上的感光面同名）的区间只以光来刻记，第三类型区间中零代表绝对速率。因此，照相感光片上的曝光时间就只是照片感光物质对于光速的时间的（时空的）曝光，最终，也就是对于光子波频率的曝光。

> （维利里奥，1989，第 129 页；维利里奥，1990，第 108—
> 109 页；黑体为原文所有，楷体原文中为大写）

这是光学、几何学、相对论和摄影学的大杂烩，毋庸多言。

容我们以这个小惊异来结束对维利里奥论速度之作品的阅读：

> 还记得速度球面的空间（dromospheric space），空间－速度，物理学上是由所谓的"逻辑斯谛方程"（logistic equation）所描述的，"逻辑斯谛方程"是质量和其位移速率之乘积的结果，$M \times V$。
>
> （维利里奥，1984，第 176 页；维利里奥，1991，第 136 页[9]）

逻辑斯谛方程是人口生物学（及其他领域）中所研究的一种微分方程式；表示为 $dx/dt = \lambda x (1-x)$，是由数学家费尔哈斯（Verhulst）于 1838 年引入，和 $M \times V$ 无关。牛顿力学中，$M \times V$ 称为"动量"（momentum）；相对论力学中，$M \times V$ 则根本没有出现。速度球面的空间是维利里奥自己的发明。

当然，这类型的作品中没有谈谈哥德尔定理是不完整的：

---

[9] 我们已经更正了译文中一个排版上的错误，他们把"espace dromosphérique"翻译成"dromospheric sphere"（速度球面的球面）而不是"dromospheric space"（速度球面的空间）。

　　这种数字和几何图形的浮动，这种维度的中断和超验的数学，导引我们向科学理论所展望的超现实主义顶峰，哥德尔的定理是极致：存在证明（the existential proof），在数学上证明一个物体的存在而不必产生该物体的一种方法……

　　　　　　　　　　　　　　　　（维利里奥，1991，第66页）

事实上，存在证明比哥德尔的工作早得多；对照之下，哥德尔定理的证明是完全建构性的：它提出一个命题，在所考虑的系统中（假设这系统是一致的）是既不可证明，也不能证伪的。[10]

　　接下来更是登峰造极：

　　当时间的深度取代可感空间的深度；当界面的交换取代表面的划限；当透明性重新建立表象（appearance）；然后我们会开始想，我们坚持称为**空间**的东西事实上是否是**光**，一种意识阈下的、特异光学的光，而阳光只是它的相位或反射。这个光发生在一个以实时的时间曝光（time exposure）所衡量的连续期间，而不是历史或年代学的时间进程。这一没有连续的瞬间时间，就是"曝光时间"。不论它是低度曝光或过度曝光。它的照相摄影及电影摄影的技术已经预告了一个剥除所有物理面向的连续性时间，其中，能量运动的量子和摄影观察的刺点（punctum），突然变成一个消失的形态学其实（morphological reality）的最后痕迹。被转化为一种相对性的永恒呈现——其拓扑学和目的论的厚度和深度属于这种最终衡量工具——之后，这种光速有一个方向，既是其大小也是其维度，而且以同

175

────────────

[10] 参见，纳格尔与纽曼（Nagel and Newman, 1958）。

样的速度，从衡量宇宙的所有辐射的方向，传播自身。

（维利里奥，1984，第77页；维利里奥，1991，第63—64页；

黑体部分为原文所有）

这一段在法文原文中以洋洋洒洒193词的独句呈现，可惜其"诗意"非翻译所能完全掌握的——读之有如笔下腹泻，是我们碰过的最佳示范。然而就我们所见，这段话没有任何意义。

第十一章　哥德尔定理和集合理论：
几个误用的例子

　　自从哥德尔展示了可在其理论内形式化的皮亚诺算术之协调性的证明并不存在（1931），政治科学家就有办法了解，为什么要将列宁的遗体保存在一座位于国家公社中心的陵园中，给"偶尔"来访的同志瞻仰。

——雷吉斯·德布雷（Régis Debray），《书记》

（*Le Scribe*）（1980，第 70 页）

　　谈到与社会学相关的封闭和开放的问题时，雷吉斯·德布雷将哥德尔定理应用上去，不只提纲挈领，也一举总结先前 200 年的历史与作品。

——米歇尔·塞尔（Michel Serres），《科学思想史》

（*A History of Scientific Thought*）（1995，第 452 页）

　　哥德尔定理一再被误用，如取之不竭的源头：我们已经有了克里斯蒂娃和维利里奥的例子，这个题目很容易就可以写成一本书。本章将举出一些相当显著的例子，在其中，哥德尔定理和其他概念被抽离数学根据，挪用到社会和政治的领域。

社会批评家雷吉斯·德布雷的理论著作《政治理性的批判》（*Critique of Political Reason*），其中一章专门解释"集体疯狂最终的根据，是在一个本身没有任何基础的逻辑公理中：不完备性（incompleteness）"。[1]这个"公理"（也称"论旨"或"定理"）是以相当夸大的方式被引入的：

177

> 造成我们集体惨况的"秘密"，任何政治历史，过去、现在、未来，其先验条件的"秘密"，或许可以用几句简单，甚至是幼稚的话来陈述。如果我们记得，剩余劳动和无意识都可以用一句话来定义（还有，物理科学中广义相对论的方程式可以用三个字母表示），就不会有混淆简单性和过度简化的危险。这秘密有一逻辑法则的形式，哥德尔定理的延伸：**没有封闭性的组织系统不可能存在，而没有系统可以只单由其内部元素来封闭它。**
>
> （德布雷，1983，第169—170页，黑体为原文所有）

我们且略过对广义相对论的指涉。比较严重的是，他提到关于数学逻辑中特定形式系统之特性的哥德尔定理，以解释"造成我们集体惨况的秘密"。这个定理和社会学问题之间，根本就没有逻辑关系。[2]

然而，德布雷由他"哥德尔定理的延伸"所提出的结论却相当

---

[1] 德布雷（1981，第10页）
[2] 这里的引文比较陈旧；但是在《媒体宣言》（*Media Manifestos*）（1994，第12页以及1996a，第4页）中，也可以找到同样的说法。然而在后来，德布雷似乎退回到较谨慎的立场：最近一篇讲义中（德布雷，1996a），他承认"哥德尔炎（Gödelitis）是一个泛滥的疾病"（第6页）而"把科学结果挪用到其具体相关领域之外将它通则化，会导致……很大的错误"（第7页）；他也说，他对于哥德尔定理的使用，用意"只是在作为隐喻或同构模拟（isomorhic）"（第7页）。

壮观。例如：

> 　　就像如果一个个体会生出自己，那就是生物学上的矛盾
> （完整的无性生殖，是生物学上的困境）。同样，集体的自我治
> 理——所谓的"民治"——是逻辑上矛盾的运作（"普遍化的
> 工人统治"即政治的困境）。
>
> （德布雷，1983，第 177 页）

178

同样的还有：

> 　　很自然，群体应会有某种非理性的东西，因为如果没有，
> 就不会有群体。如果其中有什么神秘之处也是正面的，因为一
> 个去神秘化的社会将是个瓦解的社会。
>
> （德布雷，1983，第 176 页）

因此，根据德布雷的说法，民治的政府和去神秘化的社会都是不可能的，而且显然有严格的逻辑理由。

　　但是如果这论证是有效的，大可以用它来证明上帝的存在，像以下这段话所暗示的：

> 　　不完备定理规定，根据定义，一个集合不能是一个斯宾诺
> 莎所谓的实体：某种在自己中存在、由自己所感知的东西。它
> 需要有一个起因（来产生它），而它不是自己的起因。
>
> （德布雷，1983，第 177 页）

然而，德布雷却否定上帝的存在（第176页），没有说明为什么上帝的存在不正同样也是他的"定理"的"逻辑"结果。

根本原因是，德布雷从未说明哥德尔定理在他的论证中应该要扮演什么角色。如果他想直接采用该定理来对社会组织做推论，那他就错了。另一方面，如果哥德尔定理是被当作一个隐喻来使用，那么它可能带有暗示性，但绝不具证明作用。德布雷若要支持他的社会学或历史论旨，就必须提供处理人类及其社会行为的论证，而不是数学逻辑。

哥德尔定理在一万年或一百万年之后还是真的，但是没有人能说人类社会在那么久之后的未来会是什么样子。诉诸此一定理，让人觉得这些命题有一种"永恒"的性质，至少在一个既定的环境和既定的时间中是有效的。的确，提到假定内存于"完整无性生殖"中的"生物学上的矛盾"，今天看起来有点过时——显示了在"应用"哥德尔定理时必须小心谨慎。

德布雷的这个观念其实并不是那么了不起，所以看到知名的哲学家塞尔将它抬高到一个"哥德尔－德布雷原则"[3]，我们大吃一惊。他解释道：

> 由于不完备定理对于形式系统有效，德布雷将之运用到社会群体，或发现它是可以适用于此的，并且展示社会只能在如下条件中组织自己：也就是，在非自己的某物、外在于自己的定义或边界的某物中，找到自己的基础。它们本身是不可能自足的。他称这个基础是宗教性的。他以哥德尔完成了柏格森的作品——柏格森的《道德与宗教的两个来源》（*Les Deux*

[3] 塞尔（1995，第451页）。对此"原则"所做的批判，见东布尔（Dhombres，1994，第195页）。

Sources de Jdmorale et de la religion）将封闭与开放的社会区分
出来。不，他说，内在的一贯性是由外在所保证的：群体只有
开放时才会封闭。圣人、天才、英雄、模范，和各式各样的斗
士并不破坏体制，而是使体制成为可能。

（塞尔，1995，第 449—450 页）

他继续说：

> 柏格森以降，最著名的史学家也都仿效他《道德与宗教的
> 两个来源》一书……德布雷并不像他们一样模仿，他解决问
> 题。历史学家描述社会或概念界限的跨越或逾越，但对它却不
> 了解，因为他们向柏格森借来现成的模型，那是柏格森以卡诺
> （Sadi Carnot）和热力学为基础建立起来的。德布雷则建构自
> 己的模型，因此也掌握了一个新的模型，以哥德尔和逻辑系统
> 为基础。
>
> 哥德尔和德布雷的贡献具有决定性，使我们脱离古代的模
> 型和重复。

（塞尔，1995，第 450 页）

180

塞尔继续将这个"哥德尔－德布雷原则"运用到科学史[4]，但跟在
政治中一样，两者是搭不上关系的。

我们最后要举的例子令人想起索卡尔的谐拟文，他玩弄"选

---

[4] 在我们发现此段之处，塞尔还谈到古代王朝，写道："神职人员在社会中占有一个
非常明确的位置。治人亦治于人，不治于人亦不治人，在每一个治人和治于人的
阶级，这个位置不属于其中任何一者，不属于治于人者或治人者。"（塞尔，1995，
第 453 页）

择"（choice）一词，在数学集合理论的选择公理[5]和争取堕胎权的运动之间，打造了一个荒谬的关联。他甚至引出柯亨定理——柯亨指出选择公理和连续统假设[6]乃独立于（取这个词在逻辑中的意思）其他集合理论之公理——宣称传统的集合理论对于一种"解放的"数学而言是不足的。在此，我们又一次看到由数学基础到政治考虑一个完全任意的跳跃。

这已经是在这篇谐拟文中最为荒谬的一段，我们又惊讶地发现，同样的想法以完全严肃的态度被提出——或看起来是很严肃的——作者是哲学家阿兰·巴迪欧（Alain Badiou）（我们强调这是相当旧的版本）。在《主体的理论》（*Theory of the Subject*，1982）中，巴迪欧精神奕奕地把政治、拉康的精神分析和数学的集合理论丢到一堆。以下选录于标题为"过多的逻辑"（The logic of excess）一章的段落，可以让我们大概知道这本书的风格。在简短讨论移民

181 工人的处境之后，巴迪欧就提到连续统假设，继续说道（第282—283页）：

> 这里的关键不过是代数（基数的有序相继）和拓扑学（分割成局部多过基本元素[excess of the partitive over the elementary]）的融合。事实上，连续统假设的真理，使得"多数中的过剩，并没有占据虚空之外以及最初多数的不存在者之存在之外的指派"这个事实变成法则。这将是这个一贯性的持续关联，从内部超越整体的东西，不能超越称呼这整体的极限点。
>
> 但是连续统假设是无法证明的。

---

[5] 对于选择公设的扼要说明，见本书第48—49页。
[6] 对于连续统假设的扼要说明，见第三章注[10]。

政治对贸易统合现实主义的数学胜利。[7]

（巴迪欧，1982，第 282—283 页）

这不得不让人怀疑，引文的最后两句话之间是不是不小心落掉了几段；但是很不幸，数学和政治之间的跳跃就是那么突兀。[8]

---

[7]　20世纪60年代末的法国左翼思潮在其论述中坚持认为，"政治"和贸易统合主义之间有尖锐对立，其中"政治"应是位于支配的位置。

[8]　值得一谈的是，"数学"在这一段中也无甚意义。

第十二章 终曲

182　　最后这一章，要谈在阅读本书的引文时自然而然会产生的一些一般性问题，历史、社会学的和政治方面的问题。我们将只限于解释观点，而不会在细节上辩论。当然，我们不说自己在历史、社会学或政治方面有何特别的才识；无论如何，这里所说的都必须当作推测而非最终结论来理解。如果在这些问题上我们没有干脆保持沉默，原则上是为了避免有些不是我们所想的观念被归到我们身上（这情形已经发生了），而且也要展示我们在许多议题的立场是相当温和的。

　　过去二十年间，已经有太多笔墨耗费在后现代主义这一被设想为要取代现代理性主义思想的知识潮流之上。[1]但"后现代主义"一词含括了多如繁星般定义欠佳的观念——横跨艺术和建筑到社会
183　科学与哲学——大部分的领域我们不想讨论。[2]我们的焦点集中在后现代主义的某些已经对人文科学和社会科学产生影响的知识方面：对深奥论述方式的着迷，与对现代科学的普遍怀疑相关的知识

---

[1] 我们不想涉入术语的论争，区分"后现代主义""后结构主义"等等。有些作者以"后结构主义"（或反基础主义［anti-foundationalism］）总称一些特定的哲学及社会理论，而以"后现代主义"（或"后现代性"［postmodernity］）去表示当代社会中较广泛的潮流。为了简单起见，我们将使用"后现代主义"一词，但强调会专注于哲学和知识的面向，而我们论证的有效性和无效性绝不可视一词的使用而定。

[2] 确实，我们对艺术、建筑或文学中的后现代主义没有强烈观点。

相对主义，对于与真假不相关的主观信念抱持过度的兴趣，以及强调论述和语言是对立于论述所指涉的事实（或更糟的是，干脆否定事实的存在或我们可以指涉事实的可能性）。

我们首先要承认，许多以温和形式表达出来的"后现代主义"观念，对天真的现代主义提出了必要的修正（相信无限及连续的进步、科学至上、文化上的欧洲中心主义等等）。我们所要批评的是后现代主义的激进版本，以及出现在较温和的后现代主义版本的许多心态上的混淆，它们在某种意义上沿袭自激进派。[3]

首先我们考虑已经存在于"两个文化"之间的紧张关系，这关系在过去几年似乎更恶化了，使人文、社会科学与自然科学间产生成果丰硕之对话的条件也是如此。然后要分析后现代主义的一些知识和政治起源。最后将讨论后现代主义对文化与政治的负面影响。

"两个文化"之间的真正对话

跨学科似乎是当下的主流。虽然有些人担心，专业化的式微会造成知识严格性标准降低，但一个思想领域所带给另一个领域的洞见是不容忽视的。我们绝不想阻绝数学－物理学与人文科学的互动：相反，我们的目标是指出一些先决条件，这些先决条件是真正的对话所必需的。

过去几年，对一种所谓的"科学战争"的讨论蔚然成风。[4]但

184

---

［3］ 亦见艾普斯坦（1997）对于"弱"和"强"的后现代主义版本提出有用的区别。
［4］ 首次明确使用这一表达方式的是安德鲁·罗斯，《社会文本》的一位编辑，他断言（带有相当强的特定立场），

　　　科学战争是保守分子打开的第二阵线，神圣文化战争中其军团所获得的胜利鼓舞了他们。科学的保守分子在大众眼中渐渐失去立场，来自大众荷包

是，"科学战争"这种说法实在令人遗憾。是谁在挑起这场战争？又是为了反对谁？

科学与技术长久以来是哲学和政治的辩论主题：关于核子武器和核能、人类基因组计划、社会生物学，以及其他许多题目。但是这些辩论都没有构成"科学战争"。的确，这些辩论中的许多不同的论理立场，同时是由科学家与非科学家所提倡的，使用的科学及伦理学论证，是可以让所有相关的人做理性评价的，不论他们的专业是什么。

很不幸的是，最近的一些发展会让人害怕某些完全不同的东西正在风行。例如，社会科学的研究者想到神经生理学和社会生物学将取代他们的学科时，不免感觉受到威胁。同样，当费耶阿本德称科学是一种"特殊的迷信"[5]，或者当某些科学社会学潮流让人觉得是把天文学和占星术混为一谈[6]时，自然科学的研究者也不免会觉得遭到攻击。

为了缓和这些恐惧，区分纯为研究计划所做的主张和实际的成果是值得的；前者容易变得夸大，而后者一般而言是相当温和的。185 今天化学的基本原则完全是以量子力学为基础，因此也就是以物理学为基础；但是，化学作为一门独立学科并未消失（即使有某些部分和物理学越来越接近）。同样，如果有一天，我们行为的生物学基础得到充分的理解，并用来作为人类研究的基础，也没有理由害

的基金减少，他们为了对这种情况寻找说明，于是加入反挫行列，对抗（新出现的）一般的可疑分子——左倾人士、女性主义者和多元文化论者。

（罗斯，1995，第 346 页）

后来，这个词成为《社会文本》专刊的标题，该期刊登了索卡尔恶作剧的文章（罗斯，1996）。

[5] 见费耶阿本德（1975，第 308 页）。

[6] 例见巴恩斯、布鲁尔以及亨利（1996，第 141 页）；默明对此有中肯的批评（1998）。

怕我们现在称为"社会科学"的学科会消失，或变成只是生物学的一支。[7] 同样，从科学工作的实在的历史及社会学观点来看，假设一些知识论上的混淆能加以避免的话，科学家没什么好害怕的。[8]

因此，让我们把"科学战争"放在一旁，看看我们可以从本书所引录的文段得到什么教训，本书的一个关切正是自然科学和社会科学之间的关系。[9]

1. 知道一个人谈的是什么，是个好想法。 没有人会被逼着去谈自然科学，但是任何坚持谈这件事的人，本身必须很懂，并避免对科学或其知识论做武断的批评。这点看起来很浅显，但是本书收集的一些文章却显示它常常被忽略，即使是（特别是）著名的知识分子。

从哲学层面去思考自然科学的内容，显然是正当的做法。科学家所使用的许多概念——像定律、说明及因果的观念——包含许多隐晦的歧义性，哲学的反思有助于澄清这些观念。但是，若要有意义地谈论这些题目，对于相关科学理论必须有相当深度的了解，也不可避免地在技术层次上要有所认识[10]；若只在大众化的程度上有模糊的理解，那是不够的。

2. 深奥难解的并不一定都有深度。 因主题的内在本质而变得困难的论述，和那些将空洞与陈腐小心掩藏在故作深奥的散论之后，两者之间有天壤之别。（这个问题绝非特指人文与社会科学；

186

[7] 当然，这不是说它们不会受到更深刻的修正，像在化学这个科目上一样。

[8] 针对我们认为科学史和科学社会学的有效工作，索卡尔（1998）提出一张包含范围广泛的清单，当然绝不是只有这些。

[9] 我们要强调，以下所列的几项，并不是要涵盖自然科学与人文科学达成丰富对话的所有条件，只是反思从**本书所引用的文段**中所获得的教训。对于自然科学与人文科学，当然都还有许多其他的批评，但不在本文讨论的范围。

[10] 对于这种态度，我们有正面的例子，其中一个是艾伯特（1992）和莫德林（1994）谈量子力学之基础的作品。

物理学和数学的许多文章也用了比严格所需还要复杂的语言。）要决定所遇到的是哪一种困难，当然并不总是很容易；而那些被人埋怨经常使用深奥术语的人反唇相讥，批评自然科学也使用一种只有经过多年学习才能掌握的语言。然而，我们以为有些判准可以用来分辨这两种困难。首先，如果内容是真的困难，那么通常有可能以简易的语词，在最基本的层次上，解释理论所检视的现象为何、什么是主要的结果、支持它的最有力论据为何。[11] 例如，我们都没受到什么生物学的训练，却能借由阅读好的通俗或半通俗生物学读物，在某种基本的层面上了解其发展。其次，在这些情况中，有一条清楚的路径（可能是很长的一条路）引导我们对这个题目有更深的认识。相反，有些深奥的论述让人觉得读者必须做质的跳跃，或经历一种类似启示的经验，才能看得懂。[12] 这让人不禁想起国王的新衣。[13]

187　　**3. 科学不是一个"文本"。**自然科学并非仅是个隐喻的贮藏库，随时给人文学科取用。非科学家或许会想从科学理论中孤立出一些普遍的"主题"，可以用一些像"不确定性""不连续性""混沌"或"非线性"的字眼来概括，然后以纯粹文字的方式去分析。但是科学理论并不像小说；在科学的语境中，这些语词具有特定的意思，和日常用法有微妙但重要的差异，只有在理论和实验的复杂网络中才能了解。如果只把它当隐喻使用，很容易产生无意义的结

---

[11]　举几个例子，物理学的费曼（Feynman，1965）、生物学的道金斯（Dawkins，1986）、语言学的平克（1995）。我们不必然同意作者说的每一件事，但是我们认为他们把事情说得很清楚，可作为模范。

[12]　类似的观察，见乔姆斯基的评论，巴尔斯基（Barsky）的引文（1997，第197—198页）。

[13]　对于这本书可能有的反应，我们不想太悲观，但是要注意，国王的新衣的故事是这么结尾的："侍从继续牵着那并不存在的衣裾。"

论。[14]

4. 勿模仿自然科学。 社会科学有自己的问题和自己的方法；它们不必追随物理学或生物学中的每个"范式转变"（不论那是真实的还是想象的）。譬如，原子层次的物理法则，今天虽然是以概率的语言表达出来的，但决定论的理论在其他层次上却能成立（到非常近似的程度），例如在流体力学，或甚至（也更近似）对某些社会或经济现象亦然。相反，即使基本的物理法则具强烈决定论性质，我们的无知却会迫使我们引入一大堆概率的模型，以便研究其他层次的现象，像气体或社会。此外，即使采取了一种还原论的**哲学**态度，也绝对不必把还原论当作方法论上的规定来采用。[15] 实际上，有那么多的量度秩序将原子从流体、大脑或社会中区隔开来；把大不相同的模式和方法用在每一个领域中，这想法是相当自然的。但在这些分析层次间建立一种关联，并不必然是最紧要的工作。换句话说，每个研究范围里的方法类型，应该依照所研究的特定现象而定。例如，心理学家不需要援引量子力学，以强调**在他们的领域中**"观察者影响被观察者"；这个道理不言自明，无须考虑电子或原子的作用。

此外，特别是在物理学中，有很多现象我们并不完全理解，至少目前如此，因而在处理复杂的人类问题时，没有理由去模仿自然科学。对于无法（或至少目前无法）以更严格方式处理的人类经验面向，转向直觉或文学去取得某种非科学的理解，是非常

188

[14]　比方说，一个社会学家朋友曾问我一个问题，这个问题不是没有道理的：如果量子力学同时展现"不连续性"（discontinuity）和"相互连通性"（interconnectedness），这不是互相冲突吗？这些特质不是对立的吗？简短的回答如下：这些名词所描述的是**在极为特定的意义上的**量子力学——需要有数学的理论知识才能适当地了解；而在这些意义中，这两个观念不是互相冲突的。
[15]　例见温博格（1992，第3章）及温博格（1995）。

正当的做法。

5. 当心来自权威人士的论点。 如果人文科学想从自然科学不可否认的成就中获利：并不需要直接移植技术性的科学概念。他们反而可以从最好的自然科学**方法论**原则中汲取灵感，也就是：在事实和支持命题的推论的基础上去评估一个命题的有效性，而不论主张或驳斥该命题者的个人品格或社会地位如何。

当然，这只是一个**原则**；即使是在自然科学，其实践也绝对不是普遍受到推崇的。毕竟，科学家是人，并非不受潮流影响或对天才的奉承无动于衷。但我们已从"启蒙的知识论"继承了一种完全合理的态度：对神圣典籍的诠释（不是传统意义上的宗教性文本，也可以很恰当地满足此一角色）以及对权威论证的不信任。

我们在巴黎遇见一位学生，以优异成绩结束大学的物理学课程后，转读哲学，专攻德勒兹；试图阅读《差异与重复》。在读完这里所检视的关于数学的引文（第169—171页）之后，他承认不知道德勒兹要谈的是什么。然而，德勒兹的文章以深奥出名，让他不敢做出这个自然的结论：如果像他这样研究了几年微积分的人，都无法了解这些号称是关于微积分的文本，或许是因为它们根本没有任何意义。我们以为，这个例子当激励学生对德勒兹其他的著作做更批判性的分析。

6. 特定的怀疑主义不应该和彻底的怀疑主义相混淆。 要小心区分以下两种对科学的批判形式：那些反对某一具体理论并以特定论点为基础的批判，以及重复彻底怀疑主义传统论点的各种批评。前者可以很有意思，但是也可以被反驳，后者无法反驳，但毫无趣味（因为笼统）。还有，重要的是不要将两种论点混淆：因为如果想对科学有贡献，不论是自然科学或社会科学，对于逻辑的可行性

189

和透过观察和／或实验以认识世界的可能性，都必须放弃彻底怀疑的态度。当然，对于特定理论总是可以存疑的。但是，提出来支持那些疑问的通泛怀疑主义论证则毫不相干，原因正在于其通泛性。

7. 以暧昧为托词。我们在本书中看到无数的暧昧文本，可以用两种方式来解释：真实但相对较老套的主张，或激烈但显然错误的主张。我们不得不想，在许多情况中，这些暧昧性是有意造成的。确实，它在知识的辩论上提供了很大的优势：激进的诠释有助于吸引较没有经验的听众或读者；而一旦其说法的荒谬性被暴露之后，作者总是可以宣称被误解，以此自我辩护，然后退回到无害的诠释中。

我们怎么到达这里的？

在《社会文本》的谐拟文章刊出后所引发的辩论中，经常有人问我们：你们所批评的知识潮流是怎么发展的？为什么它们得以发展？这是属于思想史和知识社会学的一个非常复杂的问题，对此我们不敢宣称有明确的答案。我们在这里只想提出一些可能的答案，但要强调其推测性质和不完整性（毫无疑问还有其他元素是我们低估或完全漏掉的）。再者，这类复杂的社会现象总是混合各种极其不同的原因。这一节中我们主要要谈后现代主义和相对主义的知识源头，把政治面向放到下一节谈。

1. 对经验的忽视。有很长一段时间流行摒弃"经验主义"（empiricism）；而如果这个词指称一种断然从事实中提取理论的固定做法，我们只能表示同意。科学活动总是涉及观察和理论之间的复杂互动，这个科学家老早就知道了。[16] 所谓的"经验主义"科

190

---

[16] 观察和理论互动的复杂性，有一些很好的说明，参见温博格（1992，第5章）及爱因斯坦（1949）。

学，是对劣质教科书的一种讽刺。

然而，我们关于物理和社会界的理论，需要以各种方式来证成：如果避开先验论、权威人士的论点以及对"神圣"经典的指涉，除了根据观察和实验对理论做系统性试验以外，便所剩无几。一个人不必成为严格的波普尔主义者就可以了解，任何理论都必须有经验证据的支持，至少是间接的，才会被认真看待。

本书中所引录的一些文段完全无视科学的经验面向，单单专注在语言和理论的形式主义。它们给人的印象是，一个论述一旦表面看似一致，就变成"科学的"论述，即使它从未受到经验的检证。或者更糟，只消将数学公式套到问题上，就足以带来进步。

2. 社会科学中的科学主义。这一点看似奇特：科学主义（scientism）不是那些试图将每一件事都化约到和运动、自然选择及 DNA 相关的物理学家和生物学家的罪愆吗？是，也不是。为讨论之便，让我们将"科学主义"定义为一种幻觉，这种幻觉认为简化的但应该是"客观的"或"科学的"方法，能让我们解决非常复杂的问题（其他的定义当然也是有可能的）。若我们屈从于这种幻觉，就会不断地产生以下的困难，亦即实在的重要部分被遗忘，只因为它们未能符合事先设定的先验架构。可惜，科学主义的例子俯拾即是，量化社会学、新古典经济学、行为主义、精神分析等，我们都可以从中发现某种潮流。[17] 经常发生的情况是，人们从既定领域内已有某种程度有效性的观念出发，但不是去检证或定义它，反而不合理地加以移植挪用。

不幸的是，科学主义经常和科学的态度本身混淆——支持者和批评者都会如此。结果，在社会科学中，对科学主义的整个正当反

[17] 宣称将混沌、复杂性及自组织之理论"应用"于社会学、历史学和企业管理，是科学主义一个最近也较极端的例子。

应，有时导致反对科学本身的不正当的反应——这情形在旧科学主义的前支持者和前反对者身上都发生过。例如，1968 年 5 月以后的法国，对结构主义中某些科学主义产生的反动，是导致后现代主义出现的（许多）因素之一（套用一句利奥塔的名言，"对后设叙事的怀疑"［the incredulity toward metanarrative］[18]）。

把对经验面的忽视和许许多多科学教条主义结合起来，就会出现很糟糕的作品，我们已经看到太多例子了。但是，还存在另外一种可能，即陷入某种挫折之中：既然人们当教条信守的某某（简化的）方法都不可行，那么就没有什么是有用的，所有的知识都是不可能的或主观的云云。于是，一个人很容易就这样由 20 世纪 60 年代或 70 年代的思潮，过渡到后现代主义。但是，这是基于对问题源头的误认。

矛盾的是，社会科学中的科学主义最近的一个具体表现，是科学社会学中的"强纲领"。解释科学理论的内容，却不考虑科学活动的理性（稍稍加以考虑也没有），这是先验上就将一个现实的元素删除，而且，对我们来说，这似乎是剥夺了一个人有效了解问题的任何可能性。当然，每个科学研究都必须做简化和近似值估计的工作；而如果提倡"强纲领"的人举出经验性或逻辑的论证，说明被忽略的面向对问题现象的了解的确不重要，"强纲领"的方法才会是正当的。但是他们却没有这样的论证，原则是**先验**设定的。事实上，强纲领是迫不得已，干脆一不做二不休：既然社会学家要研究自然科学的内在理性并不容易，就声明忽视它是"合乎科学的"。这就像明知拼图掉了一半，还是想办法要把它拼出来。

192

193

---

［18］ 利奥塔（1984，第 xxiv 页）。

我们相信，将科学态度广义地理解为对理论之明晰性和逻辑连贯性的尊重以及对理论与经验证据之间的对质的尊重，那么其在社会科学中就会如其在自然科学中那般重要。但是，对于社会科学符合科学性（scientificity）的宣称，我们必须保持谨慎的态度；对于当前经济学、社会学和心理学中的主流亦然（甚至特别需要如此）。社会科学所谈的问题极端复杂，而支持其理论的经验证据经常是很弱的。

3. 自然科学的威望。无疑，自然科学因其理论和实际的成功享有极大的威望，即使对诽谤它的人而言亦然。科学家有时会滥用这种威望，表现出不正当的优越感。此外，知名的科学家在他们流行的著作中，经常提出思辨性的观念，但在表达方式上却好像这些观念是已经完全成立的，或者将他们的结果外推到超出结果已被印证的领域之外。最后，还有一个具破坏力的倾向，无疑已因市场的需求而恶化，也就是，在每一种创新中都可见到一个"激进的概念革命"。以上这些因素结合起来，让受过教育的大众对于科学在行动产生扭曲的观点。

若要哲学家、精神分析学家和社会学家表示，面对这种科学家他们毫无抵抗之力，是有一点自贬身价；而本书中所暴露出来的滥用情形多多少少也无法避免。显然没有人，特别是没有任何科学家，强迫德勒兹或拉康去写他们写的那些东西。一个人大可以是一位心理学家或哲学家，可以谈科学而知其所云，不然就不要谈，专心做其他的事。

4. 社会科学的"自然"相对主义。在社会科学的某些支派中（最著名的是人类学），一种特定的"相对主义"态度，就方法论上来说是自然的，特别是在研究品位或风俗习惯时：人类学家寻求了

194

解这些风俗习惯在既定社会的角色，但很难看出将她自己的美学偏好带入研究当中，会得到什么结果。同样，当研究一个文化的某些认知面向，如该文化的宇宙信念（cosmological beliefs）时，人类学家基本上不关心那些信念的内容是真是假。[19]

然而，这种合理的方法论相对主义（methodological relativism），有时会因为思考和语言的混淆，导致激进的认知相对主义（cognitive relativism）：也就是主张，对事实的断定——不论是传统的神话或现代的科学理论——只有"针对一个具体的文化"，才能考虑它的真假。但是，这会变成把一个思想系统的心理学或社会功能和它的认知价值混淆，也会忽略可以被提出来支持一个思想系统的经验论证的力量。

对于这种混淆，这里有一个具体例子：关于美国原住民的起源，至少有两种互相竞争的理论。基于广泛的考古学证据，科学界的共识认为，第一批人类在一万到两万年前由亚洲越过白令海峡来到美洲。另一方面，许多美国原住民的创世故事以为，自他们的祖先从地底下的灵魂世界冒出来之后，原住民就一直是住在美洲的。《纽约时报》（1996 年 10 月 22 日）的一篇报道观察到，许多考古学家"挣扎于他们的科学倾向和他们对原住民文化的欣赏……已经被驱使而亲近一种后现代主义式的相对主义，他们相信科学只是另一种信仰系统"。例如，罗杰·安永（Roger Anyon），一位为祖尼人（Zuni）工作的英国考古学家，被人引述道："科学只是认识世界的许多方式之一……［祖尼人的世界观］和考古学对史前时代的

195

---

[19]　最后这一个问题却是很微妙的。所有的信念，就连神话式的信念，都受其所指涉的现象的局限，至少是部分受到局限。如我们在第四章所说的，科学社会学中的"强纲领"是一种应用到当代科学的人类学相对主义，它走岔了，正因为忽视了后面这一面向，此面向在自然科学中却扮演一个关键角色。

观点是一样有效的（valid）。"[20]

安永博士的话或许是被错误引用[21]，但是如今，我们对这种说法耳熟能详，所以想加以分析。首先注意到，"有效"这个词模棱两可：其用意是当作认知的意思，还是其他的意思？如果是后者，我们不反对；但是提到"认识世界"，指的就是前者。现在，在哲学和日常用语中，知识（粗略地理解为已证成的真实信念）和单纯信念有别；这就是为什么"知识"这个词有正面的意思，而"信念"是中立的。那么，安永说的"认识世界"是什么意思呢？如果他所讲的"认识"是传统的意思，那么他的断言就是错误的：所讨论的两种理论是互不兼容的，所以不可能两种都对（也不可能大致对）。[22] 从另一方面看，如果他只是在说不同的人有不同的信念，那么他的断言是对的（而且了无新意），但使用"知识"这个成功的词，会造成误导。[23]

最有可能的是，考古学家只让他的政治和文化同情遮蔽他的推论。但是，这种知识上的混淆是不能被正当化的：我们可以怀念恐怖种族屠杀的受害者，而不必不加批判地（或虚伪地）支持其社会中的传统创世神话。（毕竟，如果你想支持美国原住民的土地权，

---

[20] 约翰逊（Johnson，1996，C13 页）。对于安永的观点较详细的阐述，参见安永等人（1996）。

[21] 但或许不是，因为安永等人（1996）的书中也表达了本质上相同的观点。

[22] 在纽约大学的一次辩论中，这个状况被提出，许多人似乎不了解或不接受这一基本的批评。问题的产生，至少部分，可能是因为它们将"真实"（truth）重新定义为一种信念，这种信念是"当下被如此接受的"，或者是达成一既定心理学或社会学功能的"诠释"。以下二者，很难说哪一个使我们更惊讶：相信创世纪的神话是真的（根据此词通常所代表的意思）的人，或是有系统地坚持对"真实"一词这种重新定义的人。关于此例更仔细的讨论，特别是"有效"一词的可能意义，参见博格西昂（1996）。

[23] 持相对主义的人类学者在受到挑战时，有时候会否认知识（也就是已证成的真信念）和纯信念之间有明确的区别，否认信念——即使是关于外在世界的认知信念——可以客观地（跨文化地）谈它的真假对错。但是，这种主张很难严格对待。几百万的美国原住民在欧洲人入侵之后死亡，难道不是真的吗？这难道只是某些文化信以为真的信念吗？

他们是否"一直"生存在北美洲，或者仅在一万年前才定居于此，真的有关系吗？）再说，相对主义者的立场极端的低调：他们看待一个复杂的社会如一个单一整体，掩盖其中的冲突，还把它最蒙昧的派系当作全体的代言人。

5. 传统的哲学与文学训练。我们无意批评这些学科训练；确实，对于其所追求的目标，这样或许是恰当的。然而，当它转向科学文本时，或许会变得缚手缚脚，理由有二。

第一，在文学甚至哲学中，作者或文本的文学性（literality）都有一种它们在科学中所没有的关联性。一个人可以学物理学，而不必阅读伽利略、牛顿或爱因斯坦，可以研究生物学而没读过任何达尔文的著作。[24]要紧的是这些作者提出的事实或理论论证，而非他们所使用的文字。此外，他们的观念在各学科中已被后来的发展所彻底修正甚至翻转。再说，科学家的人格特质与科学以外的信念，在评价其理论时是不相干的。例如，牛顿的神秘主义和炼金术对于科学史是重要的，一般说来对于人类思想史更重要，但对物理学则并非如此。

第二，赋予理论高于实验的优势（这和赋予文本高于事实的优势有关）。一个科学理论和实验检验的关联，经常是复杂而间接的。因此，哲学家会偏好经由科学的概念面来接近科学（事实上，我们也是）。然而，整个问题就这么出现了：如果不同时也考虑经验面向，那么科学论述就会变成只是一个"神话"或"叙事"，像其他许多事情一样。

197

---

[24] 这不是说学生或研究者不能从阅读经典中有所收获。这完全有赖于所谈论之作者的教育性质。例如，物理学者可以为了阅读其书写的愉悦和当中深刻的见解，而去读伽利略和爱因斯坦。生物学者当然也可以这样来读达尔文。

政治的角色

> 不是我们掌控事物，其实，似乎是事物掌控我们。但这只
> 是因为有些人想利用事物来掌控别人。我们只有脱离了人力的
> 控制之后，才能摆脱自然力的控制。如果要以人类的方法来运
> 用自然知识，我们对于自然的认识就必须以对人类社会的认识
> 来补足。
>
> ——布莱希特（Bertolt Brecht，1965 [1939—1940]，
> 第 42—43 页）

后现代主义的起源不是纯粹知识上的。这里所分析的哲学相对
主义和作者的作品，都有具体的政治倾向诉求，其特征可以说（或
是他们自己的表态）是左翼或进步的。此外"科学战争"经常被视
为"进步派"和"保守派"之间的冲突。[25] 当然，在一些右翼运动
中，也有一条很长的反理性主义传统，但是，后现代主义创新且奇
特的地方是反理性主义的思考形式，而它也吸引了部分的左派。[26]
我们在这里将试着分析这种社会学的关联是如何发生的，并解释为
什么我们认为原因在于一些概念的混淆。我们将只讨论美国的情
况，因为在美国，后现代主义和左派政治倾向的关联特别清楚。

从政治观点讨论一组观念，譬如后现代主义，很重要的是小心
明辨那些观念的内在知识价值（它们扮演客观的政治角色），以及
不同的人辩护或攻击它们的主观理由。现在，经常发生的情形是，
一个社会团体同时有两个观念（或两组观念），暂时称为 A 和 B。
我们假定 A 相对上是比较站得住脚的，B 则比较站不住，而两者之

---

[25] 类似的极端说法例见罗斯（1995）和哈丁（1996）。
[26] 但是不只左派：见前文第 196 页所引录的哈韦尔的话。

间没有逻辑的关联。属于该社会团体的人会经常试着以 A 的有效性和 A 与 B 之间存在的社会学关联来合理化 B。反之，反对者就会引 B 的缺乏有效性和同样的社会学关联来否定 A。[27]

后现代主义和左派之间存在的这种关联，乍看之下，构成严重的吊诡。几乎在过去两个世纪，左派多与科学同边，反对蒙昧主义，相信理性思考和对（自然的与社会的）客观事实大胆无畏的分析，是他们与权势者造成的神秘化相对抗的厉害工具——更不必提它们本身就有资格作为值得追求的人类目标。然而，过去二十年间，许多"进步"或"左派"的学院人文主义者和社会科学家（虽然事实上并没有自然科学家，不论其政治观点为何），都离开了这种启蒙主义的传统，并且在自法国引进的观念如解构，以及本土养成的学说如女性主义立场知识论的支持下，拥抱一种又一种的知识相对主义。我们的目的是去了解这种历史转向的原因。

我们将区分政治左派当中，与后现代主义兴起相关的知识源头的三种类型[28]：

1. 新社会运动。 20 世纪 60 年代与 20 世纪 70 年代，新的社会运动兴起——黑人解放运动、女性主义运动、同性恋争取权利运动等等，它们挣扎对抗着大多被传统政治左派低估的压迫形式。晚近，这些运动的某些倾向认为，后现代主义是最适合实现其抱负的哲学，不论形式如何。

这里有两个不同的议题要讨论。一个是概念层面的：新社会运动和后现代主义之间，从任何一方面而言，是否有逻辑的关联？一个是社会学层面的：这些运动的成员接受后现代主义到何种程度，

[27]　当一个名人持 A 和 B 的意见时，类似的情形也可观察得到。
[28]　较详细的讨论，参见伊格尔顿（Eagleton, 1995）和艾普斯坦（Epstein, 1995, 1997）。

原因为何？

将新社会运动导向后现代主义的一个因素，无疑是对旧左派教条的不满。传统的左派，通常自视为启蒙的合法继承人，是科学和理性的化身。此外，将哲学的唯物论（materialism）和强调经济与阶级斗争的历史理论相连。后者会使得新社会运动中的一些潮流变成反对科学及理性本身，或至少是产生不信任，这是可以理解的。

200   但这是一个概念上的错误。事实上，具体社会－政治理论绝不能在逻辑上由抽象的哲学计划中导出来；反之，也没有任何单独的哲学立场是与一个既定的社会－政治计划兼容的。特别是，一如罗素很久以前就观察到的，哲学唯物论和历史唯物论之间，没有任何逻辑的关联。哲学唯物论和如下一种想法相容，即历史主要是由宗教、性别或气候所决定的（这会和历史唯物论的讲法抵触）；反过来说，经济因素有可能是人类历史的主要决定因素，即使心智事件可以完全不受物质事件影响，其使哲学的唯物论为假。罗素下结论道："了解这样的事实很重要，否则的话，政治理论会因为很不相关的原因而被接受或否定，理论哲学的论证被用来判定以人类本质之具体事实为依据的问题。这种混合的情况会伤害哲学和政治，所以千万要加以避免。"[29]

后现代主义和新社会运动的社会学关联非常复杂。要提出令人满意的分析，至少需要解开组成"后现代主义"的千丝万缕（因为个中的逻辑关系相当微弱）、个别处理每一个新社会运动（因为各支历史相当不同）、分疏这些运动当中明显不同的潮流，并区别行动派和理论派所扮演的角色。这是一个需要（我们敢这么说吗？）

[29] 罗素（1949［1920］，第80页），重刊于罗素（1961b，第528—529页）。

仔细经验调查的问题，而我们把它留给社会学家和知识史家。但还是容我们说出我们的**推测**：新社会运动对后现代主义的偏好，大多存在于学院，并且这种偏好之程度要远比后现代主义左派和传统主义右派通常所描绘的弱得多。[30]

2. **政治挫折感**。后现代观念的另一个源头，是左派的绝望和普遍的迷惑感，这似乎是其历史中独一无二的。在社会民主党仍掌权的地方，他们采用温和的新自由主义政策；而将其国家导向独立的第三世界运动，大多放弃了任何自主发展的尝试。简言之，"自由市场"资本主义最严格的形式似乎已成为可预见的未来中不可取代的现实。正义与公平的理想从没像现在那么不实际。不必分析此一情况发生的原因（更别说提出解决方式），就可以了解它会造成一种挫折感，部分地表现在后现代主义之中。语言学家暨行动派的乔姆斯基把这个演变描写得很好[31]：

听好，如果你真的觉得处理实际问题很难，那么有很多方式可以避免。其中之一便是去紧追某些无关紧要的杂事（wild goose）。另外一个方法是沉迷于那些完全和现实脱离的学院派理论崇拜（academic cults）之中，那也可以提供屏障，不必和世界的实际情况打交道。这种情形常常发生，包括在左派之中。前几个星期我到埃及，就发现几个令人十分沮丧的例子。我到那里是去谈国际情势。那儿有一个非常活泼、文明的知识社群，一群非常勇敢的人，他们在纳赛尔（G. A. Nasser）的监狱里几乎被折磨致死，但奋斗不懈。现在第三世界弥漫着一股强烈的绝望气氛，感觉前途茫茫。那个圈子教育水平很高，和

[30] 进一步的分析，见艾普斯坦（1995, 1997）。
[31] 亦见伊格尔顿（1995）。

202

欧洲也很有关系，当中却出现一种风气，即一头栽入巴黎文化界最近流行的那股疯狂，全心全意专注于此。比如说，当我要针对现况发表演说，连在处理策略议题的研究机构中，参与者也想把它转译成后现代叽里呱啦的鬼话。譬如说，他们不想听我详谈美国政策或他们所生活的中东世界，反而想知道，现代语言学对于国际情势的论述如何提供一个会取代后结构主义文本的新范式。这真的很吸引他们。但是对于以色列的内阁记录展现出怎样的内政计划，他们却兴致寥然。实在是令人沮丧。

（乔姆斯基，1994，第 163—164 页）

以这种方式，残存的左派给行将就木的正义与进步的理想最后一击。我们谦虚地建议，棺不要密盖，给它一点空气，希望有一天死者会复生。

3．科学是一个方便的标靶。 在这普遍的挫折气氛下，很容易去攻击某些与权力之类相连的东西，才不会显得太善良，但打击的目标又要够脆弱，才不会太难击中（因为若以权力与金钱的集结为标的，则超出可及范围）。科学完全符合这些条件，这是它遭受攻击的部分原因。为了分析这些攻击内容，很重要的是至少要区分出四种不同意涵的"科学"：把理性认识这个世界当作目标的知识性工作；已为人接受的理论和实验观念的集结；一个有其特殊习惯、机制以及与较大社会之关系的社群；最后是，应用科学与技术（科学常常被与之混淆）。对于"科学"（指的是上述意义中的一种）的有效批评，常被当作批评不同意义之科学的论证。[32] 于是，不可否

---

[32] 这种混淆的例子可见拉斯金与伯恩斯坦（Raskin and Bernstein，1987，第 69—103 页）；关于这些混淆的情形，有一个不错的解析，见同书中乔姆斯基的回应部分（第 104—156 页）。

认，科学作为一种社会机制，是和政治、经济及军事权力相关的，
而科学家所扮演的角色经常是有害的。技术造成的后果不一，这也
是真的，有时甚至带有毁灭性，而且，技术很少产生它最热忱的倡
议者一贯地保证会产生的奇迹。[33] 最后，若将科学看作一个知识的
整体，它总是有错误的时候，而科学家的错误有时候是因为各种社
会、哲学或宗教的偏见。我们支持对这些意义下的科学做理性的批
评。尤其，对于被视为一个知识整体之科学的批评——特别是那些
最具说服力的批评—— 一般而言循着一个标准模式：首先，以传
统的科学论证说明，为什么根据一般好科学的典律看来，所讨论的
研究是有缺陷的；然后，也只有在此之后，才能试图解释研究者的
科学偏见（可能是无意识的）如何导致他破坏这些典律。有人或许
很想直接跳到第二步，但其批评因此丧失力量。

　　不幸的是，某些批评越过对科学最坏方面（黩武好斗、性别歧
视，等等）的攻击，而攻击到它好的部分：以理性去认识世界的努
力，以及科学的方法——广义而言，科学方法是对经验证据和逻辑
的尊重。[34] 若以为后现代主义真正要挑战的不是理性态度本身，就
太天真了。再说，这个方面是一个方便的标靶，对它发动攻击很快
就可以找一堆同盟：所有迷信的人，不论是传统的（例如，某些极
端主义）或新时代的。[35] 如果再加上对科学和技术的轻率混淆，就
会走到一种颇为流行的斗争，虽然不是特别进步的。

---

[33] 然而必须强调，一些比较是因社会结构而非科技所造成的后果，经常也会怪到科
技头上。

[34] 容我们提醒一下，对客观性和印证过程的强调，正是抵抗伪装为科学的意识形态
偏见最好的方式。

[35] 根据一项最近的意见调查，受访的美国人中，有47%的人相信《创世记》里的
叙述，49%的人相信魔鬼附身，36%的人相信心电感应，25%的人相信占星术。
还好，只有11%的人相信通灵，7%的人相信金字塔的疗效。若要更详细的资料
和来源的引用，见索卡尔（1996c，注［17]），重刊于本书附录 C。

操控政治和经济权力的人，自然会喜欢科学和技术遭受这样的攻击，因为这些攻击有助于掩盖作为他们自身权力基础的势力关系。再者，后现代左派在攻击理性时，也使自己失去批判现存社会秩序的一项有力工具。在不算太久以前，乔姆斯基观察到，

> 左派知识分子在活泼的工人阶级文化中，扮演了一个活跃的角色。有些人希望通过工人教育计划，或是为一般大众写些关于数学、科学及其他题目的畅销读物，来弥补文化机构中的阶级性格。值得注意的是，今天的左派却经常想剥夺工人这些解放的工具，告诉我们"启蒙大计"已死，我们必须放弃科学和理性的"幻觉"——这个讯息只会使掌权者高兴，他们会欣然独霸这些工具，为己所用。

> （乔姆斯基，1993，第 286 页）。

最后，让我们简短讨论一下反对后现代主义者的主观动机。这些分析起来很复杂，索卡尔的谐拟文章刊出后的反应，建议我们要有一次审慎的反省。许多人被激怒了，由于后现代主义论述表现出来的傲慢、空泛的言语堆砌和那个知识社群特有的奇观——每个人都重复着没人能懂的句子。不用说，我们大致也是持这种态度。

但其他的反应就不那么可喜了，它们正好佐证了社会学关联和逻辑关联的混淆。例如，《纽约时报》将"索卡尔事件"说成是相信客观性（至少以之为目标）的保守者和否定它的左派分子之间的辩论。显然，情况更为复杂。并不是所有政治左派的那些人都反对以客观性为目标（不论这目标实现得多么不完全）[36]；而政治观点

[36] 可参见乔姆斯基（1992—1993）、埃伦赖希（1992—1993）、艾伯特（1992—1993, 1996）及艾普斯坦（1997）等人。

与知识观点之间也无简单的逻辑关系。[37] 其他评论者将此事和对"多元文化主义"及"政治正确"的批评相连。细论这些问题会离题太远，但是我们想强调，我们绝不反对以开放的态度面对其他文化，或尊重少数，它们在这些攻击中却经常被弄得很可笑。

这有何重要？

> "真实性"这概念是以事实为依据的东西，而事实大致在人类控制范围之外；这个概念，哲学家至今都一直认为是人性的必要成分。当这种对于骄傲的制约被移除后，再下一步就会走向某种疯狂——沉醉于权力，这弥漫于费希特的哲学中，也是当代人倾向的，不论他是不是哲学家。我相信，这种沉醉于权力的情形，是我们这个时代面临的最大危险，而任何哲学，不论多么无心，都一同增加了造成巨大社会灾难的危险。
>
> ——罗素，《西方哲学史》（1961a，第 782 页）

为什么花这么多时间谈这些滥用情形？后现代主义真的构成危险吗？当然不是对自然科学而言，至少不是现在。自然科学今天面对的问题，主要是关于研究的经费补助，特别是当公共基金渐渐被私人赞助所取代时，就会格外地对科学的客观性造成威胁。但后现代主义与此无涉。[38] 反而，当时髦的空话和文字游戏取代对社会现实的批判与严格的分析时，受害的是社会科学。

206

---

[37] 《纽约时报》文章（斯科特，1996）下文报道者提到索卡尔左倾的政治立场，以及他曾在桑地诺主义者（Sandinista）（尼加拉瓜民族解放阵线——译者注）主政期间于尼加拉瓜教数学的事实。但是对于其中的矛盾都没注意到，遑论解决。

[38] 但是要注意，后现代主义者和相对主义者没有批评科学客观性的资格，因为他们甚至否定以客观性作为目标。

后现代主义有三个主要的负面影响：浪费人文科学的时间、利于蒙昧主义的文化混淆，以及弱化政治左派。

首先，以我们所引录的文章段落为例，后现代论述的作用可说是走到一个死胡同，而人文学科与社会科学的一些部门在其中迷失。不论是对自然或社会世界，没有一个研究可以在一个概念混淆、极端脱离经验证据的基础下进行。

可以争论说，这里所引的文章作者对于研究没有真正的影响，因为他们的缺乏专业在学术圈中是出了名的。但这只是一部分为真：要看作者、国家、研究领域，以及时代。例如，贝恩斯、鲁尔和拉图尔的作品，对科学社会学的影响不可否认，即使他们从来不是独霸的。拉康和德勒兹－加塔利之于文学理论和文化研究，伊利格瑞之于女性研究亦然。

以我们之见，更糟的是放弃清楚思考和清楚写作对教学和文化的负面影响。学生们学着重复和缀饰他们也不太懂的论述。如果幸运的话，他们甚至可以变成卖弄术语的专家，并以此成就学术事业。[39] 毕竟索卡尔在研究区区三个月之后，便能熟练操作后现代语汇，并在一份知名期刊中发表一篇文章。评论家卡塔·波利特（Katha Pollitt）便狡黠地指出："索卡尔事件的喜剧说明了，即使后现代主义者也不是真正懂得彼此的作品，他们活像一只青蛙跳过一片又一片的荷叶，以便渡过朦胧的池塘般，通过穿插使用一个又一个熟悉的名字或观念以串联全文。"[40] 后现代主义论述的故作晦涩，以及所造成的知识上的不诚实，毒害了部分的智识生活，也强化那在一般大众中已经太广泛的反智主义。

207

---

[39] 这个现象绝不是因为后现代主义而出现——这点安德列斯基（1972）已为传统社会科学做了精彩说明；它也出现在自然科学中，虽然少得多。然而，后现代术语晦涩，与具体现实完全缺乏接触，使得情形更糟。

[40] 波利特（1996）。

拉康、克里斯蒂娃、鲍德里亚和德勒兹对科学严格性那种爱理不理的态度，在20世纪70年代的法国得到不容否认的成功，影响力至今犹盛。[41]这种思考方式在20世纪80年代和90年代散播到法国以外，特别是英语世界。相反，知识相对主义大多是在20世纪70年代时发展于英语世界（例如"强纲领"的开始），然后才传到法国。

当然这两种态度在概念上是判然有别的；可以采用其中一者而不必采用另一者。然而，它们又有间接的联系：如果任何事情，或几乎是任何事情，都可以被读入科学论述的内容当中，那么为什么要把科学认真看成是对世界的客观描述？反过来说，如果采取一种相对主义哲学，那么对科学理论所做的武断评论就变成正当的。相对主义和含糊草率因此是互相强化的。

但是相对主义最严重的文化后果来自社会科学的应用。英国历史学家霍布斯鲍姆（Eric Hobsbawm）雄辩地呼吁：

> "后现代主义"知识风潮在西方大学中兴起，特别是文学系和人类学系，暗示所有宣称客观存在的"事实"都只是知识的建构。简言之，事实和虚构之间没有清楚的区别。但是对历史家而言，连我们当中反实证主义最力的人也认为，区分二者的能力绝对是基本的。
>
> （霍布斯鲍姆，1993，第63页）

霍布斯鲍姆进而表明，严格的历史著作如何能驳斥深植于印度、以色列、巴尔干及其他地方的反动民族主义，以及后现代主义的态度

---

[41] 法文版中我们这么写："但是在那里无疑已成过去。"我们的书出版后所接触到的却使我们重做思考。例如，拉康精神分析（Lacanianism）在法国精神治疗界的影响力非凡。

如何让我们在面对这些威胁时自废武功。

当迷信、蒙昧主义、民族主义狂热与宗教狂热，在世界许多地方——包括"已开发的"西方世界——大行其道的时候，以这样散漫的态度处理历史上一直是对抗这类愚昧的主要原则，也就是理性的世界观，含蓄地说，是不负责任的。无疑，后现代主义作者的意图并不是支持蒙昧主义，但这却是其取径不可避免的后果。

最后，对于我们这些认同政治左派的人而言，后现代主义有特别负面的影响。首先，对语言和精英主义的极端重视，加上卖弄术语，其贡献就是把知识分子圈入枯燥的辩论，把他们和发生在象牙塔外的社会运动隔绝。思想进步的学生进入美国的校园，所学到的最激进的观念（政治上亦然）是采取彻底怀疑的态度，并完全埋首在文本分析中，他们的精力原本可以运用在研究和组织上，进而获得丰硕成果，却因此浪费掉了。其次，有些左派对含混观念及晦涩论述的坚持，渐渐使得整个左派不获信任；而右派并没有错失对这个关系加以煽动利用的机会。[42]

但最重要的问题是，因为主观主义的倾向，社会批判能够传播到那些尚未被说服者的可能性，在逻辑上变得不可能[43]——必然有尚未被说服者，目前美国的左派人数极少。如果所有的论述都只是"故事"或"叙述"，没有一个比另一个更客观或真实，那么就必须承认，最糟糕的性别歧视或种族偏见和最反动的社会-经济理论"同样有效"，至少可说是对真实世界的描写或分析（假设承认真实世界的存在）。明显的，若要对既存的社会秩序建立一种批评，相对主义是相当薄弱的基础。

---

[42] 可参见，金博尔（Kimball, 1990）及德苏查（D'Souza, 1991）。

[43] "逻辑上"这字眼在这里很重要。实际上，有些个人使用后现代语汇，还以完美的理性论证反对种族主义和性别歧视的论述。我们只是认为，这里，在他们的实践和所坚持的哲学（可能不是那么恐怖的东西）之间，有不连贯的地方。

如果知识分子，特别是左派知识分子，希望对社会的演化有正面贡献，他们能做的，最重要就是澄清流行的观念，去除支配性论述的神秘，而不是谜上加谜。一种思考模式不会只靠给自己加标签，就变成"具批判性的"，而是靠它的实质内容。

当然，知识分子容易夸大他们对大文化环境的影响，而我们想避开这个陷阱。但是我们认为，大学中所教授和辩论的观念，即便是非常深奥的观念，长时间之后，也会对学院以外有文化面的影响。罗素斥责观念混淆和主观主义为社会带来恶劣的后果，是说得太过了，但他的恐惧也不是完全没有根据。

接下来呢？

"有一个幽灵纠缠着美国的知识生活：左派保守主义的幽灵。"加州大学圣克鲁兹分校最近举行的一次研讨会中，有如此的宣称；会议里，我们和其他人[44]受到批评，因为我们反对"反基础论者（也就是后现代主义者）的理论作品"，而且——恐怖至极的——我们"企图在真实的观念上……建立共识"。我们被形容成社会保守主义者，想把女性主义、同性恋及种族正义的政治边缘化，而且与美国右翼评论者拉什·林博（Rush Limbaugh）持有同样的价值观。[45]这些可怕的指控，虽然极端，或许表征出了后现代主义有问题的地方？

全书中，我们都在为一个想法辩护：证据这种东西是存在的，而事实是重要的。然而，许多紧要的问题——特别是关于未来

[44] 特别是女性主义作家埃伦赖希和卡塔·波利特，及左派导演迈克尔·摩尔（Michael Moore）。
[45] 关于左派保守主义会议的记述，可以看桑德（Sand, 1998）、威利斯等人（1998）、杜姆（Dumm）等人（1998）以及查连勾（Zarlengo, 1998）。

的——不能在证据和理性的基础上给予最后的答案，而且这些问题会使人类沉迷于臆测（不论所获信息的多寡）。在本书的结尾，我们想提出一点我们自己的臆测——是关于后现代主义的未来。就如我们反复强调的，后现代主义是一组复杂的观念网络，观念之间只有微弱的逻辑联系，所以很难确切形容，只能说是一种模糊的时代精神。不过，这种时代精神的根源倒不难指出，回到1960年：库恩对经验主义科学哲学的挑战、福柯对人文主义历史哲学的批判、对政治变革伟大计划的幻灭。后现代主义，就像所有新知识潮流，在本身肇始阶段，就遭遇老卫队的抵抗。但新观念有年轻的特权，而抵抗徒劳无获。

211

将近四十年之后，革命者已老，边缘性也被体制化了。曾包含些许真理的观念，就算曾经得到适当的理解，如今也堕落成一种通俗言语，混杂着奇异的模糊观念和陈腔滥调的长篇大论。不论后现代主义原本在修正僵化的正统派时多么有贡献，对我们而言，它已渐渐失去元气，走向平凡。虽然这个名字选得不够理想，不知如何接下去（在"后-"[post-]之后还会出现什么呢？），我们却有这种无法逃避的感觉：时代在改变。有一个表征是，今天的挑战不只是来自后世代，也来自既非顽固的实证主义者亦非老派思想的坚守者的人，他们是了解科学、理性和传统左派政治所遭遇到的问题的人——但是他们相信，对科学的批判应该启发未来，而不是导向着面对灰烬冥想。[46]

后现代主义之后会有什么？从过去应学到的主要教训是，预测未来是危险的，所以我们只能举出我们的恐惧和希望。一个可能性是导致某种形式的独断主义、神秘主义（亦即，新时代）或某些极

---

[46] 另一个让人振奋的表征是，在法国（古第[Coutty]，1998）和美国（桑德，1998）都有学生做出了一些非常有洞见的评论。

端主义的反挫。这或许不太可能，至少在学术圈中；但理性的消亡如此彻底，足以为更极端的非理性主义铺路。如果是这样，知识生活会每况愈下。第二种可能性是，知识分子会不愿意（至少一二十年间）对既存社会秩序做任何彻底的批判，不是卑躬屈膝地支持它——像有些前法国左派知识分子在1968年之后的表现，不然就是完全退出政治参与。然而，我们希望的方向不同：我们希望出现一种知识文化，是理性主义而非独断主义的；心态是科学的而非科学至上的；心胸是开放而非轻浮的；政治上是进步的而非党同伐异。但是，这当然只是一个希望，也或许只是一个梦想吧。

附录 A　逾越边界：朝向一个转形的量子引力诠释学[*]

　　逾越学科的疆界……[是] 一种颠覆的工作，因为它有可能侵犯已被接受的知觉方式。最是固若金汤的疆界，就在自然科学与人文科学之间。

　　　　　　　　　　　　——瓦莱丽·格林伯格（Valerie Greenberg），

　　《逾越的阅读》（*Transgressive Readings*）（1990，第 1 页）

　　将意识形态转化为批判科学……这种斗争进行的基础在于，对所有科学和意识形态预设的批评，必须是唯一绝对的科学原则。

　　　　　　　　　　　　——斯坦利·阿罗诺维茨（Stanley Aronowitz），

　　《科学作为权力》（*Science as Power*）（1988b，第 339 页）

　　有许多自然科学家，尤其是物理学家，一直拒绝承认以社会或文化批评为务的学科会对他们的研究有什么贡献，就算有也可能微不足道。若说他们的世界观必须借这种批评的智慧来改写或重建，

---

*　原刊于《社会文本》，46/47（春 / 夏，1996），第 217—252 页。©Duke University Press。

他们就更不接受了。与此相反，他们紧握启蒙之后支配西方知识图

213 景的长久霸权之教条而不放。这种教条可简要叙述如下：存在着一
个外在的世界，其属性独立于任何个体，更和人类全体无关；这些
属性以"永恒的"物理定律加以编码（encoded）；而人类可以借
由固守（所谓的）科学方法规定的"客观"程序和知识论的严格步
骤，取得关于这些定律的可靠知识，而不是这些知识不完全或者仅
是试验性的。

但 20 世纪科学中概念的深刻转换，已经侵蚀了这种笛卡儿－
牛顿式的形而上学[1]；历史和科学哲学中的修正主义研究，进一步
怀疑其信誉[2]；晚近，女性主义批评和后结构主义批评，解除了主
流西方科学实践之实质内容的神秘性，揭开隐藏在"客观性"外表
下之支配的意识形态。[3] 如此，情形愈来愈明显，物理"实在"根
本上就是一种社会和语言的建构，其程度不亚于社会的"实在"；
而科学"知识"根本不是客观的，而是反映了支配的意识形态以及
这意识形态所产生的文化之权力关系，并将之编码；科学的真理主
张内在地具有理论负载性和自我指涉性；因此，在由异议或边缘社
群散发出来的反霸权叙述看来，科学社群的论述虽然其价值不可否
认，也不能坚称有比前者优越的知识论地位。这些论题，在阿罗诺
维茨对于产生量子力学的文化构造分析[4]中；在罗斯关于后量子科
学中之反对论述的讨论中[5]；在伊利格瑞和海勒斯对流体力学里暗

---

[1] 海森堡（1958）、玻尔（1963）。
[2] 库恩（1970）、费耶阿本德（1975）、拉图尔（1987）、阿罗诺维茨（1988b）、布鲁
尔（1991）。
[3] 麦钱特（Merchant, 1980）、凯勒（Keller, 1985）、哈丁（1986, 1991）、哈拉维
（Haraway, 1989、1991）、贝斯特（1991）。
[4] 阿罗诺维茨（1988b，特别是第 9 章及第 12 章）。
[5] 罗斯（1991，引言及第 1 章）。

中将性别编码（gender encoding）的问题的阐述中[6]；在哈丁对于普遍隐藏在一般自然科学，特别是物理学当中的性别意识形态所进行的广泛批判[7]当中，都有迹可循，尽管每个人强调的重点有些不同。

在这里，我的目标是考虑量子引力（quantum gravity）理论中晚近的发展，将这些深刻的分析再推进一步，在这新近出现的物理学支派中，海森堡的量子力学和爱因斯坦的广义相对论同时被综合并取代。在量子引力中，我们将会看到，时空流形不再作为一个客观的物理实在而存在；几何学变成是相对的依语境关系而定；而先验科学的基本概念范畴（其中特别是存在本身）被问题化，也被相对化。我将论证的是，这种概念的革命对一种未来的后现代以及解放的科学（liberatory science）的内容，有深远的影响。

我所采取的步骤如下：首先，我将简短回顾由量子力学和古典广义相对论所引起的一些哲学或意识形态议题。其次，我会描述一下新兴的量子引力理论，并讨论它所引起的一些概念问题。最后，我将评论这些科学发展所具有的文化及政治意涵。应该强调的是，这篇文章必然只是试探性的初步尝试；我不会假装回答了所有我提出的问题。我的目的反而是吸引读者的注意力，去注意物理科学中的一些重要发展；并尽我所能，勾勒出这些发展的哲学和政治意蕴。我在这里已努力将数学成分降至最低；不过我也注意到要为一些有兴趣的读者提供参考文献，让他们可以找到所有必要的细节数据。

---

[6]　伊利格瑞（1985）海勒斯（1992）。
[7]　哈丁（1986，特别是第 2 章及第 10 章）；哈丁（1991，特别是第 4 章）。

量子力学：测不准、互补性、不连续性和相互连通性

215 　　我在此的意图，不是要对量子力学的概念性基础展开广泛的辩论。[8] 只消这么说：任何认真研究过量子力学方程式的人，都会同意海森堡对他著名的"**测不准原理**"（uncertainty principle）所做的慎重的（measured，标准的）（请原谅此处的一语双关）总括说法：

> 　　我们再也无法独立于观察的过程而谈论粒子的行为。作为一个最终的结果，量子理论中以数学方式形构的自然定律，已不再是处理基本粒子本身，而是处理我们对粒子的认识。问这些粒子是否客观地存在于空间和时间之中，再也不可能了。……
>
> 　　当我们以我们这个时代的精确科学谈论自然的图像时，我们所指的自然图像，不过就是**我们与自然之关系的图像**。……科学不再以一个客观观察者的态度与自然面对，而是把自身看作一个演员，在人［照抄原文］与自然的对手戏中插一角。分析、说明、归类的科学方法，已意识到它自己的限制，这个限制之出现是因为，科学借由它的介入，改变也重新塑造研究的对象。换句话说，方法和目标不再是分开的。[9][10]

---

[8]　　相应观点，例见亚美尔（Jammer, 1974）、贝尔（Bell, 1987）、艾伯特（1992）、杜尔、戈德斯坦及仓吉（Durr, Goldstein and Zanghí, 1992）、温博格（1992，第4章）、科尔曼（Coleman, 1993）、莫德林（Maudlin, 1994）、布里克蒙（1994）。

[9]　　海森堡（1958，第15、28—29页），黑体部分为原文中所有。亦见奥弗斯特里特（Overstreet, 1980）、克瑞基（Craige, 1982）、海勒斯（1984）、格林伯格（1990）、布克（Booker, 1990）及波特（Porter, 1990），他们皆在相对主义的量子论和文学理论之间，交叉吸收观念的养分。

[10]　不幸的是，海森堡的测不准原理经常被业余哲学家所误解。如德勒兹和加塔利（1994，第129—130页）透彻地指出：

> 　　在量子力学中，海森堡的恶灵也未表示，在测量与被测量者之主观互涉的基础上测量一个粒子位置和速度是不可能的，而是它精确地测量客观事态，将它的两个粒子的个别位置遗留在其实现（actualization）的场域之外，

尼尔斯·玻尔也循同样的理路说道：

> 一般物理学意义中所指的一项独立事实……既不能将之归属于现象，也不能归因于观察的中介者。[11]

阿罗诺维茨很有说服力地将这种世界观追溯到第一次世界大战前后发生在中欧的自由主义霸权危机。[12][13]

量子力学另一个重要的方面，是它的**互补性**（complementarity）或**辩证法**（dialecticism）。光是一种粒子还是一种波？互补性"是一种实现：粒子和波的运动虽互相排斥，但两者对于完整描述所有现象都是必要的"。[14]更概括而言，海森堡提醒：

独立变量的数量减低，而坐标值有相同的或然率……透视主义，或说科学相对主义，绝不是相对于一个主体的：它并不构成一种真理的相对性，而是与之相反，构成一个相对性的真理，也就是说，变量的真理，它根据它在变量所在之坐标系里抽取出来的值，去安排各变量的情形。……

[11]　玻尔（1928），引文见派斯（Pais，1991，第314页）。

[12]　阿罗诺维茨（1988b，第251—256页）。

[13]　亦见波鲁什（Porush，1989），他非常精彩地解释了第二群科学家和工程师——即控制论工程师（cyberneticist）——如何策划颠覆量子力学最具革命性的连带关系。波鲁什批评的主要限制在于，它仍只停留在文化和哲学的层面；但他的结论可能会因经济和政治因素而大大获得强化。（例如，波鲁什未提到控制论工程师，克劳德·香农［Claude Shannon］，也任职于当时电话的垄断机构AT&T。）我想，仔细分析会知道，控制论能够在20世纪四五十年代打败量子论，有一大部分的原因在于，对于资本主义一心一意将工业生产自动化的趋力，控制论是最重要的中心，相较之下，量子论对于工业只有边缘的重要性。

[14]　派斯（1991，第23页）。阿罗诺维茨（1981，第28页）批注道，波粒二象性使"现代科学要求总体的意志"变得很有问题：

> 物理学中波和粒子之物质理论的差异、海森堡发现的测不准原理、爱因斯坦的相对论，这些都是对于不可能达成一个大统一场理论所做的妥协适应——在这统一场论中，就一个提出同一性的理论而言是差异的"异例"者，或许不必挑战科学本身的预设就能加以解决。

关于这些观念的进一步发展，见阿罗诺维茨（1988a，第524—525、533页）。

217　　　　我们用来描述原子系统的不同直觉图像，对于给定的实验虽然充分适当，但却是相互排斥的。因此，譬如说，玻尔原子可以被描述为一个小规模的行星系统，有一个中心的原子核，外围有电子环绕。然而，对于其他的实验而言，去想象原子核周围被一个驻波系统环绕，波频率是来自原子辐射的特征，这样会比较方便一点。最后，我们还可以化学的方式来看原子。……如果用在正确的位置，每一种图像都是恰当的，但不同的图像间却彼此矛盾，因此我们也可以说它们是互补的。[15]

玻尔又说：

　　　　对同一个对象的完整阐述，可能需要"抗拒单一描述的"多样观点。严格说来，对于任何概念进行有意识的分析，的确与概念的直接运用处于互斥的关系。[16]

218　这种对后现代知识论的预告，绝对不是偶然的。关于互补性和解构之间深刻的相通性，近来有弗洛拉（Christine Froula）[17]和霍纳（John Honner）[18]做过说明，而普罗特尼斯基（Arkady Plotnitsky）

---

[15]　海森堡（1958，第40—41页）。

[16]　玻尔（1934），引文见亚美尔（1974，第102页）。玻尔对互补性原理的分析，也使他具备了一种就其时空而言很明显的进步的社会观。参考下面1928年一场讲座的引文（玻尔，1928，第30页）：

　　　　也许我要在这里提醒你们，在某些社会里，男性与女性的角色甚至是倒过来的，不只就家庭和社会职责而言，就行为和心态而言亦然。在这种情形下，我们当中许多人或许一开始会害怕承认这种可能性，即是，我们所谈到的人有他们自己的特殊文化而像我们，而我们有自己特殊的文化而不像他们的，这完全是命运的一时之念造成的。即便如此，在这方面不抱任何怀疑的态度，其实就暗中透露了一种内含于所有人类文化底层的民族自满，这是很清楚的。

[17]　弗洛拉（1985）。

[18]　霍纳（1994）。

的阐释则又更深刻。[19][20][21]

量子力学的第三个面向是**不连续性**（discontinuity）或**断裂**（rupture）。就像玻尔所解释的：

> ［量子论的］本质，可以用所谓的量子设准来表示，它赋予任何原子的过程一种本质的不连续性，或者更是一种个体性，完全非古典理论所熟知的那一套，普朗克的量子作用（quantum of action）[22] 是其象征。

半个世纪之后，"量子跳跃"（quantum leap）这个表达已深入我们   219

---

［19］ 普罗特尼斯基（1994）。这本令人印象深刻的著作也说明了与哥德尔证明形式系统的不完备性，以及与斯柯林（Skolem）建构之非标准算数模型的密切关联，也和巴塔耶（Bataille）的总体经济学密切相关。关于巴塔耶的物理学进一步的讨论，见霍琪罗斯（Hochroth, 1995）。

［20］ 还可以举出无数其他的例证。例如，芭芭拉·约翰逊（Barbara Johnson, 1989，第 12 页），她并未具体指涉量子力学，但奇妙的是，她对解构的说法却精确扼要道出了互补性原理：

> 舍弃简单的"非/即"（either/or）结构，解构企图经营出一种论述，**既不说"非/即"，也不说**"既是/也是"（both/and），更不说"不是/也不是"（neither/nor），同时也不完全放弃这些逻辑。

另见麦卡锡（McCarthy, 1992），他的分析发人深省，其中有关（非相对论的）量子力学和解构彼此间之"串通"的部分提出了令人困扰的问题。

［21］ 关于这点，容我在此做一个个人的回忆：十五年前，我还是一个研究生的时候，在做相对论的量子场论研究，引导我找到一个方法，我称之为"解［建］构的量子场论"（de［con］structive quantum field theory）（索卡尔，1982）。当然，在那时候，对于德里达解构哲学和文学理论之作品，我一无所知。然而回想起来，这里有一种令人讶异的类同性：我的作品可以当作一个探索来阅读，探索关于四维时空中纯量量子场论（用术语而言，就是 φ_4^4 理论的"重整化的摄动理论"［renormalized perturbation theory］）的正统论述（例如：依捷克森［Itzykson］和祖柏尔［Zuber］，1980），如何能够被视为断定了本身的不可靠，并因此削弱自己的肯定性。从那时候起，我的作品就转移到其他问题，大多是和相变（phase transition）有关的；但是两个领域之间微妙的类同性是可以分辨的，特别是关于不连续性的部分（见注［22］及［81］）。关于量子场论中之解构的进一步例证，参考梅尔兹和克诺尔·塞蒂纳（Merz and Knorr Cetina, 1994）。

［22］ 玻尔（1928），引文见亚美尔（1974，第 90 页）。

的日常语汇中，以至于我们可能使用它，却完全未意识到这说法是源自物理理论。

最后，贝尔定理[23]和最近的扩大应用[24]显示，此时此地的观察行为不只会影响正在观察的对象，也会影响**任意一个遥远的客体**（譬如说，仙女座星系），就如海森堡告诉我们的那样。这种被爱因斯坦称为"幽灵"（spooky）的现象硬是对传统的空间、客体和因果关系[25]的机械式概念，给予彻底的重新评估，也暗示着一种替代的世界观，在这种世界观中，宇宙的特点是相互连通性（interconnectedness）以及整体论（[w] holism）：物理学家戴维·玻姆（David Bohm）称之为"隐序"（implicate order）。[26]对于这些来自量子力学的见解，新时代的诠释常常过于跳跃而变成没有根据的臆想，但是论证的普遍效力还是不可否认的。[27]用

220

---

[23] 贝尔（1987，特别是第 10 章和第 16 章）。亦见莫德林（1994，第 1 章）清楚的说明，读者不需要具备比高中代数更高的专门知识就能了解。

[24] 格林伯格等人（1989、1990），默明（1990、1993）。

[25] 阿罗诺维茨（1988b，第 331 页）观察量子力学中非线性的因果关系以及它和时间之社会建构的关系，结果颇具煽动力。

> 线性因果论假定，因与果之间的关系可以用一个时间连续的函数来表示。由于量子力学最近的发展，我们得以假设，有可能知道没有因的果为何；用隐喻修辞来说，也就是，果能预见因，因此我们对果的感知或许是在"果"实际发生之前。这种挑战我们传统线性时间观和因果观的假设、主张时间逆转之可能性的假设，也提出了以下问题："时间之箭"的概念内蕴于所有科学理论的程度究竟有多大。如果这些实验成功，关于"钟面时间"是以何种方式在历史上建构而成的结论，将会开放接受质疑。我们已经用实验的方式"证明"了哲学家、文学及社会评论者长久以来所怀疑的事：时间，有一部分是传统的建构，它之分散成时与分，是早期布尔乔亚社会中需要工业纪律、需要理性组织社会劳力下的一个产物。

林伯格等人（1989、1990）和默明（1990、1993）的理论分析，对这个现象提供一个惊人的例证：见莫德林（1994）对因果性和时间性概念所隐含之意义的详细分析。一项扩展亚斯培克（Aspect）等人工作的实验测试很可能会在未来几年内进行。

[26] 玻姆（1980）。关于量子力学和心灵－身体问题的密切关系，戈德斯坦的书（1983，第 7、8 章）有所讨论。

[27] 众多文献中，卡普拉（Fritjof Capra，1975）的书具科学的精确性，非专学于此的人也可以懂，值得推荐。此外，谢尔德雷克（Sheldrake，1981）的书虽然偶有空想，大致而言亦是言之有据的。罗斯（1991，第 1 章）对"新时代"的理论提出

玻尔的话说："普朗克之发现**基本作用量子**（elementary quantum of action）……揭示了原子物理学中固有的**整体性**特征，远远超出了物质之有限可分性的古老观念。"[28]

古典广义相对论的诠释学

在牛顿力学的世界观中，空间和时间是截然分明而且绝对的。[29]爱因斯坦的狭义相对论（1905）中，时间与空间的区分消融了：只有一个新的统一体，四维时空，而观察者对"空间"和"时间"的知觉，有赖于她的运动状态。[30]赫尔曼·闵可夫斯基

同情但批判的分析。对于卡帕拉由第三世界观点出发之作的批判，见阿尔瓦雷斯（Alvares，1992，第 6 章）。

[28]　玻尔（1963，第 2 页），强调的部分为玻尔原文所有。

[29]　牛顿的原子论将粒子当作是超散（hyperseparated）于空间和时间而来处理，不去强调其相互连通性（interconnectedness）（普鲁姆伍德 [Val Plumwood]，1993a，第 125 页）；确实，"力学架构中唯一允许存在的'力'，是动能（kinetic energy）的力——经由接触产生的运动能量——所有其他的力，包括超距作用，都被视为是神秘的"（马修 [Mathews]，1991，第 1 章）。对于牛顿机械世界观提出批判分析者，见韦尔（1968，特别是第 1 章）、麦钱特（1980）、贝尔曼（Berman，1981）、凯勒（1985，第 2、3 章）、马修（1991，第 1 章）以及普鲁姆伍德（1993a，第 5 章）。

[30]　根据传统教科书的说法，狭义相对论关心的是等速相对运动中与两个参考坐标系相关的坐标转换。但这是一种极具误导性的过度简化，如拉图尔（1988）所指出的：

　　　　一个人如何能决定，是否在一辆火车上对一个落石所做的观察和从堤防上对同一个落石所做的观察一致？如果只有一个或**两个**参考坐标系，无法找到任何解答，因为在火车上的人宣称他观察到一条直线，而站在堤防上的人说他看到一条抛物线。……爱因斯坦的解答是考虑**三个**行为者：一个在火车上、一个在堤防上，第三个是作者 [主述者]，或者他的一个代表人，他试图叠加由另外两者送回来的编码后的观察记录。……没有了这个"主述者"的立场（藏在爱因斯坦的说明背后），没有了计算中心（centres of calculation）的概念，爱因斯坦自己的技术论证就是有问题的。

（第 10—11 页及 35 页，黑体为原文所有）

最后，诚如拉图尔聪明又确切的观察，狭义相对论冷却成这样的命题：

　　　　可以增加、减少、累积和组合更多比较不具特权的参考坐标系，观察者可以被委派到更多在无穷大（宇宙）或无限小（电子）的地点，而他们所送回来的读数会是可以理解的。他 [爱因斯坦] 的书大可以命名为"带回长途

（Hermann Minkowski，1908）表明：

221
      此后，空间与时间本身，都注定消逝为阴影，只有两者的某种结合才能保住一个独立的真实。[31]

然而，闵可夫斯基式时空之下隐藏的几何学，依然是绝对的。[32]
    直到在爱因斯坦的广义相对论（1915）中，才出现了彻底的概念上的断裂：时空的几何结构变成偶然的、动力性的，将自身编码入引力场之中。在数学方面，爱因斯坦和可上溯至欧几里得的传统决裂（而这个传统至今犹令中学学子深受其苦！），转而使用黎曼所发展出来的非欧氏几何学。爱因斯坦的方程式是高度非线性的，这就是为什么受传统训练的数学家会觉得这些方程式那么难解。[33]牛顿的重力理论相当于对爱因斯坦方程式粗糙的（因而在概念上产生误导）截断，使其非线性完全被忽略了。爱因斯坦的广义相对论包含牛顿理论中所有推定为成功的部分，然而更超越牛顿，预测出直接来自非线性的全新现象：太阳使星光折曲，水星近日点的岁差进动，以及恒星的引力塌缩成为黑洞。

222
    广义相对论如此怪异，以致它的一些结果听起来竟像科幻小说——这些结论是由无懈可击的数学推导出来的，而且也透过天文

科学旅人的新指引"。

（第22—23页）

拉图尔对爱因斯坦逻辑的批判分析，为非科学家提供了有关狭义相对论的出色的入门指导。

[31] 闵可夫斯基（1908），由洛伦兹等人（1952，第75页）翻译。
[32] 不消说，狭义相对论不但提出关于空间和时间的新概念，也提出新的力学概念。如维利里奥所指出的（1991，第136页），在狭义相对论中，"速度球面的空间，空间-速度，物理学上是由所谓的'逻辑斯谛方程'所描述的，'逻辑斯谛方程'是质量和其位移速率之乘积的结果，$M \times V$。"牛顿公式这种激烈的改变，造成深远的后果，特别是在量子理论中：见洛伦兹等人（1952）及温伯格（1992）更进一步的讨论。
[33] 贝斯特（1991，第225页）触探了这困难的症结，即"不像牛顿力学甚至量子力学中所使用的线性方程式，非线性方程式没有简单的加成特性，以便借此特性，由简单、独立的部分建构出一连串的解"。为此之故，牛顿的科学方法底下隐藏的原子化、还原论和抽离脉络（context-stripping）的策略，在广义相对论中就失效了。

物理学的观察渐渐获得肯定。如今，黑洞已经众所周知，而虫洞（wormhole）也开始进场。或许较不为人所熟悉的是哥德尔建构的一种爱因斯坦时空，这一时空中存在封闭的类时曲线：也就是，一个有可能回到自己之过去的宇宙！[34]

因此，对于空间、时间和因果关系，广义相对论强加给我们一种全新且反直觉的观念[35][36][37][38]；这不只对自然科学，也对哲

223

[34] 哥德尔（1949）。关于此一领域最近的作品摘要，见霍夫特（'t Hooft, 1993）。

[35] 这些新的空间、时间和因果关系概念出现，一部分在狭义相对论中已可见前兆。因此，亚历山大·阿吉罗斯（Alexander Argyros）批注道：

> 在一个由光子、引力子、中微子所主宰的宇宙中，也就是说，在最早的宇宙中，狭义相对论暗示，之前和之后的任何区分都是不可能的。对于一个以光速来行进的粒子，或者一个在以普朗克尺度比例衡量的距离中穿梭的粒子而言，所有的事件都是同时发生的。

然而，我不能同意阿吉罗斯的结论，他说德里达的解构因此是不能适用于早期宇宙的宇宙论知诠释学：阿吉罗斯对此结果的论证，是建立在广义相对论不可避免的脉络下，将狭义相对论做一种不可允许的整全化运用（用术语说是"光锥坐标"[light-cone coordinate]）。（另有一个类似但比较不能原谅的错误，见注[40]。）

[36] 利奥塔（1989，第5—6页）指出，不只广义相对论，连现代基本粒子物理学都强加了一种新的时间观：

> 在当代物理学和天文物理学中……一个粒子带有一种基本的记忆，于是也有一个时间的滤器。这就是为什么当代物理学家倾向于认为时间是由物质本身发散出来的，时间不是外在或内在于宇宙中的一个存在，将所有不同的时间汇集成为宇宙历史。只有在某些地带，这种（只是部分的）综合才能被察觉出来。在此观点上，或许会有复杂性渐增的决定论区域存在。

此外，米歇尔·塞尔（1992，第89—91页）已注意到，混沌理论（格莱克[Gleick], 1987)）和渗流理论（施陶费尔[Stauffer], 1985）已挑战了传统的线性时间观：

> 时间不是总是沿着一条线……或一个平面流动，而是沿着一个异常复杂的流形，好似显示着停顿点、断裂、汇壅（puits）、飞快加速的漏斗、裂痕、空隙，全都四处播洒……时间以一种紊乱而混沌的方式流去；它渗流。（以上由我翻译为英文。请注意，在动力系统理论中，"puits"是一个术语，意为"sink"即"聚槽"，亦即"源头"[source] 的反义词。）

这些对于时间本质的见解，由不同支的物理学所提出，进一步证明了互补性原则。

[37] 广义相对论可以被解读为确证了尼采式的对因果性之解构（例见卡勒[Culler], 1982，第86—88页），虽然有唯心论者觉得这种诠释很有问题。对照之下，在量子力学中，这个现象是相当坚实地确立了（见注[25]）。

[38] 广义相对论当然也是当代天文物理学和物理宇宙学的出发点。见马修（1991，第

学、文学批评以及人文科学造成了深远的影响，并不令人讶异。例如，三十年前，在一场著名的学术讨论会"批判的语言和人文科学"（*Les Langages Critiques et les Sciences de l'Homme*）中，让·伊波利特（Jean Hyppolite）就德里达在科学论述中的结构和符号理论提出了一个尖锐的问题：

> 譬如说，当我取某种代数建构（整体）的结构时，中心在哪里？中心是多多少少可以让我们理解元素间相互作用的普遍规则知识吗？或者中心是某种在整体中享有一种特殊地位的元素？……譬如，由于爱因斯坦，我们看到某种经验证据的特权之终结。在该联结中，我们看到一个常数出现，一个时空组合的常数，这个常数并不属于任何一个经验过这一经验的实验者，然而却以某种方式支配整个建构；而这个常数的概念——这就是中心吗？[39]

德里达敏锐的回答，直指古典广义相对论的核心：

> 爱因斯坦式的常数不是一个常数，不是一个中心。它正是可变易性的概念——最终，就是游戏的概念。换句话说，它不是**某物**的概念——一个观察者能够由之开始掌握该领域的中心——而正是游戏的概念……[40]

224

59—90、109—116、142—163 页），对广义相对论（及其综合应用称为"几何动力学"[geometrodynamics]）和一种生态宇宙观之间的关系有详尽的分析。想知道在同一条在线进行的一种天文物理学思索，见普里马克和阿布拉姆斯（Primack and Abrams, 1995）。

[39] 讨论见德里达（1970，第 265—266 页）。

[40] 德里达（1970，第 267 页）。右派批评家格罗斯和莱维特（1994，第 79 页）曾嘲笑过这段陈述，一意将之误解为一则关于狭义相对论的主张，在**狭义**相对论中，爱因斯坦的常数 c（光在真空中的速度）当然是常数。没有一个熟悉当代物理学的读者——除非是意识形态上有偏见——会无法理解德里达毫不含糊地指涉广义相对论。

以数学术语来说，德里达的观察相关于在非线性时空差异形态（space-time diffeomorphism）（时空流形［space-time manifold］的自我映射，是无穷可微的但不必然是可解析的）之下，爱因斯坦场方程 $G_{\mu\nu}=8\pi GT_{\mu\nu}$ 的不变性。关键点在于这个不变群（invariance group）"及物地作用"（acts transitively）：意思是说，任何时空的点，如果存在的话，都可以被转换为任意其他的点。如此，无限维的不变群就蚀去了观察者与被观察者的分界；欧几里得的 π 和牛顿的 G，以前被认为恒定而且普遍，现在则不可避免地要在其历史性中被觉知；而假定的观察者注定变成去中心的，与任何时空点的知识链接切断联系，并且再也无法单以几何学来定义。

量子引力：弦、织状物，或形态发生场？

然而，这种诠释在古典广义相对论中虽然是适当的，在新出现的后现代量子引力观中却变得不完整。连几何学化身的引力场都变成非交换（non-commuting）（因此也是非线性的）算符时，以 $G_{\mu\nu}$ 作为几何实体的古典诠释法如何获得支持？现在不只是观察者，连几何的概念本身都变成关系性的，依前后语境而定的。

因此，量子论和广义相对论的综合是理论物理中尚未解决的中心问题[41]；今天，没有人能自信地预测，这一综合的语汇和本体论

［41］ 伊利格瑞（1987，第77—78页）已指出，量子论和场论之间的冲突，事实上是开始于牛顿力学之历史发展的高峰：

牛顿式的断裂将科学的事业引入一个感官认知不被看重的世界，一个正好会导致物理学对象标的灭绝的世界：这对象是宇宙的物质（不论其属性）以及构成这宇宙的身体的物质。再者［d'ailleurs］，就是在这一科学中，分裂存在：譬如，量子论／场论、固体力学／流体力学。但是，被研究物质的不可感知性，经常随之造成固体在科学发现中的矛盾优势，以及一种延迟，甚至是放弃对力场之无穷性的分析。

会是什么，更别说它的内容，它何时会出现或会不会出现。然而，对理论物理学家在试图了解量子引力时所使用的隐喻和意象做一番历史性的检验，是有帮助的。

在普朗克尺度（Planck scale）上（大约 10^{-33} 厘米）将几何学可视化的最早尝试，可上溯到 20 世纪 60 年代初——将之描绘为"时空的泡沫"：时空曲度的泡泡分享着一个复杂、不断在改变的相互连通的拓扑学。[42] 但是物理学家无法将这个研究取向继续推进，或许因为拓扑学和流形理论当时发展得并不充分（见下文）。

20 世纪 70 年代，物理学家尝试一个更为传统的取径：简化爱因斯坦方程式，假装它们几乎是线性的，然后将量子场论的标准方法应用到已因此而过度简化的方程式。但是这个方法也失败了；结果爱因斯坦的广义相对论，用术语来说是"受搅动而不可重整"（perturbatively nonrenormalizable）。[43] 意思是说，爱因斯坦广义相对论的强烈非线性是内在于理论的；企图假装其非线性是微弱的，就只是自相矛盾而已。（无需惊讶：近乎线性的研究取向破坏了广义相对论最重要的特色，就像黑洞。）

20 世纪 80 年代，名为弦理论（string theory）的一个非常不同的取径，变得很流行：在此，物质的基本构成要素不是点状的粒子，而是极细的（普朗克尺度的）封闭和开放的弦。[44] 在这个理论中，时空流形并不作为一个客观的物理实在而存在；相反地，时空是一个衍生的概念，一个只有在大的长度尺度上才有效的近似值（"大"意指"比 10^{-33} 厘米大很多"！）。有一阵子，许多拥抱弦

226

在这里，我修正了"d'ailleurs"的音译法，它的意思应该是"morever"（再者）或"besides"（此外）（而不是"however"）。
[42] 惠勒（Wheeler，1964）。
[43] 艾沙姆（Isham，1991，3.1.4）。
[44] 格林（Green）、施瓦茨（Schwarz）及威滕（1987）。

理论的人以为，他们已经快接近万有理论（Theory of Everything）了——谦虚可不是他们的美德——现在还是有人这么认为。但是弦理论在数学上的困难重重，也不清楚最快什么时候会获得解决。

晚近，一小群物理学家回到了爱因斯坦广义相对论的完全非线性上，并使用阿贝·阿希提卡（Abhay Ashtekar）发明的一种新的数学符号系统，企图赋予相应的量子论的结构视觉形象。[45]他们取得的图像很有趣：一如在弦理论中，时空流形只是一个在大距离上才有效的近似值，不是一个客观的实在。在小的（普朗克尺度）距离上，时空的几何学是一织状物（weave）：一个复杂的线的相互连通关系。

最后，近几年，由数学家、天文物理学家和生物学家的跨学科合作而提出的一项令人兴奋的提议渐渐成形：这就是形态发生场（theory of the mathematigenetic field）的理论。[46]自 20 世纪 80 年代中期以来，证据不断累积，这个领域首先由发展生物学家加以概念化[47]，事实上是和量子引力场密切相连的[48]：（a）它弥漫所有空间；（b）它和全部的物质和能量互动，不论该物质／能量是否是充满磁力的；而且最重要的，（c）它就是数学上所知的"对称的次级张量"（symmetric second-rank tensor）。这三种属性都是重力

227

---

［45］ 阿希提卡、罗维里及斯莫林（Ashtekar, Rovelli and Smolin，1992）以及斯莫林（1992）。

［46］ 谢尔德雷克（1981、1991）、布里格斯和皮特（Briggs and Peat，1984，第 4 章）、葛兰内罗－波拉提和波拉提（Gramero-Porati and Porati，1984）、卡查林诺夫（Kazarinoff，1985）、许夫曼（Schiffmann，1989）、普撒雷夫（Psarev，1990）、布鲁克斯和卡斯拖（Brooks and Castor，1990）、海诺宁、基佩莱纳及马休（Heinonen, Kilpeläinen and Martio，1992），蓝兴（Rensing，1993）。对此一理论的数学背景做深入处理者，见托姆（1975、1990）；对支持这一方法和相关取径的哲学基础有简短而具洞见的分析者，见罗斯（1991，第 40—42、253［注］页）。

［47］ 沃丁顿（Waddington，1965）、科纳（Corner，1966）、吉雷尔（Gierer）等人（1978）。

［48］ 一些早期的实验者认为，形态发生场可能可以和电磁场相连，但是现在已经知道，这只不过是一个暗示的比方：见谢尔德雷克（1981，第 77、90 页）清楚的阐释。也注意下文的（b）点。

的特色；几年前也证明了唯一一个自成一体的对称次级张量场的非线性理论，是爱因斯坦的引力场论，至少在低能量的时候。[49]因此，如果（a）（b）（c）的证据成立，我们可以推论形态发生场是爱因斯坦引力场的量子对等物。直到最近，这个理论还一直被高能物理学的正统人士所忽略，甚至瞧不起，传统上他们非常讨厌生物学家侵犯他们的"势力范围"（turf）。[50]然而，一些理论物理学家近来已经开始重新思考这个理论，有可能在最近的未来有进一步的发展。[51]

228　　要说弦理论、时空织状或是形态发生场会在实验室中获得证明，现在还太早：实验并不容易做。但有趣的是，三种理论都有类似的概念特色：强烈的非线性、主观性的时空、绝对不变的通量，以及对相互连通性的拓扑学（topology of interconnectedness）的强调。

微分拓扑学和同调

大部分的圈外人都不知道，20世纪70年代和80年代时，理论物理学家经历了一个重要的转型——虽然还不是真正意义上的库恩

---

[49] 博尔韦尔和戴塞（Boulware and Deser，1975）。

[50] "势力范围"效果的另例，参见乔姆斯基（1979，第6—7页）。

[51] 要公平看待高能物理学的建制，我应该提到，他们反对这个理论还有一个原因：只要该理论提出一种次量子互动，链接贯彻宇宙的所有形态，用物理学术语来说，它就是一个"非定域的场论"（non-local field theory）。现在，19世纪以来的古典理论物理学的历史，从麦克斯韦的电磁学到爱因斯坦的广义相对论，就其深层意义而言，可以被视为一股远离超距运动（action-at-a-distance）理论而朝向**定域场论**（local field theory）的潮流：以术语来说，是偏微分方程式所能表示出来的理论（爱因斯坦和因费尔德[Infeld]，1961；海勒斯，1984）。所以**非定域性**的场绝对是与之背道而驰的。但是，贝尔（1987）以及其他人已颇具说服力地论证道，量子力学的主要特性正是其非定域性（non-locality），贝尔定理及其推广也是这么表示（见注[23]、[24]）。因此，非定域性的场论虽然与物理学家的古典直觉相龃龉，却不只是自然的，事实上在量子的环境中也是比较受到**偏爱的**（或许更可能是**必然的？**）。这就是为什么古典广义相对论是一个定域的场论，而量子引力（不论是线状、波状或形态发生场）本来就是非定域的。

式范式转移：只局部处理时空流形的数理物理学（真实或复杂的分析）的传统工具，被解释宇宙全局（全观［holistic］）结构的拓扑学取径（更确切而言，是不同于微分拓扑学的方法[52]）所取代。这一趋势可见于对规范场论（gauge theory）[53]、涡旋介导相变（vortex-mediated phase transition）理论[54]、弦理论和超弦理论（superstring theory）三者中之不规则的分析。[55] 在这几年之中，有无数关于"物理学家的拓扑学"的书或评论文章出版。[56]

大约同时，在社会科学与精神分析科学中，拉康指出微分拓扑　　229
学所扮演的关键角色：

> 这个图形［莫比乌斯带］在构成主体的纽结中，可被视为起源处的一种必要铭记的基础。这比你原先想的走得更远，因为你可以寻找能够接收这种铭记的曲面。你也许会发现，球面这代表整体性的旧象征是不适合的。圆环面、克莱因瓶、交叉曲面都可以接受这种切割。而这种多样性是非常重要的，因为它说明了关于心理疾病结构的许多事情。如果以这种基本的切割来象征主体，以同样的方式，我们可以证明圆环面

---

[52]　微分拓扑学是数学的一支，研究那些不受平滑变形影响的曲面（及较高维的流形）的特性。因此，它所研究的特性主要是质的而非量的，而它的方法是全观（holistic）的而非笛卡儿式的。

[53]　阿尔瓦雷兹－高美（Alvarez-Gaumé, 1985）。机敏的读者会注意到，"常态科学"中的异例经常是未来范式转移的先驱（库恩，1970）。

[54]　科斯特利兹和索利斯（Kosterlitz and Thouless, 1973）。20世纪70年代的相变理论（theory of phase transitions），或许反映出较大文化范围中对不连续性和断裂愈来愈重的强调：见注［81］。

[55]　格林、施瓦茨和威滕（1987）。

[56]　此类典型著作有纳什（Nash）和森（Sen）。

的切割对应于神经疾病的主体，而交叉曲面对应于另一种心理疾病。[57][58]

230　一如阿尔都塞所正确评论的："拉康终于为弗洛伊德的思想提出它所需要的科学性概念。"[59]。近来，拉康的"主体拓扑学"（topologie du sujet）被应用到电影批评[60]和艾滋病的精神分析[61]中，成果丰硕。以数学名词来说，拉康在这里指出，球面的第一个同调群（homology group）[62]是显而易见的，其他曲面的同调群则是深刻的；而这种同调是和曲面在接收一个或更多个分割后的连通性

[57]　拉康（1970，第192—193页）1966年的讲座。关于拉康对数学的拓扑学中的观念之运用，朱朗维尔（Juranville，1984，第7章）、葛哈农－拉丰（1985、1990）、瓦培候（1985）和纳索（1987、1992）有深入的分析；刘平（1991）则提供了简短的摘要说明。海勒斯（1990，第80页）触及拉康式拓扑学和混沌理论之间秘密而有趣的关系，可惜她没有深入。关于拉康理论和当代物理学一些进一步类同点，也可参考齐泽克（Zizek，1991，第38—39、45—47页）。拉康也广泛运用了来自集合理论的数论：例见，米勒（1977/78）和拉格兰－沙利文（1990）。

[58]　在布尔乔亚社会心理学中，拓扑观念早在20世纪30年代就曾经被库尔特·勒温（Kurt Lewin）所使用，但是这个工作失败了，原因有二：第一，其个人主义意识形态的先入之见；第二，它依赖旧式的点－集拓扑学，而不是现代的微分拓扑学和突变理论。关于第二点，见巴克（Back，1992）。

[59]　阿尔都塞（1993，第50页）："Il suffit, à cette fin, de reconnaître que Lacan confère enfin à la pensée de Freud, les concepts scientifiques qu'elle exige." 这篇论《弗洛伊德与拉康》的著名论文首次发表于1964年，当时拉康的作品尚未达于其数学严格度的最高层次。该文英译刊于《新左派评论》（New Left Review）（阿尔都塞，1969）。

[60]　米勒（1977/78，特别是第24—25页）。此文后来在电影理论中变得相当有影响力：例见詹姆森（Jameson，1982，第27—28页）及该书所引用的参考数据。一如许塔特豪森（Strathausen，1994，第69页）所指出的，米勒的文章对不熟悉集合理论之数学用语的读者而言是艰涩了些，但是值得一读。对于集合理论良好的介绍，见布尔巴基（1970）。

[61]　迪恩（1993，特别是第107—108页）。

[62]　同调论（homology theory）是称作**代数拓扑学**的数学领域中两大支的其中之一。对同调论极好的介绍，见曼克勒斯（Munkres，1984）；比较通俗的说明，见艾伦伯格（Eilenberg）和斯廷罗德（Steenrod，1952）。全然相对主义的同调理论的讨论见艾伦伯格和摩尔（1965）。以辩证方法讨论同调论及与之成对的上同调（cohomology），见马西（Massey，1978）。以控制论方法讨论同调者，有沙路迪斯·伊·克劳沙（Saludes i Closa，1984）。

（connectedness）或不连通性（disconnectedness）相关的。[63] 此外，拉康还怀疑，物理世界的外在结构和其以纽结理论**表示的**内在心理表现之间存在密切的关联：这个假设最近由威滕（Edward Witten）所证实，他从三维的陈 - 西蒙斯量子场论（Chern-Simons quantum field theory）[64] 推衍出纽结不变量（knot invariants）（特别是琼斯多项式[65]）。

　　量子引力中出现类似的拓扑结构，但是由于所涉及的流形是多维的而非二维的，所以较高的下同调群也扮演重要的角色。这些多维流形（multidimensional manifolds）不再顺从传统笛卡儿式三维空间的形象：例如，由指认对跖点（antipodes）产生自普通三球面的投影空间 RP^3，会需要一个至少有五个维度的欧几里得底层空间。[66] 然而，较高的同调群可以透过一个适当的多维（非线性的）逻辑来感知，至少大约可知。[67][68]

231

---

[63] 关于同调和分割的关系，见赫许（Hirsch，1976，第 205—208 页）；量子场论中集体运动的一种应用，见卡拉乔洛（Caracciolo）等人（1993，特别是附录 A.1）。

[64] 威滕（1989）。

[65] 琼斯（Jones，1985）。

[66] 詹姆斯（1971，第 271—272 页）。然而，值得注意的是，RP^3 空间是同胚于传统三维欧式空间的旋转对称群 $SO(3)$ 的。因此，三维之欧式特性（Euclidicity）的某些方面仍被保留在后现代物理学中（尽管形式稍有修改），就像牛顿力学的某些方面稍有修改后，犹保留在爱因斯坦物理学中。

[67] 寇斯可（Kosko，1993）。亦见约翰逊（1977，第 61 页），分析了德里达和拉康对超越欧氏空间逻辑所做的努力。

[68] 塞金（Sequin，1994，第 61 页）沿着相关的线索，注意到"逻辑对于世界没说什么，它赋予世界的不过是理论思考之建构的特质。这解释了爱因斯坦以来的物理学为何一直依赖于替代的逻辑，像是否定排中律的三值逻辑（trivalent logic）"。朝这个方向有一项开先锋的作品（但很不公平地被遗忘了），由鲁帕斯科（Lupasco）所作（1951），同样是从量子力学获得灵感。亦见普鲁姆伍德（1993b，第 453—459 页），从具体女性主义的观点看非古典逻辑。关于非古典逻辑（"边界逻辑"）和赛博空间（cyberspace）的批判性分析，参见马克利（1994）。

流形理论：（全）洞（［Ｗ］holes）和边界

伊利格瑞在其著名的文章《科学主体是性歧视的吗？》中指出：

> 数学科学，在全体（wholes）理论［théorie des ensembles］中，关注的是封闭与开放的空间……它们很少关心到局部开放事物的问题、未明显界定的全体［ensembles flous］、边界难题的分析……[69]

1982年，伊利格瑞的文章第一次刊出，这是一篇犀利的批评：微分拓扑学在传统上一直较术语称之为"无边界流形"（manifolds without boundary）的研究更占优势。然而，过去的十年间，在女性主义批判的刺激下，一些数学家开始重新注意"无边界的流形"（variétés à bord）理论。[70] 正是这些流形出现在共形场论（conformal field theory）、超弦理论以及量子引力的新物理学领域中，这或许不是偶然。

在弦理论中，n 个闭弦或开弦交互的量子力学幅度是由一个函数积分（主要是以一个和［sum］的形式）所表示的，这一函数积分存在于一个有边界之二维流形上的场之上。[71] 在量子引力中，我们或能预期类似的表示方式会成立，除了有边界之二维流形会被一个多维流形所取代。不幸的是，多维性与传统的线性数学思考相

---

[69] 伊利格瑞（1987，第76—77页），文章原于1982年以法文刊出。伊利格瑞的用语 "theorie des ensembles" 也可以译成 "theory of sets"（集合理论），而 "bords" 在数学的脉络中通常译为 "boundaries"（边界）。"ensembles flous" 或许是指 "fuzzy sets"（"模糊集合"）这一新的数学领域（考夫曼［Kaufmann］，1973；寇斯可，1993）。

[70] 例见哈姆扎（Hamza，1990）、麦卡维蒂及奥斯本（McAvity and Osborn，1991）、亚历山大、伯格及毕肖普（Alexander, Berg and Bishop，1993），以及其中所引的参考书目。

[71] 格林、施瓦茨和威滕（1987）。

悖，虽然最近态度渐渐开放（很明显的是与混沌理论中多维非线性现象的研究相关），有边界之多维流形理论依然不怎么发达。尽管如此，物理学家继续不懈地对量子引力采取函数整数的方法研究[72]，而所下的功夫有可能刺激数学家的注意。[73]

如伊利格瑞所预测的，所有这些理论中的一个重要问题是：边界是否可以被跨越？如果是如此，再来会发生什么事？技术上说，这就是一般所知的"边界条件"（boundary conditions）问题。在单纯的数学层面上，边界条件最突显的面向就是它非常多样的可能性：例如"自由的边界条件"（没有跨越的障碍）、"反射的边界条件"（如在镜里的镜面反射）、"周期性的边界条件"（在流形的另一部分重新进入）、"反周期性的边界条件"（以180° 的扭转重新进入）。物理学家提出的问题是：在所有这些可想象的边界条件中，哪些真正发生在量子引力的表现中？还是说，它们就如互补性原则所暗示的，所有都同时且在同样的基础上产生？[74]

我对物理学发展的摘要必须在此打住，原因只在于，这些问题的答案还是未知的——如果真的有一致的答案的话。在本文剩余的篇幅中，我打算将量子引力理论的那些特征当作起点——这些特征相对是比较受到肯定的（至少根据传统科学的标准是如此），并尝试找出其哲学和政治的含义。

233

---

[72] 汉柏（Hamber, 1992），纳布托斯基和本·叶服（Nabutosky and Ben-Av, 1993）、孔采维奇（Kontsevich, 1994）。

[73] 在数学史中，"纯粹"数学和"应用"数学的发展之间长久存在一种辩证关系（斯特罗伊克［Struik］, 1987）。当然，传统上在此环境中占优势的"应用"数学，一直是对资本主义者有利的（或对其军队有用的）：例如，数论的发展大多是为了它在密码上的应用（洛克斯顿［Loxton］, 1990）。亦见哈代（Hardy, 1967, 第120—121、131—132 页）。

[74] 所有边界条件的相等表现，丘（Chew）的"亚原子民主"的靴带理论亦有所暗示，见丘（1977）的导论，亦见莫里斯（1988）和马克利（1992）的哲学分析。

逾越边界：朝向一个解放的科学

关于现代主义和后现代主义文化的特性，批判理论家在过去二十年间展开了广泛的讨论；最近几年，这些对话开始对自然科学所提出的具体问题投注密切的关注。[75]尤其是两位马德森（Madsen and Madsen），最近他们为现代主义和后现代主义科学的特色对比，提出一个清楚的扼要说明。他们提出两个后现代主义科学的标准。第一：

234

> 科学被判定为后现代有一个简单的标准，它必是不依赖任何客观真理的概念。根据这个标准，则尼尔斯·波尔和哥本哈根学派对量子力学的互补性诠释就可以被视为是后现代的。[76]

很清楚，就这方面而言，量子引力就是一种典型的后现代科学。第二：

> 另外一个可以被当作是后现代科学之基础的概念，是本质性（essentiality）的概念。后现代科学理论是由那些对理论的一致性和实用性最为根本（essential）的理论元素所构成的。[77]

---

[75] 由各种不同的政治进步观点出发的众多著作中，麦钱特（1980）、凯勒（1985）、哈丁（1986）、阿罗诺维茨（1988b）、哈萝维（1991）及罗斯（1991）特别有影响力。亦见后文列出的参考书目。

[76] 马德森和马德森（1990，第471页）。马德森-马德森的分析主要限制是，它基本上是非政治性的；不用说，关于什么是**真**的辩论，可能对于政治计划的辩论有深远的影响，反过来也会受到后者深远的影响。马克利（1992，第270页）也做出类似马德森-马德森的论点，但正确地将它放在一个政治的脉络里：

> 激进的科学批判企图逃离决定论辩证法的局限，也必须抛弃实在论和真理的狭义辩论，而探讨何种实在——政治实在——可能由对话的靴带（dialogical bootstrapping）所产生。在一个由对话所激发的环境中，关于实在的辩论，实际说来，变得毫不相关。"实在"，最终不过是一个历史的建构。

见马克利（1992，第266—272页）和霍布斯鲍姆（1993，第63—64页）对政治含义的进一步讨论。

[77] 马德森和马德森（1990，第471—472页）。

因此，原则上无法观察到的量或物——如时空的点，精确的粒子位
置，或者夸克和胶子——不应该被引入到理论当中。[78] 大部分的现　　235
代物理学因这一标准而被排除，但是量子引力又再度取得资格：由
古典广义相对论到量化理论的过程中，时空的点（事实上是时空的
流形本身）已从理论中消失了。

　　然而，这些标准看来壮观，对于一个**解放的**后现代科学而言还
是不足的：它们将人类自"绝对真理"和"客观实在"的专制中解

---

[78]　阿罗诺维茨（1988b，第 292—293 页）对量子色动力学（quantum chromodynamics）
　　　（目前最占上风的理论，将核子［nucleon］视为夸克和胶子恒久确定的状态）提
　　　出一个稍微不同但同样有力的批评：他引皮克林（Pickering）的作品（1984）批
　　　注道：

> 在他（皮克林）的说明中，夸克之名是指称那些附着于粒子而非场论的
> （缺如的）现象，而场论在每种情况中都对相同的（推论的）观察提出不同
> 的解释，虽然其说服力都差不多。大多数的科学社群会选择此而非彼，是科
> 学家偏好传统的结果，而不是因为解释的有效性。
>
> 皮克林的探索并未回头深入物理史，去找到夸克解释之所从出的研究传统
> 的基础。它或许无法在传统里被找到，而是在科学的意识形态，在力场对粒子
> 理论的差异背后，在简单对复杂解释的差异背后，在对于确定性而非不确定性
> 的偏好中。

　　　马克利（1992，第 269 页）延续这一方向，观察到物理学家对量子色动力学的偏
　　　好，胜于丘的"亚原子民主"的靴带理论（丘，1977），是意识形态而非资料得
　　　出的结果：

> 在这方面，对于那些在寻找一个 GUT（Grand Unified Theory，"大统一
> 理论"）或 ToE（Theory of Everything，"万有理论"）的物理学家而言，丘的
> 靴带理论已落入相对较不利的地位。解释"万物"的广包理论，是西方科学
> 中重视一贯性和秩序的产物。物理学家面对要在靴带理论和解释万物的理论
> 之间做选择，主要有关的不是对于可得数据的说明所提供的具值，而是叙事
> 的结构（narrative structure）——不确定的或决定论的——这些数据被放置在
> 结构之中，也是由这个结构来诠释。

　　　不幸的是，绝大部分物理学家都还未察觉到这一对他们最狂热的奉为圭臬的教条
　　　的批评。
　　　粒子物理学所隐藏的意识形态之批判，见克洛克（Kroker）等人（1989，第
　　　158—162、204—207 页）。对于我古板的口味来说，这篇批评的风格太过于鲍德里
　　　亚式（Baudrillardian）了，但是内容正确地对准了标靶（除了一些较小的不精确处
　　　以外）。

236 放出来，但并不必然将人类从其他专制中解放出来。以安德鲁·罗斯的话来说，我们需要一种"会公开负责，并且对进步的利益有一些用处"的科学。[79]凯丽·奥利维（Kelly Oliver）从女性主义的观点出发，也做出类似的论证：

> ……为了要有革命性，女性主义理论不能主张要描述存在的东西，或者"自然的事实"。女性主义理论反而应该是政治的工具，克服特定具体状况中之压迫的策略。所以，女性主义的目标应该是去发展策略的理论……不是真理论，不是假理论，而是策略的理论。[80]

那么，接下来该怎么做？

接下来，我想在两个层次上提纲挈领地讨论解放的后现代科学：第一是关于一般的主题和态度，第二是关于政治的目标和策略。

逐渐出现的后现代科学有一个特征，即强调非线性与不连续性：这在譬如说混沌理论、相变理论还有量子引力理论中，都明显出现。[81]同时，女性主义思想家也指出缺乏一种适当的流体分析，

---

[79] 罗斯（1991，第 29 页）。这种含蓄的要求如何使得右派科学家差点中风（可以开玩笑说，是"恐怖的斯大林主义"[frighte Hungly Stalinist]），有一个有趣的例子，见格罗斯和莱维特（1994，第 91 页）。

[80] 奥利维（1989，第 146 页）。

[81] 当混沌理论受到文化分析家深入研究时——例见，海勒斯（1990、1991）、阿及罗斯（1991）、贝斯特（1991）、杨（Young, 1991、1992）、阿萨得（Assad, 1993）及其他——相变理论大大被忽略了。（有一个例外是，海勒斯对重整群[renormalization group]的讨论[1990，第 154—158 页]。）这是很可惜的，因为不连续性和多元尺度的出现是该理论的中心特性；去了解 20 世纪 70 年代和之后这些主题的发展如何连接到较大文化范畴的潮流，是很有意思的。因此，我建议文化分析家把这个理论当作有用的领域，进行未来的研究。关于不连续性的一些定理或许和这种研究相关，可以参见万·恩特（Van Enter）、费尔南德斯（Fernández）和索卡尔（1993）。

特别是对于紊流流体。[82]这两个主题并不像第一眼看到那样，可能会相互冲突：紊流和强烈的非线性相连，而平滑／流体有时候是和 237 不连续性相连的（譬如在突变理论[83]中）；所以，综合绝非不可能。

第二，后现代科学解构并超越笛卡儿式人类与自然、观察者与被观察者、主体与客体的形而上分野。虽然在 21 世纪初，量子力学动摇了天真的牛顿式信仰，即相信"在那里"有一个客观的、前语言的物质客体世界；我们再也不能问道，"粒子"是否"客观存在于空间和时间之中"，像海森堡所言。但是海森堡的说法依然预设空间和时间的存在是中立的、没有问题的场域，当中有量化的粒子波交互作用（虽然也是非决定性的）；而正是在这个可能场域（would-be arena），量子引力变成问题焦点。量子力学让我们知道，一个分子的位置和能量只有透过观察的行为才出现，量子引力则告诉我们，空间和时间本身取决于周遭条件，其意义的界定只能是相对于观察模式。[84]

第三，后现代科学推翻了现代主义科学特有的固定的本体范畴和阶层性格。新科学取代原子论和还原论，强调整体和部分间的动态关系网；它们也取代固定的个别本质（如牛顿式的粒子），将交 238 互作用和流体概念化（如量子场）。很有趣的是，这些同调的特征

---

[82] 伊利格瑞（1985）、海勒斯（1992）。然而，斯格尔（Schor，1989）对于伊利格瑞不当地盲从传统（男性）科学，特别是物理学，有所批评。

[83] 托姆（1975、1990），阿诺德（Arnol'd，1992）。

[84] 有关笛卡儿式／培根式的形而上学，马克利（1991，第 6 页）观察到：

> 科学进步的叙述，端赖在理论和实验的知识上强加二元对立——真／假、对／错，以意义重于噪声、转喻重于隐喻、独语的权威重于对话的争辩。……这些要固定自然的尝试，意识形态上是强制的，描述方面是有限的。它们只将注意的焦点放在小范围的现象——譬如，线性动力学——似乎在提供简单、经常是理想化的模型化并诠释人类和宇宙关系的方法。

这个观察主要受惠于混沌理论——其次是非相对主义的量子力学，但事实上，它漂亮地概述了量子引力对现代主义的形而上学所提出的激进挑战。

出现在无数看似完全相异的科学领域，从量子动力到混沌理论再到自组织系统的生物物理学（biophysics）中。如此，后现代科学似乎正向一种新的怀疑主义范式靠拢，这种范式可以称作生态学视角（ecological perspective）的范式，能够广义地被理解为"承认所有现象之间有一种互赖的关系，而个人与社会是嵌合在循环的自然模式中"。[85]

后现代科学的第四个面向，是它自觉到符号（象征）主义（symbolism）与表征（representation）的作用并加以强调。一如罗伯特·马克利所指出的，后现代科学逐渐跨越科际的分野，因而吸收了原本是人文科学领域的特征：

> 量子力学、强子靴带理论、复数理论以及混沌理论，共有基本的假设，即实在是无法以线性语词来描述。而非线性——也是不可解的——方程式是唯一可能描绘一个复杂、混沌、非决定性之实在的工具。很有意思的是，这些后现代理论都是后设批评（metacritical）的，意思是，它们强调自身是隐喻而非对于实在的"确切"描述。用对于文学理论学家比对于理论物理学家更熟悉的话来说，或许可以讲，科学家发展新描述策略的这些尝试，代表着朝向一种理论之理论（a theory of theories）的注解，关于表陈方式（数学上的、实验性的、言语性的）如

---

[85] 卡帕拉（1988，第145页）。暂停一下：我对卡帕拉在此使用的"循环"（cyclical）一词有强烈保留，如果太就字面解释，这个词可能鼓动一种政治上退缩的无为态度。对于此议题的进一步分析，见玻姆（1980）、麦钱特（1980、1992）、贝尔曼（1981）、普利高津与斯唐热（1984）、鲍温（Bowen，1985）、格里芬（Griffin，1988）、基奇纳（Kitchener，1988）、卡利科（Callicott，1989，特别是第6、9章）、希瓦（Shiva，1990）、贝斯特（1991）、哈萝维（1991、1994）、马修（1991）、莫林（Morin）（1992）、桑托斯（Santos，1992）以及莱特（Wright，1992）。

何内在地是复杂且充满问题意识的一种理论；不是一个解答，　239
而是探究宇宙之符号学的一部分。[86][87]

从另一个不同的出发点，阿罗诺维茨同样暗示，解放的科学或许产
生于知识论上的跨学科共享：

> ……自然的客体也是由社会建构的。问题不是说，这些自
> 然客体——或更确切而言，自然科学知识的对象——是否是独
> 立于认知的行为而存在的。这个问题由"真实"时间的假设所
> 回答："真实"时间与以下的预设相对立，亦即，时间总是有
> 一个指涉物，而时间性（temporality）因此是一个相对的、非
> 无条件的范畴。这种预设在新康德学派中很平常。当然，在人
> 类出现之前，地球就已历经长久的演化了。问题是，自然科学
> 知识的客体是否是在社会领域的范围之外建构的。如果这是可
> 能的，我们可以假设，科学或艺术或许发展出一些程序，有效
> 地将发散自我们用以生产知识 / 艺术之方法的效果中立化。表
> 演艺术或许是这样一种企图。[88]

最后，后现代科学提供一种有力的方法，抵抗内含于传统科学
中的权威主义和精英主义，也为从事科学工作的民主取径提供一个
经验的基础。因为，如波尔所说："对同一个对象的完整阐述，可

---

[86] 马克利（1992，第264页）。一则小小的诡辩：我不明白，复数理论这个新而且
仍属臆测性质的数理物理学支流，竟然和马克利所提出的三门地位稳固的科学一
样，有同样的知识论地位。

[87] 见沃勒斯坦（Wallerstein, 1993，第17—20页），对于后现代物理学如何开始从
历史社会科学借用观念，有精辟而且紧密类比的叙述；更详细的发展，亦见桑托
斯（1989，1992）。

[88] 阿罗诺维茨（1988b，第344页）。

能需要'抗拒单一描述的'多样观点"——这是一个相当简单的关
于世界的事实，也或许正是自命现代主义科学之经验主义者想要拒
斥的。在这种情形下，这样由握有凭证资格的"科学家"组成、自
许久任的世俗教士阶级，怎么能够宣称维持对科学知识生产的独占
权？（容我强调，我绝不是反对专门化的科学训练；我只是反对一
个精英阶级企图将它的"高级科学典律"强加给别人，以排除非成
真先验的另类科学生产形式。[89]）

因此，后现代科学的内容和方法为进步的政治计划提供有力
的知识上的支持（所谓的政治计划要做广义理解）：边际的逾越，
障碍的打破，社会、经济、政治和文化生活所有面向的彻底民主
化。[90]反过来说，这个计划的一部分必须牵涉到一种新而真正进
步之科学的重建，可以提供这样一个民主化的未来社会（society-to-
be）之所需。一如马克利的观察，这个进步的社群似乎有两个或多

---

[89] 在这点上，传统科学家的响应是，不顺应传统科学证据标准的工作，基本上是**非
理性的**，也就是逻辑上是有缺陷的，因此不值得采信。但是，这种否定是不充足
的：因为，一如波鲁什（1993）透彻的观察所见，现代数学和物理学**本身**就承认
一种有力的"非理性干涉"（intrusion of the irrational）量子力学和哥德尔定理中——
虽然我们可以理解，现代科学家就像二十四个世纪之前的毕达哥拉斯派一样，一
直卖力要驱除这种不可欲的非理性因素。波鲁什强烈呼吁建立一种"后理性的知
识论"，它保有传统西方科学最好的部分，再一方面也会使另类的知识方式成为有
效。

也要注意，在很久之前，拉康就从一个相当不同的出发点，对非理性在现代
数学中不可避免的角色提出类似的评价：

我在写批注的时候脑中出现一些公式，如果你们允许我使用其中之
一——人的生命可以被定义为一个微积分，其中零是无理数。这公式只是个
意象，一个数学隐喻。当我说"无理"时，指的不是某种无法探测的情绪，
而是确实称作虚数的东西。负一的平方根不符合隶属于我们直觉的任何东
西，任何实的东西——就该名词的数学意义而言。然而，它必须和其充分的
函数一起被保留。

（拉康，1977a，第28—29页，原为1959年的研讨课内容）

关于现代数学中的非理性进一步的思考，见所罗门（Solomon，1988，第76
页）及布鲁尔（1991，第122—125页）。
[90] 参见阿罗诺维茨（1994）和接下来的讨论。

或少相互排斥的选择：

一方面，政治立场进步（progressive）的科学家可以努力　　241
重新恢复他们所支持的既存道德价值实践，主张说他们的右派
敌人正在抹灭自然的面貌，而他们这个反对运动力量则能接近
真理。［但是］这生态圈的状态——空气污染、水污染、雨林
的消失、濒临绝种的千百种生物、过度负荷的大片土地区域、
核能电厂、核子武器、森林的滥伐、饥馑、营养不良、消失中
的湿地、绿地之不存，以及到处出现的由环境引起的疾病，等
等——显示科学进取的现实梦想、重新恢复既存方法及科技而
非将之革命化的梦想，在最坏的情况下，是与争取重新施行国
家社会主义的政治斗争不相干的。[91]

替代的方式是对科学和政治做更深刻的重新概念化：

重新界定系统，将世界视为不只是一个生态整体也是一组
互竞系统——由各种自然和人类利益之间的紧张关系所凝聚的
世界——互相对话朝此方向移动，提供对于科学是什么以及科
学做些什么的问题加以重新界定的可能性，将科学教育之决定
论体系重新组构，使之有利于针对我们如何介入我们的环境进
行持续的对话。[92]

---

[91]　马克利（1992，第271页）。
[92]　马克利（1992，第271页）。同样，多娜·哈萝维（1991，第191—192页）雄辩
　　　滔滔主张一个由"局部的、区域性的、批判的知识"组成的民主科学，"支持政
　　　治上称为团结性（solidarity）、知识论上称为共享对话的联结网络之可能性"建立
　　　在"一个学理及客观性的实践上，以争辩、解构、热情的建构、网络状的联结为
　　　优先，并企望知识系统和观看方式的转型"。这些观念由哈萝维（1994）和多伊
　　　尔（Doyle，1994）进一步加以发挥。

不用说，后现代的科学一致偏爱后者较为深刻的取径。

242　　　除重新界定科学内容外，重新组构及重新定义进行科学劳动的制度场所——大学、政府实验室，以及公司——并重新架构那种会推动科学家变成资本主义和军队所雇用的枪手（这通常是违背他们较良善的直觉本能的）的报酬体系，都是必要的做法。阿罗诺维茨已注意到："美国 11 000 名物理系学生中，有三分之一是属于固态物理学的单一次领域，而所有的学生未来都能在那个次领域找到工作。"[93] 对照之下，在量子引力和环境物理学领域的工作机会都很少。

但这些都只是第一步：任何解放运动的基本目标都必须是解开科学知识生产的神秘面，并将它民主化，打破分隔"科学家"和"公众"的人为障碍。从现实主义的角度看，这个工作必须从年轻的一代开始，对教育系统进行深刻的改革。[94] 科学与数学的教育必须彻底摒除权威心态和精英性格[95]，而这些学科的内容经由结合女性主义[96]、酷儿理论[97]、多元文化论[98]和生态批评[99]各方的洞见，

[93]　阿罗诺维茨（1988b，第 351 页）。虽然这个观察在 1988 年已出现，在今天更显正确。

[94]　弗莱雷（Freire，1970）、阿罗诺维茨和吉鲁（Giroux，1991，1993）。

[95]　在桑地诺（Sandinista）革命脉络中的一个例子，见索卡尔（1987）。

[96]　麦钱特（1980）、伊斯利亚（Easlea，1981）、凯勒（1985，1992）、哈丁（1986，1991）、哈萝维（1989，1991）、普鲁姆伍德（1993a）。见维里（Wylie）等人（1990），内有详细书目。女性主义的科学批判已成为吃到苦头的右派反击的目标，一点儿不令人惊讶。样例参见：列文（1988）、哈克（Haack，1992、1993）、萨默思（Sommers，1994）、格罗斯和莱维特（1994，第 5 章）以及帕保陶伊和克瑞杰（1994）。

[97]　崔比柯（Trebilcot，1988）、哈米尔（Hamill，1994）。

[98]　伊儿亚巴斯利（Ezeabasili，1977）、万·塞提玛（Van Sertima）（1983）、傅莱（Frye，1987）、萨尔达（Sardar，1988）、亚当斯（Adams，1990）、南迪（Nandy，1990）、阿尔瓦雷斯（1992）、哈丁（1994）。像女性主义批评一样，多元文化论观点也一直被右派批评家嘲弄，其贬视的姿态有时近乎种族歧视。例见蒙特拉诺（Montellano，1991）、马尔泰（Martel，1991/92）、修斯（1993，第 2 章），以及格罗斯和莱维特（1994，第 203—214 页）。

[99]　麦钱特（1980，1992）、贝尔曼（1981）、卡利科（1989，第 6—9 章）、马修（1991）、莱特（1992）、普鲁姆伍德（1993a）、罗斯（1994）。

变得更加丰富。

最后，任何科学的内容都是深深被语言所限制的，它的论述 243
在这语言里形构；自伽利略以来，主流西方物理科学就一直是在
数学的语言里形构的。[100][101]但，是谁的数学？这是一个根本的 244

---

[100]　见沃伊切霍夫斯基（Wojciehowski，1991）对伽利略之修辞的解构，特别是他的
　　　宣称：数学－科学的方法可以导致对"现实"直接而可信的认识。
[101]　关于数学哲学，有一份虽然很新但是重要的著作，由德勒兹和加塔利合
　　　本（1994，第5章）。他们在书中介绍哲学上很有用的概念，一种"功能体"
　　　（functive）[法文：fonctif]的概念，它既不是一种功能（function）[法文：
　　　fonction]，也不是功能作用（functional）[法文：fonctionnelle]，而是更为基本
　　　的概念体：

> 科学的对象不是概念，而是呈现为论述系统里之命题的功能
> （functions）。功能的元素就称为功能体（functives）。
>
> （第117页）

　　　这看似简单的观念有惊人的微妙和深远的后果；要加以阐明，必须先岔开谈谈
　　　混沌理论（亦见罗森伯格[Rosenberg]，1993以及坎宁[Canning]，1994）：

> ……科学和哲学之间的第一个差别，是它们各自对混沌的态度。混沌
> 并不是由无秩序（disorder）来定义，而是由每个形式在消失时成形的无
> 限速度来定义。它是一个非虚无（nothingness）却虚拟（virtual）的空乏
> （void），包含所有可能的粒子，产生所有可能的形式，一涌现即刻消失，
> 没有一致性或参考基准，也没有后果。混沌是诞生与消失的无穷速度。
>
> （第117—118页）

　　　但是科学不像哲学，无法适应无穷速度：

> ……那物质是借由缓慢下来，也借由能够以命题穿透该物质的科学思
> 考，才被实现。一个功能是一种慢动作。当然，科学不断加速进展，不只
> 在催化作用上，也在粒子加速器和使银河远隔的膨胀上。然而，对于这些
> 现象而言，原初的减缓不是一个它们随之停止的零的片刻，而是与它们的
> 整个发展共存的一个条件。缓慢下来，是在混沌中设下限制（limit），所有
> 速度都受制于它，以便它们形成一个确定为横坐标的变量，同时，这限制
> 形成一个无法被超越的普适常数（例如，收缩的最大化程度）。**第一个功能
> 体因此是极限和变量**，而参考基准是值和变量之间的一种关系，或更深远
> 地看，是变量（作为速度的横坐标）与极限的关系。
>
> （第118—119页，黑体是我加上去的）

　　　接下来一段相当错综复杂的深入分析（由于太长，无法在此引述），导出一个重
　　　要的结论，对于以数学模型为基础的那些科学有深远的方法论意义：

> 当其中一个变量的幂次高于第一个变量的时候，变量各自的独立性便

问题，因为，就像阿罗诺维茨观察到的："逻辑或数学都逃离不了社会因素的'污染'。"[102] 女性主义思想家亦重复指出，资本主义、父权与军国主义在当前的文化污染中占有压倒性地位："数学被描绘为一个女性，其本质是渴望成为被征服的它者（Other）。"[103][104] 因此，一个解放的科学若未能彻底改写数学的

出现在数学当中。这就是为什么黑格尔指出，函数的变异性不受限于可以被改变的值（2/3 或 4/6），或使之未决（$a=2b$），而是要让其中一个变量在比较高的幂次（$y^2/x=P$）。

（第 122 页）

（应注意，英译不小心写成 $y^{2/x}=p$，一个有趣的错误，彻底打乱了论证的逻辑。）

引文出自《什么是哲学？》一书，作为一本科学哲学专著，该书能够成为法国 1991 年的畅销书，着实令人讶异。最近英译本发行，但是它在美国的畅销书排名上似乎无法和拉什·林博（Rush Limbough）和霍华德·斯特恩（Howard Stern）相比。

[102] 阿罗诺维茨（1988b，第 346 页）。右派对此一说法提出恶意的攻击，见格罗斯和莱维特（1994，第 52—54 页）。见金兹伯（Ginzberg，1989）、科普-卡斯腾（Cope-Kasten，1989）、奈伊（Nye，1990）和普鲁姆伍德（1993b），对传统（男性的）数学逻辑，特别是肯定前件（modus ponens）和三段论法，提出透彻的女性主义批判。关于肯定前件，也见伍尔加（Woolgar，1988，第 45—46 页）和布鲁尔（1991，第 182 页）；对三段论法，亦见伍尔加（1988，第 47—48 页）和布鲁尔（1991，第 131—135 页）。对于无穷性的数学概念底下之社会意象的分析，见哈丁（1986，第 50 页）。呈现数学陈述之社会脉络性（social contextuality）者，见伍尔加（1988，第 43 页）和布鲁尔（1991，第 107—130 页）。

[103] 坎贝尔和坎贝尔－莱特（1995，第 135 页）。对西方数学和科学之控制和宰制的主题，麦钱特（1980）有详细的分析。

[104] 容我一提数学当中两个性别主义和黩武态度的例子，就我所知，之前还没有人注意到：第一个例子是关于分支（放射）过程（branching processes）的理论，产生自维多利亚时期英国的"家族灭绝问题"，现今它在核子连锁反应分析中扮演重要角色（哈里斯，1963）。关于该主题的根本（seminal，此词的性色彩刚好与之相匹配）论文中，高尔顿（Francis Galton）和教士华森（H.W. Watson）写道（1874）：

人的家庭在过去占有突出的地位，而家族的衰落已成为一个经常被研究的主题，产生各种推测……曾经是很普遍的姓氏，已变得稀有或完全消失，例子不胜枚举。这种倾向很普遍，而在加以解释的时候，结论却很草率，说生理舒适感和智识能力提升，必然伴随着"生育力"的降低……

令 p_0，p_1，p_2……各为一个人（man）有 0 个，1 个，2 个……儿子的概率，令每一个儿子有同样的拥有自己儿子的概率，以此类推。这支男嗣在 r 代以后绝种的概率为何？更广泛来说，对任何一个世代任何数量的男嗣而言，概率为何？

没有人会不被那古怪的暗示所吸引，暗示人类男性的繁殖是无关性别的；然而

典律，就不可能是完整的。[105]目前尚未有此种解放的科学存在，所以我们也只能猜测其可能的内容。我们可以在模糊系统理论（fuzzy system theory）[106]的多维及非线性逻辑中看到一些暗示；但是这个方法来自晚期资本主义生产关系的危机，其起源的印记仍深深烙印其上。[107]突变理论[108]辩证地强调平滑/断裂及变形/开展，毫无疑问会在未来的数学中扮演一个主要的角色；但在这一方法能够变成进步之政治实践的具体工具以前，仍有许多理论作品会完成。[109]最后，混沌理论会成为所有未来数学的中心，它对于那遍在却又神秘的非线性现象，提供我们最深刻的洞见。然而，这些未来数学的面貌仍停留在一片朦胧迷雾中；因为，顺着科学之树的这三根新枝，将来还会长出新的枝干——全新的理论架构——而这是以当前意识形态的有色眼镜之下，我们所未能加以想象的。

我要谢谢卡拉乔洛、费尔南德斯－桑托罗、古提雷兹及迈克尔莲琼，他们与我做过多次愉快的讨论，对此文的写就大有帮助。不 246需要假设这些人完全同意这里所表达的科学及政治观点，此自不必

这段话中，阶级色彩、社会达尔文主义和性别色彩是很明显的。

第二个例子是劳伦·施瓦兹（Laurent Schwartz）1973 年的著作《氡测量》（*Radon Measures*）。这一著作在技术上相当有意思，但是如书名所示，充满了自20 世纪 60 年代早期以来法国科学特有的倾核能（pro-nuclear-energy）世界观。可惜，法国左派——特别是法国共产党（PCF），但这绝不是唯一——传统上就和右派一样，对核能十分热衷（见图罕［Touraine］等人，1980）。

[105]　就像自由派的女性主义者经常满足于一个最小的议题，为女人争取法律和社会平等以及"选择权"（pro-choice），自由派的（甚至一些社会主义的）数学家也经常满足于在策梅洛－弗兰克（Zermelo-Fraenkel）的主宰架构中做研究（此架构反映了 19 世纪自由主义的起源，其中已经结合了等量公理），顶多补充以选择公理。但是这架构对于一个解放的科学来说，大致上还是不足的，柯亨（1966）很久以前就证明过了。

[106]　寇斯可（1993）。

[107]　模糊系统理论一直有跨国际合作缓慢发展——首先在日本，其他地方随之——以解决取代劳力之自动化的实际效能问题。

[108]　托姆（1975、1990），阿诺德（1992）。

[109]　舒伯特（Schubert, 1989）做了一个有趣的开始。

多说，而他们也不需对此文中或许仍未被注意到的错误和晦涩之处负责。

引用文献

Adams, Hunter Havelin III. 1990. African and African-American contributions to science and technology. In *African-American Baseline Essays*. Portland, Ore.: Multnomah School District 1J, Portland Public Schools.

Albert, David Z. 1992. *Quantum Mechanics and Experience*. Cambridge, Mass.: Harvard University Press.

Alexander, Stephanie B., I. David Berg and Richard L. Bishop. 1993.Geometric curvature bounds in Riemannian manifolds with boundary. *Transactions of the American Mathematical Society* **339**: 703–716.

Althusser, Louis. 1969. Freud and Lacan. *New Left Review* **55**: 48–65.

Althusser, Louis. 1993. *Écrits sur la Psychanalyse: Freud et Lacan*. Paris:Stock/ IMEC.

Alvares, Claude. 1992. *Science, Development and Violence: The Revolt against Modernity*. Delhi: Oxford University Press.

Alvarez-Gaumé, Luís. 1985. Topology and anomalies. In *Mathematics and Physics: Lectures on Recent Results*, vol. 2, pp. 50–83, edited by L. Streit. Singapore: World Scientific.

Argyros, Alexander J. 1991. *A Blessed Rage for Order: Deconstruction, Evolution, and Chaos*. Ann Arbor: University of Michigan Press.

Arnol'd, Vladimir I. 1992. *Catastrophe Theory*. 3rd ed. Translated by G.S. Wassermann and R.K. Thomas. Berlin: Springer.

Aronowitz, Stanley. 1981. *The Crisis in Historical Materialism: Class, Politics and Culture in Marxist Theory*. New York: Praeger.

Aronowitz, Stanley. 1988a. The production of scientific knowledge: Science, ideology, and Marxism. In *Marxism and the Interpretation of Culture*, pp. 519–41, edited by Cary Nelson and Lawrence Grossberg. Urbana and Chicago: University of Illinois Press.

Aronowitz, Stanley. 1988b. *Science as Power: Discourse and Ideology in Modern Society*. Minneapolis: University of Minnesota Press.

Aronowitz, Stanley. 1994. The situation of the left in the United States. *Socialist Review* **23**(3): 5–79.

Aronowitz, Stanley and Henry A. Giroux. 1991. *Postmodern Education: Politics, Culture, and Social Criticism*. Minneapolis: University of Minnesota Press.

Aronowitz, Stanley and Henry A. Giroux. 1993. *Education Still Under Siege*. Westport, Conn.: Bergin & Garvey.

Ashtekar, Abhay, Carlo Rovelli and Lee Smolin. 1992. Weaving a classical metric with quantum threads. *Physical Review Letters* **69**: 237–40.

Aspect, Alain, Jean Dalibard and Gérard Roger. 1982. Experimental test of Bell's inequalities using time-varying analyzers. *Physical Review Letters* 49: 1804–1807.

Assad, Maria L. 1993. Portrait of a nonlinear dynamical system: The discourse of Michel Serres. *SubStance* **71/72**: 141–52.

Back, Kurt W. 1992. This business of topology. *Journal of Social Issues* **48**(2): 51–66.

Bell, John S. 1987. *Speakable and Unspeakable in Quantum Mechanics: Collected Papers on Quantum Philosophy*. New York: Cambridge University Press.

Berman, Morris. 1981. *The Reenchantment of the World*. Ithaca, N.Y.: Cornell University Press.

Best, Steven. 1991. Chaos and entropy: Metaphors in postmodern science and social theory. *Science as Culture* 2(2) (no. 11): 188–226.

Bloor, David. 1991. *Knowledge and Social Imagery*. 2nd ed. Chicago: University of Chicago Press.

Bohm, David. 1980. *Wholeness and the Implicate Order*. London: Routledge & Kegan Paul.

Bohr, Niels. 1958. Natural philosophy and human cultures. In *Essays 1932–1957 on Atomic Physics and Human Knowledge* (The Philosophical Writings of Niels Bohr, Volume II), pp. 23–31. New York: Wiley.

Bohr, Niels. 1963. Quantum physics and philosophy-causality and complementarity. In *Essays 1958–1962 on Atomic Physics and Human Knowledge* (The Philosophical Writings of Niels Bohr, Volume III), pp. 1–7. New York: Wiley.

Booker, M. Keith. 1990. Joyce, Planck, Einstein, and Heisenberg: A relativistic quantum mechanical discussion of *Ulysses*. *James Joyce Quarterly* 27: 577–86.

Boulware, David G. and S. Deser. 1975. Classical general relativity derived from quantum gravity. *Annals of Physics* 89: 193–240.

Bourbaki, Nicolas. 1970. *Théorie des Ensembles*. Paris: Hermann.

Bowen, Margarita. 1985. The ecology of knowledge: Linking the natural and social sciences. *Geoforum* 16: 213–25.

Bricmont, Jean. 1994. Contre la philosophie de la mécanique quantique. Texte d'une communication faite au colloque "Faut-il promouvoir les échanges entre les sciences et la philosophie?", Louvain-la-Neuve (Belgium), 24–25 mars 1994. [Published in R. Franck, ed., *Les Sciences et la philosophie. Quatorze essais de rapprochement*, pp. 131–79, Paris, Vrin, 1995.]

Briggs, John and F. David Peat. 1984. *Looking Glass Universe: The Emerging Science of Wholeness*. New York: Cornerstone Library.

Brooks, Roger and David Castor. 1990. Morphisms between supersymmetric and topological quantum field theories. *Physics Letters B* **246**: 99–104.

Callicott, J. Baird. 1989. *In Defense of the Land Ethic: Essays in Environmental Philosophy*. Albany, N.Y.: State University of New York Press.

Campbell, Mary Anne and Randall K. Campbell-Wright. 1995. Toward a feminist algebra. In *Teaching the Majority: Science, Mathematics, and Engineering That Attracts Women*, edited by Sue V. Rosser. New York: Teachers College Press.

Canning, Peter. 1994. The crack of time and the ideal game. In *Gilles Deleuze and the Theater of Philosophy*, pp. 73–98, edited by Constantin V. Boundas and Dorothea Olkowski. New York: Routledge.

Capra, Fritjof. 1975. *The Tao of Physics: An Exploration of the Parallels Between Modern Physics and Eastern Mysticism*. Berkeley, Calif.: Shambhala.

Capra, Fritjof. 1988. The role of physics in the current change of paradigms. In *The World View of Contemporary Physics: Does It Need a New Metaphysics?*, pp. 144–55, edited by Richard F. Kitchener. Albany, N.Y.: State University of New York Press.

Caracciolo, Sergio, Robert G. Edwards, Andrea Pelissetto and Alan D. Sokal. 1993. Wolff-type embedding algorithms for general nonlinear σ-models. *Nuclear Physics B* **403**: 475–541.

Chew, Geoffrey. 1977. Impasse for the elementary-particle concept. In *The Sciences Today*, pp. 366–99, edited by Robert M. Hutchins and Mortimer Adler. New York: Arno Press.

Chomsky, Noam. 1979. *Language and Responsibility*. Translated by John Viertel. New York: Pantheon.

Cohen, Paul J. 1966. *Set Theory and the Continuum Hypothesis*. New York: Benjamin.

Coleman, Sidney. 1993. Quantum mechanics in your face. Lecture at New York University, November 12, 1993.

Cope-Kasten, Vance. 1989. A portrait of dominating rationality. *Newsletters on Computer Use, Feminism, Law, Medicine, Teaching (American Philosophical Association)* **88**(2) (March): 29–34.

Corner, M.A. 1966. Morphogenetic field properties of the forebrain area of the neural plate in an anuran. *Experientia* **22**: 188–9.

Craige, Betty Jean. 1982. *Literary Relativity: An Essay on Twentieth-Century Narrative*. Lewisburg: Bucknell University Press.

Culler, Jonathan. 1982. *On Deconstruction: Theory and Criticism after Structuralism*. Ithaca, N.Y.: Cornell University Press.

Dean, Tim. 1993. The psychoanalysis of AIDS. *October* **63**: 83–116. Deleuze, Gilles and Félix Guattari. 1994. *What is Philosophy?* Translated by Hugh Tomlinson and Graham Burchell. New York: Columbia University Press.

Derrida, Jacques. 1970. Structure, sign and play in the discourse of the human sciences. In *The Languages of Criticism and the Sciences of Man: The Structuralist Controversy*, pp. 247–72, edited by Richard Macksey and Eugenio Donato. Baltimore: Johns Hopkins University Press.

Doyle, Richard. 1994. Dislocating knowledge, thinking out of joint: Rhizomatics, Caenorhabditis elegans and the importance of being multiple. *Configurations: A Journal of Literature, Science, and Technology* **2**: 47–58.

Dürr, Detlef, Sheldon Goldstein and Nino Zanghí. 1992. Quantum equilibrium and the origin of absolute uncertainty. *Journal of Statistical Physics* **67**: 843–907.

Easlea, Brian. 1981. *Science and Sexual Oppression: Patriarchy's Confrontation with Women and Nature*. London: Weidenfeld and Nicolson.

Eilenberg, Samuel and John C. Moore. 1965. *Foundations of Relative Homological Algebra*. Providence, R.I.: American Mathematical Society.

Eilenberg, Samuel and Norman E. Steenrod. 1952. *Foundations of Algebraic Topology*. Princeton, N.J.: Princeton University Press.

Einstein, Albert and Leopold Infeld. 1961. *The Evolution of Physics*. New York: Simon and Schuster.

Ezeabasili, Nwankwo. 1977. *African Science: Myth or Reality?* New York: Vantage Press.

Feyerabend, Paul K. 1975. *Against Method: Outline of an Anarchistic Theory of Knowledge*. London: New Left Books.

Freire, Paulo. 1970. *Pedagogy of the Oppressed*. Translated by Myra Bergman Ramos. New York: Continuum.

Froula, Christine. 1985. Quantum physics/postmodern metaphysics: The nature of Jacques Derrida. *Western Humanities Review* **39**: 287–313.

Frye, Charles A. 1987. Einstein and African religion and philosophy: The hermetic parallel. In *Einstein and the Humanities*, pp. 59–70, edited by Dennis P. Ryan. New York: Greenwood Press.

Galton, Francis and H.W. Watson. 1874. On the probability of the extinction of families. *Journal of the Anthropological Institute of Great Britain and Ireland* **4**: 138–44.

Gierer, A., R.C. Leif, T. Maden and J.D. Watson. 1978. Physical aspects of generation of morphogenetic fields and tissue forms. In *Differentiation and Development*, edited by F. Ahmad, J. Schultz, T.R. Russell and R. Werner. New York: Academic Press.

Ginzberg, Ruth. 1989. Feminism, rationality, and logic. *Newsletters on Computer Use, Feminism, Law, Medicine, Teaching (American Philosophical Association)* **88**(2) (March): 34–9.

Gleick, James. 1987. *Chaos: Making a New Science.* New York: Viking.

Gödel, Kurt. 1949. An example of a new type of cosmological solutions of Einstein's field equations of gravitation. *Reviews of Modern Physics* **21**: 447–50.

Goldstein, Rebecca. 1983. *The Mind-Body Problem.* New York: Random House.

Granero-Porati, M.I. and A. Porati. 1984. Temporal organization in a morphogenetic field. *Journal of Mathematical Biology* **20**: 153–7.

Granon-Lafont, Jeanne. 1985. *La Topologie ordinaire de Jacques Lacan.* Paris: Point Hors Ligne.

Granon-Lafont, Jeanne. 1990. *Topologie lacanienne et clinique analytique.* Paris: Point Hors Ligne.

Green, Michael B., John H. Schwarz and Edward Witten. 1987. *Superstring Theory.* 2 vols. New York: Cambridge University Press.

Greenberg, Valerie D. 1990. *Transgressive Readings: The Texts of Franz Kafka and Max Planck.* Ann Arbor: University of Michigan Press.

Greenberger, D.M., M.A. Horne and Z. Zeilinger. 1989. Going beyond Bell's theorem. In *Bell's Theorem, Quantum Theory and Conceptions of the Universe*, pp. 73–6, edited by M. Kafatos. Dordrecht: Kluwer.

Greenberger, D.M., M.A. Horne, A. Shimony and Z. Zeilinger. 1990. Bell's theorem without inequalities. *American Journal of Physics* **58**: 1131–43.

Griffin, David Ray, ed. 1988. *The Reenchantment of Science: Postmodern Proposals.* Albany, N.Y.: State University of New York Press.

Gross, Paul R. and Norman Levitt. 1994. *Higher Superstition: The Academic Left and its Quarrels with Science.* Baltimore: Johns Hopkins University Press.

Haack, Susan. 1992. Science 'from a feminist perspective'. *Philosophy* **67**: 5–18.

Haack, Susan. 1993. Epistemological reflections of an old feminist. *Reason Papers* **18** (fall): 31–43.

Hamber, Herbert W. 1992. Phases of four-dimensional simplicial quantum gravity. *Physical Review D* **45**: 507–12.

Hamill, Graham. 1994. The epistemology of expurgation: Bacon and *The Masculine Birth of Time.* In *Queering the Renaissance*, pp. 236–52, edited by Jonathan Goldberg. Durham, N.C.: Duke University Press.

Hamza, Hichem. 1990. Sur les transformations conformes des variétés riemanniennes à bord. *Journal of Functional Analysis* **92**: 403–47.

Haraway, Donna J. 1989. *Primate Visions: Gender, Race, and Nature in the World of Modern Science.* New York: Routledge.

Haraway, Donna J. 1991. *Simians, Cyborgs, and Women: The Reinvention of Nature.* New York: Routledge.

Haraway, Donna J. 1994. A game of cat's cradle: Science studies, feminist theory, cultural studies. *Configurations: A Journal of Literature, Science, and Technology* **2**: 59–71.

Harding, Sandra. 1986. *The Science Question in Feminism.* Ithaca: Cornell University Press.

Harding, Sandra. 1991. *Whose Science? Whose Knowledge? Thinking from Women's Lives.* Ithaca: Cornell University Press.

Harding, Sandra. 1994. Is science multicultural? Challenges, resources, opportunities, uncertainties. *Configurations: A Journal of Literature, Science, and Technology* **2**: 301–30.

Hardy, G.H. 1967. *A Mathematician's Apology.* Cambridge: Cambridge University Press.

Harris, Theodore E. 1963. *The Theory of Branching Processes.* Berlin: Springer.

Hayles, N. Katherine. 1984. *The Cosmic Web: Scientific Field Models and Literary Strategies in the Twentieth Century.* Ithaca: Cornell University Press.

Hayles, N. Katherine. 1990. *Chaos Bound: Orderly Disorder in Contemporary Literature and Science.* Ithaca: Cornell University Press.

Hayles, N. Katherine, ed. 1991. *Chaos and Order: Complex Dynamics in Literature and Science.* Chicago: University of Chicago Press.

Hayles, N. Katherine. 1992. Gender encoding in fluid mechanics: Masculine channels and feminine flows. *Differences: A Journal of Feminist Cultural Studies* **4**(2): 16–44.

Heinonen, J., T. Kilpeläinen and O. Martio. 1992. Harmonic morphisms in nonlinear potential theory. *Nagoya Mathematical Journal* **125**: 115–40.

Heisenberg, Werner. 1958. *The Physicist's Conception of Nature.* Translated by Arnold J. Pomerans. New York: Harcourt, Brace.

Hirsch, Morris W. 1976. *Differential Topology.* New York: Springer.

Hobsbawm, Eric. 1993. The new threat to history. *New York Review of Books* (16 December): 62–4.

Hochroth, Lysa. 1995. The scientific imperative: Improductive expenditure and energeticism. *Configurations: A Journal of Literature, Science, and Technology* **3**: 47–77.

Honner, John. 1994. Description and deconstruction: Niels Bohr and modern philosophy. In *Niels Bohr and Contemporary Philosophy* (Boston Studies in the Philosophy of Science #153), pp. 141–53, edited by Jan Faye and Henry J. Folse. Dordrecht: Kluwer.

Hughes, Robert. 1993. *Culture of Complaint: The Fraying of America.* New York: Oxford University Press.

Irigaray, Luce. 1985. The 'mechanics' of fluids. In *This Sex Which Is Not One.* Translated by Catherine Porter with Carolyn Burke. Ithaca: Cornell University Press.

Irigaray, Luce. 1987. Le sujet de la science est-il sexué?/Is the subject of science sexed? Translated by Carol Mastrangelo Bové. *Hypatia* **2**(3): 65–87.

Isham, C.J. 1991. Conceptual and geometrical problems in quantum gravity. In *Recent Aspects of Quantum Fields* (Lecture Notes in Physics #396), edited by H. Mitter and H. Gausterer. Berlin: Springer.

Itzykson, Claude and Jean-Bernard Zuber. 1980. *Quantum Field Theory.* New York: McGraw-Hill International.

James, I.M. 1971. Euclidean models of projective spaces. *Bulletin of the London Mathematical Society* 3: 257–76.

Jameson, Fredric. 1982. Reading Hitchcock. *October* **23**: 15–42.

Jammer, Max. 1974. *The Philosophy of Quantum Mechanics.* New York: Wiley.

Johnson, Barbara. 1977. The frame of reference: Poe, Lacan, Derrida. *Yale French Studies* **55/56**: 457–505.

Johnson, Barbara. 1989. *A World of Difference.* Baltimore: Johns Hopkins University Press.

Jones, V.F.R. 1985. A polynomial invariant for links via Von Neumann algebras.

Bulletin of the American Mathematical Society **12**: 103–12.

Juranville, Alain. 1984. *Lacan et la Philosophie.* Paris: Presses Universitaires de France.

Kaufmann, Arnold. 1973. *Introduction à la théorie des sous-ensembles flous à l'usage des ingénieurs.* Paris: Masson.

Kazarinoff, N.D. 1985. Pattern formation and morphogenetic fields. In *Mathematical Essays on Growth and the Emergence of Form*, pp. 207–20, edited by Peter L. Antonelli. Edmonton: University of Alberta Press.

Keller, Evelyn Fox. 1985. *Reflections on Gender and Science.* New Haven: Yale University Press.

Keller, Evelyn Fox. 1992. *Secrets of Life, Secrets of Death: Essays on Language, Gender, and Science.* New York: Routledge.

Kitchener, Richard F., ed. 1988. *The World View of Contemporary Physics: Does It Need a New Metaphysics?* Albany, N.Y.: State University of New York Press.

Kontsevich, M. 1994. Résultats rigoureux pour modèles sigma topologiques. Conférence au XIème Congrès International de Physique Mathématique, Paris, 18–23 juillet 1994. Edité par Daniel Iagolnitzer et Jacques Toubon. À paraître.

Kosko, Bart. 1993. *Fuzzy Thinking: The New Science of Fuzzy Logic.* New York: Hyperion.

Kosterlitz, J.M. and D.J. Thouless. 1973. Ordering, metastability and phase transitions in two-dimensional systems. *Journal of Physics C* **6**: 1181–1203.

Kroker, Arthur, Marilouise Kroker and David Cook. 1989. *Panic Encyclopedia: The Definitive Guide to the Postmodern Scene.* New York: St. Martin's Press.

Kuhn, Thomas S. 1970. *The Structure of Scientific Revolutions.* 2nd edn. Chicago: University of Chicago Press.

Lacan, Jacques. 1970. Of structure as an inmixing of an otherness prerequisite to any subject whatever. In *The Languages of Criticism and the Sciences of Man*, pp. 186–200, edited by Richard Macksey and Eugenio Donato.Baltimore: Johns Hopkins University Press.

Lacan, Jacques. 1977. Desire and the interpretation of desire in *Hamlet*. Translated by James Hulbert. *Yale French Studies* **55/56**: 11–52.

Latour, Bruno. 1987. *Science in Action: How to Follow Scientists and Engineers Through Society*. Cambridge, Mass.: Harvard University Press.

Latour, Bruno. 1988. A relativistic account of Einstein's relativity. *Social Studies of Science* **18**: 3–44.

Leupin, Alexandre. 1991. Introduction: Voids and knots in knowledge and truth. In *Lacan and the Human Sciences*, pp. 1–23, edited by Alexandre Leupin. Lincoln, Neb.: University of Nebraska Press.

Levin, Margarita. 1988. Caring new world: Feminism and science. *American Scholar* **57**: 100–6.

Lorentz, H.A., A. Einstein, H. Minkowski and H. Weyl. 1952. *The Principle of Relativity*. Translated by W. Perrett and G.B. Jeffery. New York: Dover. Loxton, J.H., ed. 1990. *Number Theory and Cryptography*. Cambridge–New York: Cambridge University Press.

Lupasco, Stéphane. 1951. *Le Principe d'antagonisme et la logique de l'énergie*. Actualités Scientifiques et Industrielles #1133. Paris: Hermann.

Lyotard, Jean-François. 1989. Time today. Translated by Geoffrey Bennington and Rachel Bowlby. *Oxford Literary Review* **11**: 3–20.

Madsen, Mark and Deborah Madsen. 1990. Structuring postmodern science. *Science and Culture* **56**: 467–472.

Markley, Robert. 1991. What now? An introduction to interphysics. *New Orleans Review* **18**(1): 5–8.

Markley, Robert. 1992. The irrelevance of reality: Science, ideology and the postmodern universe. *Genre* **25**: 249–76.

Markley, Robert. 1994. Boundaries: Mathematics, alienation, and the metaphysics of cyberspace. *Configurations: A Journal of Literature, Science, and Technology* **2**: 485–507.

Martel, Erich. 1991/92. How valid are the Portland baseline essays? *Educational Leadership* **49**(4): 20–23.

Massey, William S. 1978. *Homology and Cohomology Theory*. New York: Marcel Dekker.

Mathews, Freya. 1991. *The Ecological Self*. London: Routledge.

Maudlin, Tim. 1994. *Quantum Non-Locality and Relativity: Metaphysical Intimations of Modern Physics*. Aristotelian Society Series, vol. 13. Oxford: Blackwell.

McAvity, D.M. and H. Osborn. 1991. A DeWitt expansion of the heat kernel for manifolds with a boundary. *Classical and Quantum Gravity* **8**: 603–638.

McCarthy, Paul. 1992. Postmodern pleasure and perversity: Scientism and sadism. *Postmodern Culture* 2, no. 3. Available as mccarthy.592 from listserv@listserv. ncsu.edu or http://jefferson.village.virginia.edu/pmc (Internet). Also reprinted in *Essays in Postmodern Culture*, pp. 99–132, edited by Eyal Amiran and John Unsworth. New York: Oxford University Press, 1993.

Merchant, Carolyn. 1980. *The Death of Nature: Women, Ecology, and the Scientific Revolution*. New York: Harper & Row.

Merchant, Carolyn. 1992. *Radical Ecology: The Search for a Livable World*. New

York: Routledge.

Mermin, N. David. 1990. Quantum mysteries revisited. *American Journal of Physics* **58**: 731–4.

Mermin, N. David. 1993. Hidden variables and the two theorems of John Bell. *Reviews of Modern Physics* **65**: 803–15.

Merz, Martina and Karin Knorr Cetina. 1994. Deconstruction in a 'thinking' science: Theoretical physicists at work. Geneva: European Laboratory for Particle Physics (CERN), preprint CERN-TH.7152/94. [Published in *Social Studies of Science* **27** (1997): 73–111.]

Miller, Jacques-Alain. 1977/78. Suture (elements of the logic of the signifier). *Screen* **18**(4): 24–34.

Morin, Edgar. 1992. *The Nature of Nature* (Method: Towards a Study of Humankind, vol. 1). Translated by J.L. Roland Bélanger. New York: Peter Lang.

Morris, David B. 1988. Bootstrap theory: Pope, physics, and interpretation. *The Eighteenth Century: Theory and Interpretation* **29**: 101–21.

Munkres, James R. 1984. *Elements of Algebraic Topology*. Menlo Park, Calif.: Addison-Wesley.

Nabutosky, A. and R. Ben-Av. 1993. Noncomputability arising in dynamical triangulation model of four-dimensional quantum gravity. *Communications in Mathematical Physics* **157**: 93–8.

Nandy, Ashis, ed. 1990. *Science, Hegemony and Violence: A Requiem for Modernity*. Delhi: Oxford University Press.

Nash, Charles and Siddhartha Sen. 1983. *Topology and Geometry for Physicists*. London: Academic Press.

Nasio, Juan-David. 1987. *Les Yeux de Laure: Le concept d'objet "a" dans la théorie* de J. Lacan. *Suivi d'une introduction à la topologie psychanalytique*. Paris: Aubier.

Nasio, Juan-David. 1992. Le concept de sujet de l'inconscient. Texte d'une intervention realisée dans le cadre du séminaire de Jacques Lacan "La topologie et le temps", le mardi 15 mai 1979. In *Cinq leçons sur la théorie de Jacques Lacan*. Paris: Éditions Rivages.

Nye, Andrea. 1990. *Words of Power: A Feminist Reading of the History of Logic*. New York: Routledge.

Oliver, Kelly. 1989. Keller's gender/science system: Is the philosophy of science to science as science is to nature? *Hypatia* **3**(3): 137–48.

Ortiz de Montellano, Bernard. 1991. Multicultural pseudoscience: Spreading scientific illiteracy among minorities: Part I. *Skeptical Inquirer* **16**(2): 46–50.

Overstreet, David. 1980. Oxymoronic language and logic in quantum mechanics and James Joyce. *SubStance* **28**: 37–59.

Pais, Abraham. 1991. *Niels Bohr's Times: In Physics, Philosophy, and Polity*. New York: Oxford University Press.

Patai, Daphne and Noretta Koertge. 1994. *Professing Feminism: Cautionary Tales from the Strange World of Women's Studies*. New York: Basic Books.

Pickering, Andrew. 1984. *Constructing Quarks: A Sociological History of Particle Physics*. Chicago: University of Chicago Press.

Plotnitsky, Arkady. 1994. *Complementarity: Anti-Epistemology after Bohr and Derrida*. Durham, N.C.: Duke University Press.

Plumwood, Val. 1993a. *Feminism and the Mastery of Nature*. London: Routledge.

Plumwood, Val. 1993b. The politics of reason: Towards a feminist logic. *Australasian Journal of Philosophy* **71**: 436–62.

Porter, Jeffrey. 1990. "Three quarks for Muster Mark": Quantum wordplay and nuclear discourse in Russell Hoban's *Riddley Walker. Contemporary Literature* **21**: 448–69.

Porush, David. 1989. Cybernetic fiction and postmodern science. *New Literary History* **20**: 373–96.

Porush, David. 1993. Voyage to Eudoxia: The emergence of a post-rational epistemology in literature and science. *SubStance* **71/72**: 38–49.

Prigogine, Ilya and Isabelle Stengers. 1984. *Order out of Chaos: Man's New Dialogue with Nature.* New York: Bantam.

Primack, Joel R. and Nancy Ellen Abrams. 1995. "In a beginning ···": Quantum cosmology and Kabbalah. *Tikkun* **10**(1) (January/February): 66–73.

Psarev, V.I. 1990. Morphogenesis of distributions of microparticles by dimensions in the coarsening of dispersed systems. *Soviet Physics Journal* **33**: 1028–33.

Ragland-Sullivan, Ellie. 1990. Counting from 0 to 6: Lacan, "suture": and the imaginary order. In *Criticism and Lacan: Essays and Dialogue on Language, Structure, and the Unconscious*, pp. 31–63, edited by Patrick Colm Hogan and Lalita Pandit. Athens, Ga.: University of Georgia Press.

Rensing, Ludger, ed. 1993. Oscillatory signals in morphogenetic fields. Part II of *Oscillations and Morphogenesis*, pp. 133–209. New York: Marcel Dekker.

Rosenberg, Martin E. 1993. Dynamic and thermodynamic tropes of the subject in Freud and in Deleuze and Guattari. *Postmodern Culture* **4**, no. 1. Available as rosenber.993 from listserv@listserv.ncsu.edu or http://jefferson.village.virginia.edu/pmc (Internet).

Ross, Andrew. 1991. *Strange Weather: Culture, Science, and Technology in the Age of Limits.* London: Verso.

Ross, Andrew. 1994. *The Chicago Gangster Theory of Life: Nature's Debt to Society.* London: Verso.

Saludes i Closa, Jordi. 1984. Un programa per a calcular l'homologia simplicial. *Butlletí de la Societat Catalana de Ciències* (segona època) **3**: 127–46.

Santos, Boaventura de Sousa. 1989. *Introdução a uma Ciência Pós-Moderna.* Porto: Edições Afrontamento.

Santos, Boaventura de Sousa. 1992. A discourse on the sciences. *Review (Fernand Braudel Center)* **15**(1): 9–47.

Sardar, Ziauddin, ed. 1988. *The Revenge of Athena: Science, Exploitation and the Third World.* London: Mansell.

Schiffmann, Yoram. 1989. The second messenger system as the morphogenetic field. *Biochemical and Biophysical Research Communications* **165**: 1267–71.

Schor, Naomi. 1989. This essentialism which is not one: Coming to grips with Irigaray. *Differences: A Journal of Feminist Cultural Studies* **1**(2): 38–58.

Schubert, G. 1989. Catastrophe theory, evolutionary extinction, and revolutionary politics. *Journal of Social and Biological Structures* **12**: 259–79.

Schwartz, Laurent. 1973. *Radon Measures on Arbitrary Topological Spaces and Cylindrical Measures.* London: Oxford University Press.

Seguin, Eve. 1994. A modest reason. *Theory, Culture & Society* **11**(3): 55–75.

Serres, Michel. 1992. *Éclaircissements: Cinq entretiens avec Bruno Latour.* Paris: François Bourin.

Sheldrake, Rupert. 1981. *A New Science of Life: The Hypothesis of Formative Causation.* Los Angeles: J.P. Tarcher.

Sheldrake, Rupert. 1991. *The Rebirth of Nature.* New York: Bantam. Shiva, Vandana. 1990. Reductionist science as epistemological violence. In *Science, Hegemony and Violence: A Requiem for Modernity*, pp. 232–56, edited by Ashis Nandy. Delhi: Oxford University Press.

Smolin, Lee. 1992. Recent developments in nonperturbative quantum gravity. In *Quantum Gravity and Cosmology* (Proceedings 1991, Sant Feliu de Guixols, Estat Lliure de Catalunya), pp. 3–84, edited by J. Pérez-Mercader, J. Sola and E. Verdaguer. Singapore: World Scientific.

Sokal, Alan D. 1982. An alternate constructive approach to the φ_3^4 quantum field theory, and a possible destructive approach to φ_4^4. *Annales de l'Institut Henri Poincaré A* **37**: 317–98.

Sokal, Alan. 1987. Informe sobre el plan de estudios de las carreras de Matemática, Estadística y Computación. Report to the Universidad Nacional Autónoma de Nicaragua, Managua, unpublished.

Solomon, J. Fisher. 1988. *Discourse and Reference in the Nuclear Age*. Oklahoma Project for Discourse and Theory, vol. 2. Norman: University of Oklahoma Press.

Sommers, Christina Hoff. 1994. *Who Stole Feminism?: How Women Have Betrayed Women*. New York: Simon & Schuster.

Stauffer, Dietrich. 1985. *Introduction to Percolation Theory*. London: Taylor & Francis.

Strathausen, Carsten. 1994. Althusser's mirror. *Studies in 20th Century Literature* **18**: 61–73.

Struik, Dirk Jan. 1987. *A Concise History of Mathematics*. 4th rev. ed. New York: Dover.

Thom, René. 1975. *Structural Stability and Morphogenesis*. Translated by D.H. Fowler. Reading, Mass.: Benjamin.

Thom, René. 1990. *Semio Physics: A Sketch*. Translated by Vendla Meyer. Redwood City, Calif.: Addison-Wesley.

't Hooft, G. 1993. Cosmology in 2+1 dimensions. *Nuclear Physics B (Proceedings Supplement)* **30**: 200–3.

Touraine, Alain, Zsuzsa Hegedus, François Dubet and Michel Wievorka. 1980. *La Prophétie anti-nucléaire*. Paris: Éditions du Seuil.

Trebilcot, Joyce. 1988. Dyke methods, or Principles for the discovery/creation of the withstanding. *Hypatia* **3**(2): 1–13.

Van Enter, Aernout C.D., Roberto Fernández and Alan D. Sokal. 1993. Regularity properties and pathologies of position-space renormalization- group transformations: Scope and limitations of Gibbsian theory. *Journal of Statistical Physics* **72**: 879–1167.

Van Sertima, Ivan, ed. 1983. *Blacks in Science: Ancient and Modern*. New Brunswick, N.J.: Transaction Books.

Vappereau, Jean Michel. 1985. *Essaim: Le Groupe fondamental du noeud*. Psychanalyse et Topologie du Sujet. Paris: Point Hors Ligne.

Virilio, Paul. 1991. *The Lost Dimension*. Translation of *L'Espace critique*. Translated by Daniel Moshenberg. New York: Semiotext(e).

Waddington, C.H. 1965. Autogenous cellular periodicities as (a) temporal templates and (b) basis of 'morphogenetic fields'. *Journal of Theoretical Biology* **8**: 367–9.

Wallerstein, Immanuel. 1993. The TimeSpace of world-systems analysis: A philosophical essay. *Historical Geography* **23**(1/2): 5–22.

Weil, Simone. 1968. *On Science, Necessity, and the Love of God*. Translated and edited by Richard Rees. London: Oxford University Press.

Weinberg, Steven. 1992. *Dreams of a Final Theory*. New York: Pantheon.

Wheeler, John A. 1964. Geometrodynamics and the issue of the final state. In *Relativity, Groups and Topology*, edited by Cécile M. DeWitt and Bryce S. DeWitt. New York: Gordon and Breach.

Witten, Edward. 1989. Quantum field theory and the Jones polynomial. *Communications in Mathematical Physics* **121**: 351–99.

Wojciehowski, Dolora Ann. 1991. Galileo's two chief word systems. *Stanford Italian Review* **10**: 61–80.

Woolgar, Steve. 1988. *Science: The Very Idea*. Chichester: Ellis Horwood.

Wright, Will. 1992. *Wild Knowledge: Science, Language, and Social Life in a Fragile Environment*. Minneapolis: University of Minnesota Press.

Wylie, Alison, Kathleen Okruhlik, Sandra Morton and Leslie Thielen-Wilson. 1990. Philosophical feminism: A bibliographic guide to critiques of science. *Resources for Feminist Research/Documentation sur la Recherche Féministe* **19**(2) (June): 2–36.

Young, T.R. 1991. Chaos theory and symbolic interaction theory: Poetics for the postmodern sociologist. *Symbolic Interaction* **14**: 321–34.

Young, T.R. 1992. Chaos theory and human agency: Humanist sociology in a postmodern era. *Humanity & Society* **16**: 441–60.

Žižek, Slavoj. 1991. *Looking Awry: An Introduction to Jacques Lacan through Popular Culture*. Cambridge, Mass.: MIT Press.

附录 B　对谐拟文的几点评论

　　容我们首先说明，附录 A 那篇谐拟文章当中，所有列出的参考文章都是真实的，所有的引文也都正确无误，没有造假（很不幸）。文本不断地在例证戴维·洛奇（David Lodge）之言："学院生活的一项法则：**吹捧你的同侪，再怎么夸张都不会太过分**。"[110]

　　以下的评论，目的在解释建构这篇谐拟文时所使用的一些诡技，并指出某些段落中真正要嘲弄的对象，也澄清我们对于那些观念的立场。最后一点特别重要，因为谐拟的本质就是要隐藏作者真正的观点。（的确，在许多情况下，索卡尔谐拟了极端的或者陈述暧昧的观念，他事实上以更细致而精确的形式来把握这些观念。）不论如何，我们没有足够的篇幅来解释每一件事情，我们也把发现隐藏在文本背后的其他许多笑话的乐趣，留给读者。

导言

　　文章的头两段提出了一个非比寻常的激进社会建构论（social constructivism）版本，其最高潮在于宣称，物理实在（而不只是我们对它的想法）"根本上就是一种社会和语言的建构"。这些段落的

---

[110]　洛奇（1984，第 152 页），黑体为原文所有。

目的不是去概括《社会文本》编辑的意见——更非前三个注释中所 260
引用的作者的观点——而是测试看看，（没有证据或论证过程）大
胆地断言这种激烈的命题，到底会不会让编辑们吃惊。如果会，他
们却从没把他们的疑虑告诉索卡尔，虽然他一再要求给予评论、批
判和建议。我们有关此事的真实观点，详见第四章。

　　本节中所加以赞赏的作品，最多也只能称之为某种半信半疑
（dubious）。量子力学，就其首要而言，并**不是**"文化构造"的产
物，但是提到《社会文本》的编辑之一（阿罗诺维茨）的著作，似
乎无伤大雅。对罗斯的援引也是一样：这里说的"后量子科学中之
反对论述"，是通灵、水晶疗法、形态发生场和其他各式各样新时
代狂热的委婉表达。伊利格瑞和海勒斯对"流体力学中的性别编
码"的释义，第五章有所分析。

　　说时空不再是量子引力中的客观实在还太早，理由有二。第
一，目前尚未有一个完整的量子引力理论，所以我们不知道它会
隐含什么意义。第二，虽然量子引力将非常有可能剧烈地改变我
们对空间和时间的概念——譬如，它们或许不再是理论中的根本
元素，而会变成一种近似的描述，在大于 10^{-33} 厘米的尺度[111]上才
有效——这并不是说时空不再是客观的，除非是像那老掉牙的说
法：桌子和椅子是由原子组成的所以不是"客观的"。最后，如果
说亚原子尺度上的时空理论会有什么有效的政治意义，是相当不
可能的！

　　顺带一提，还应注意后现代术语的使用："问题化"
（problematized）、"相对化"（relativized）等等（特别是关于存在
本身）。

———————————

[111]　比一个原子小 10^{25} 倍。

量子力学

261 　　这一节举例说明关于量子力学的后现代思考中的两个面向：第一，将诸如"测不准"或"不连续性"等名词的技术意义与日常用法相混淆。第二，对海森堡和玻尔最为主观主义之著作的偏爱，以一种远远超越他们二者原本之观点（后来又遭到许多物理学家和科学哲学家严厉的反驳）的激进方法进行诠释。但是后现代科学却钟情于观点的多元性、观察者的重要性、整体主义（holism）和非决定论。关于量子力学所引发的哲学问题，有一严格的讨论作品，见注［8］所列之参考书目（特别是艾伯特的书，对非专业读者而言，是很好的导读）。

　　关于波鲁什（Porush）的注［13］，是一个关于庸俗经济主义的玩笑。事实上，所有的当代科技都是以半导体物理学为基础，而半导体物理学又反过来以一种至关重要的范式依赖于量子力学。

　　麦卡锡"刺激思考的分析"（注［20］）是这么开始的：

　　　　这个研究追踪在一种后现代事物秩序中，欲望流动的本质和后果（一种隐然以新物理学流体粒子流的被压抑的原型为模型的秩序），并揭露科学主义和无尽解构的虐待狂之间的复杂挂钩，前者巩固了后现代主义的状况，后者则提升了后现代主义中追求愉悦片刻的强度。

文章其他部分也都是同样的论调。

　　阿罗诺维茨的文本（注［25］）是一张混乱的网，若要加以厘清则会消耗太多篇幅空间。只消说，量子力学（特别是贝尔定理）

所提出的问题和"时间逆转"没什么关系，而和时间"分散成时与　262
分"或"早期布尔乔亚阶级的工业训练"则完全无关。

戈尔茨坦关于心灵 - 身体问题的书，是一本有趣的小说。

卡普拉（Capra）对于量子力学和东方哲学之间的联系的臆想，在我们看来，只能说是暧昧可疑的。谢尔德雷克（Sheldrake）的"形态发生场"理论，在新时代圈子里虽然很流行，但是很难有资格说"一般而言是健全的"。

古典广义相对论的诠释学

此节和下一节所涉有关物理学之文献，大体而言是正确的，但空洞得令人无法置信；它们故意以一种刻意夸张的风格写就，谐拟最近一些科普读物。然而，文本却是可笑且荒谬的。例如，爱因斯坦的非线性方程式的确是不易解的，特别是对那些没有受过"传统"数学训练的人而言。由这种对"非线性"的指称开始，玩笑便一再出现，模仿盛行于后现代书写中的误解（见第 143—147 页）。虫洞和哥德尔的时空是大胆臆想的理论观念；许多当代科普读物的一个缺陷，事实上就是将物理学中已成立无疑的方面和属于臆想的部分放在同一个立足点上。

注释里也有很多有趣的地方。引述拉图尔（注［30］）和维利里奥（注［32］）的部分，在第六章和第十章各有分析。利奥塔的文本（注［36］）以完全任意的方式混合了至少三个不同物理学支派的专有名词——基本粒子物理学、宇宙学、混沌和复杂性理论。塞尔关于混沌理论的狂想曲（注［36］），混淆系统状态和时间本身的本质，前者以一种复杂而无法预测的方式运动（见第七章），后者则以传统方式流动（"沿着一条线"）。此外，渗流理论处理的是　263

在多孔媒质[112]中流体的流动，完全没有谈到空间和时间的本质。

但是本节主要的目的是渐渐带入这篇文章中第一段的胡说八道，也就是德里达对相对论的评论（"爱因斯坦常数不是一个常数……"）。我们完全不知道这是什么意思，显然，德里达也不知道——但是这个滥用只出现一次，是在一次会议上说出来的，我们就不多做推敲了。[113]德里达的引文之后的那一段，荒谬之言渐次增强，这是我们最喜欢的一段。不用说，像 π 这样一个数学常数并不会随时间而改变，纵使我们对它的想法可能会改变。

量子引力

本节第一个大错误出在"非交换的（因此也是非线性的）"说法。实际上，量子力学所使用非交换算符绝对是线性的。这个玩笑是从该文后来引用的马克利的文段中得到的灵感（第 240—241 页）。

接下来的五个段落，对物理学家建构一个量子理论的尝试提出肤浅但基本上是正确的综观。不过，必须注意对于"隐喻和意象""非线性""通量"及"相互连通性"过分夸张的强调。

对照之下，对形态发生场的热切指涉则是完全武断任意的。当代科学中无法举出任何东西来支持这个新时代的幻想，它和量子引力怎么样都搭不上关系。索卡尔之所以会提到这个"理论"，是因为罗斯的好意提醒（注[46]），他是《社会文本》的编辑之一。

264

---

[112] 例见，德热纳（de Gennes，1976）。

[113] 有个有趣的尝试，一个稍微懂物理学的后现代主义作者，试图找出德里达话中可能会有意义的东西，见普罗特尼斯基（Plotnitsky，1997）。对于德里达说的"爱因斯坦常数"，普罗特尼斯基找出至少两个替代的技术诠释，但问题是，他未提供任何有力的证据，说明德里达的意思指的（或理解的）是其中任何一个。

注释提到乔姆斯基关于"势力范围"效果之说（注［50］）是很危险的，因为编辑可能会知道这个文本，会去查查看。这个说法我们在"导言"中引用过（第一章，注［11］），其中所说的和谐拟文中的意思根本是相反的。

对于量子力学中非定域性的讨论（注［51］）是故意表述得含混不清，但是，由于这一问题具有相当的技术性，我们只能请读者参考，例如，莫德林的书。

最后，注意体现在"主观的时空"这一表述中的不合逻辑之处。时空在未来的量子引力理论中或许不再是一基本的实体单元，但是这个事实怎么样也不会使时空变成"主观的"。

微分拓扑学

这一节中，出现了本文中第二个主要的权威性的胡言乱语，也就是拉康关于精神分析拓扑学的文本（我们在第二章分析过）。令人难过的是，将拉康拓扑学应用到电影批评和艾滋病的精神分析的文章，都是真的。纽结理论在当代物理学中的应用的确很漂亮——就像威滕等人所表明的——但这和拉康一点关系都没有。

最后一段则通过发明一个不存在的领域："多维（非线性）逻辑"，调侃了后现代主义对于"多维性"（multidimensionality）和"非线性"（nonlinearity）的偏爱。

流形理论

伊利格瑞的引文在本书第五章讨论。谐拟文中再度暗示，"传统"科学厌恶任何"多维"的东西；但事实是，所有有趣的流形都　265

是多维的。[114] 有边界的流形是微分几何的经典主题。

注［73］是故意地言过其实，尽管对于这样一种观点，即经济和政治权力斗争强烈影响着科学如何被转换为技术以及某些人的利益，我们心有戚戚。密码学的确有军事（以及商业）应用，且近年来也更多地以数论为基础。然而，数论自古以来就使数学家着迷，而直到最近在任何"实际"应用上还是很少：它是纯数学中最为出类拔萃的一个分支。注释里提到哈代也很危险：根据可查阅的自传，哈代对于自己在与应用无关的数学领域中工作，深感骄傲。（这当中还有一个讽刺。哈代在1941年写到，他认为有两门科学永远不会应用到军事方面：数论和爱因斯坦相对论。未来学是冒险的事业，信哉！）

朝向一个解放的科学

这一节结合了对科学的笼统混淆观念和对于哲学和政治非常松散的思考。然而也包含一些想法——科学家与军事的关系、科学中的意识形态偏见、科学教育学——我们有部分同意，至少当这些想法表达得较为谨慎的时候。我们不希望谐拟文变成一篇不够格的文章，只在嘲弄这些想法。关于我们真正的观点，读者请参考"终曲"。

本节一开始，就宣称"后现代"科学已经将我们从客观真理中解放出来了。但是，不论科学家对混沌和量子力学会有什么意见，他们显然不认为自己是从客观性的目标"解放出来"；如果是这样，他们干脆就不要从事科学工作了。然而，要解开藏在这类观念之下

266

---

［114］ "流形"（manifold）是一个几何学概念，就是将二度空间的曲面概念推广至更多维度的空间中。

关于混沌、量子力学以及自组织的混淆，得写上一整本书才行。第七章对此有简短的分析。

把科学从客观性的目标解放出来后，这篇文章还建议将科学政治化（取其最糟糕的意思），不以科学理论和现实的对应来判断科学理论，而是以理论和个人意识形态先入之见的兼容与否来判断。凯利·奥利维的引文公然用这种政治化的方法，提出了自我反驳的永恒问题：唯有看看一个理论在其促进某一显白的政治目标方面的效力是否**真实**、**客观**，否则的话要如何知道这个理论是不是"策略性的"？真实和客观性的问题不能轻易逃避。同样，马克利的宣称（"'实在'，最终不过是一个历史的建构"，注［76］），在哲学上含混不通，在政治上则有害无益：是向最糟的民族主义者和某些极端主义敞开大门——霍布斯鲍姆对此已洋洋洒洒阐释过了（第215页）。

最后，本节中尚有诸多显而易见的荒谬之处：

1. 马克利（第240—241页）把复数理论和量子力学、混沌理论和现在一般已废弃的强子靴带理论混为一谈，而复数理论事实上可追溯到19世纪初期，是属于数学而非物理学。他或许将之与最近出现、带有强烈臆想性质的关于复杂性的理论混淆了。

2. 11 000名专攻固态物理学的学生会很高兴听到他们以后都会在自己的领域找到工作。

3. 史瓦兹书名中的"氡"（Radon）一词（注［104］）是一位数学家的名字。这本书处理纯数学，和核能没有一点关系。

4. 等量公理（注［105］）说，当且仅当两个集合有相同元素时，二者才是等量的。把这个公理和19世纪自由主义相连，变成

267

是在语言巧合的基础上写文化史。选择公理[115]和争取堕胎权运动的关系也是一样。柯亨的确已经证明过，选择公设或其否定都不能从集合理论的其他公理演绎出来；但是这个数学结果无论如何没有任何政治的含义。

最后，除去法国前文化部长雅克·杜邦（Jacques Toubon）以及加泰罗尼亚民族主义（参见斯莫林，1992）之外，其他所有书目条目都十分准确。杜邦曾试图在法国政府主办的科学会议上强制使用法语（参见孔采维奇［Kontsevich］，1994）。

---

[115] 前文第48—49页，对选择公理有简要说明。

附录 C　逾越边界：后语[*]

> 大人物都一定是很奇怪的，小王子说。
>
> ——圣埃克苏佩里（*Antoine de Saint Exupéry*），
>
> 《小王子》（*Le Petit Prince*）

唉，真相已大白：文化研究期刊《社会文本》1996 年春 / 夏季号刊出的拙作《逾越边界：朝向一个转形的量子引力诠释学》是一篇谐拟文章。显然，我必须对《社会文本》的编辑和读者，以及更广大的知识社群有个交代，以不嘲讽的态度说明我的动机和真正的观点。[1] 我在此的目的之一，是加入人文学者和自然科学家之间的左派对话——与一些乐观的发言相反的是，这"两种文化"在心态上可能比过去五十年任何时候还要分隔。[**]

---

[*] 这篇文章是在谐拟文刊出之后投稿给《社会文本》的，但是被拒绝了，理由是不符合他们的学术标准。此文刊于《异议者》（*Dissent*），43（4），第 93—99 页（1996 秋季号），又稍作修改刊载在《哲学与文学》（*Philosophy and Literature*），20（2），第 338—346 页（1996 十月号）。亦参见《社会文本》的合作创刊者斯坦利·阿罗诺维茨的批评（1997）和索卡尔的响应（1997b）。

[1] 读者应谨慎，不要将我的观点类推应用到任何主题，除非是在此"后语"中提到的。特别是，我谐拟了一个极端而陈述含糊的意见，但同样一个观点，若表达细致且陈述较为精确，则我有可能会同意；前述事实并不排除后者的可能性。

[**] 斯诺于 1959 年出版《两种文化与科学革命》（*The Two Cultures and the Scientific Revolution*），书中指出自称知识分子的人文学者与科学家之间，因其互不理解而归属于两种不同的文化阵营；1963 年《两种文化》的第二版中，斯诺加了一篇新文章，乐观地预测人文知识分子与科学家之间将不再有隔阂。

谐拟（parody）的文类意在讽刺——我的参考书目可以找到成堆的例子——我的文章是真话、半真话、四分之一真话、错误、不连贯的话，和语法正确但了无意义的句子的大杂烩。（可惜，后者这种句子只有一点，我努力生产，但是却发现，除了少数偶发灵感，我就是不懂那诀窍。）我也用了该文类中其他一些已经成立的策略（虽然有时候是不小心）：诉诸权威以替代逻辑；假装臆想的理论是已成立的科学；刻意甚至荒谬的类比；听起来不错但含义暧昧模糊的修辞；以及把英语字的技术用法和日常用法混淆。[2]（请注意：文章引用的所有书目都是真实的，引文也准确无误；没有一个是伪造的。）

但是我为什么这么做？我承认，我是一个厚脸皮的老左派，从来不甚明了解构主义要如何来帮助工人阶级。我也是个硬派的老科学家，天真地相信存在一个外在世界，存在对于那个世界的客观真理，而我的工作是要发现它们。（如果科学只是社会惯例的一个妥协，大家来同意什么是"真实"的，那为什么我还要投注我短暂生命的一大部分在这件事上？我不期望变成量子场论的埃米莉·波斯特。[3]）

但是我主要关心的，不是保护科学不受到一群野蛮的文学批评家的攻击（我们会活得好好的，谢谢）。我的关怀显然是**政治的**：与当下流行的后现代主义／后结构主义／社会建构主义话语进行论

---

[2] 例如："线性""非线性""定域""广域""多维""相对""参考坐标系""场""异例""混沌""剧变""无理""虚""复""实""相等""选择"。

[3] 顺便一提，如果有任何人相信物理定律只是社会约定俗成的东西，我会请他们来我的公寓，从我的窗户尝试去跨越这约俗。我住在二十一楼。（注：我知道，这种俏皮话对于较精致的相对主义科学哲学家来说是不公平的，他们会承认经验性陈述在客观上可能是真的——譬如，从我的窗户掉到人行道上大约要 2.5 秒钟——但仍然主张，对那些经验陈述的理论说明则多多少少是任意的社会建构。我认为这个观点大致上也是错误的，但需要多一点讨论。）

战。这些话语体系，更一般而言，是对主观主义的一种偏好，我　270
认为，它们与左派的价值观对未来是有害的。[4]艾伦·瑞安（Alan
Ryan）说得好：

> 比方说，被围攻的少数者还去拥抱福柯简直是自杀，更别
> 说德里达。少数者的观点总是，权力可以被真理破坏……一旦
> 你读到福柯说，真理只是权力的效果，你就知道了。……但是
> 美国的文学系、历史系和社会学系，充斥无数自命左派的人，
> 他们把对于客观性的激烈怀疑和政治激进主义混淆，然后陷入
> 混乱之中。[5]

霍布斯鲍姆也同声谴责：

> "后现代主义"知识风潮在西方大学中兴起，特别是在文
> 学系和人类学系，暗示所有宣称客观存在的"事实"都只是知
> 识的建构。简言之，事实和虚构之间没有清楚的区别。但是对　271
> 历史学家而言，连我们当中反实证主义最强烈的人也认为，区

---

[4] 自然科学不太需要害怕后现代主义者的愚蠢，至少在短期内；在文字游戏取代严
格的社会现实分析时，是历史和社会科学——以及左派政治——深受其苦。然而，
囿于我自己的专长，这里的分析将限于自然科学（主要是物理科学）。研究调查的
基本知识论，对于自然和社会科学大致上应是相同的，但是我当然还是清楚地意
识到，社会科学中出现许多特别的（且非常困难的）方法论问题，是因为研究的
对象是人（包括他们主观的心灵状态）；而这些研究的客体是有意向的（包括在
有些情况中隐藏证据或故意举出于己有利的证据）；因为证据（通常）是以人类
语言表达的，而语言的意义可能是暧昧含糊的；因为概念范畴（如：童年、男性
气质、女性气质、家庭、经济等）的意义会随时间而改变；更因为历史研究的目
标不只是事实，也是诠释，等等。所以我不会宣称我对物理学的评论应直接适用
于历史或社会科学——那会很荒谬。主张"物理实在是一种社会和语言的建构"，
只能说愚蠢；但是主张"社会实在是一种社会和语言的建构"，实质上是个套套逻
辑。

[5] 瑞安（1992）。

分二者的能力绝对是基本的。[6]

（霍布斯鲍姆进而说明，严格的历史著作如何能反驳印度、以色列、巴尔干及其他地方的反动民族主义者提出的虚构。）最后是安德列斯基：

> 只要权威引起敬畏，混淆与荒谬就会强化社会的保守倾向。因为清楚且合逻辑的思考会累积知识（自然科学的进步提供最好的例子），而知识提升迟早会瓦解传统的秩序。另一方面，混淆的思考尤其无法指引出路，而且无止尽地陷溺，无法对世界产生任何冲击。[7]

关于"混淆思考"的例子，我想举哈丁（1991）书中的一章，叫作"为什么'物理学'是物理学的一个坏模型？"（Why 'Physics' is a Bad Model for Physics？）。我举这个例子，因为哈丁在某些（但并非全部）女性主义圈子中颇有众望，也因为她的文章写得非常清楚（不像其他同类作品）。哈丁希望回答一个问题："西方思想中的女性主义批评和自然科学相关吗？"她举出六项关于科学本质的"错误信仰"，然后加以反驳，她的一些反驳做得非常好；但是并未证明她宣称已证明的任何东西。那是因为她混合了五个相当不同的议题：

272　　　　1. **本体论**。什么客体存在于世界上？关于这些客体的陈述，什么是真的？

---

[6]　霍布斯鲍姆（1993，第63页）。
[7]　安德列斯基（1972，第90页）。

2. **知识论**。人类如何能获得关于世界之真理的知识？他们如何能评价那个知识的可靠性？

3. **知识社会学**。任何一个社会中的人类所已知的（或可知的）事实，在多大程度上是受社会、经济、政治、文化和意识形态因素所影响（或决定）？同样的问题也针对被误以为真的陈述。

4. **个人伦理**。一个科学家（或科技专家）应该做（或拒绝做）何种研究？

5. **社会伦理**。社会应该鼓励、赞助或公开支持（或换过来说，不鼓励、课税或禁止）何种研究？

这些问题显然是彼此关联着的——譬如，如果没有关于世界的客观事实（truths），那么问如何知道那些（不存在的）事实，就没多大意思了——但彼此在概念上是有区分的。

譬如，哈丁（引福尔曼［Forman］，1987）指出，美国1940年和20世纪50年代对于量子电子学（Quantum electronics）的研究，大半是受到其在军事应用上的潜力的鼓舞。没错。现在，量子力学带动固态物理学出现，固态物理学又带动量子电子学（譬如晶体管），后者则使几乎所有的现代科技（如计算机）[8]成为可能。而计算机的应用，有的对社会有益（譬如让后现代文化批评家能更有效率地写出文章），有的也有害于社会（譬如让美国军方可以更有效率地杀人）。这引出一大串社会和个人的伦理问题：社会应该禁止（或不鼓励）某些计算机的应用吗？禁止（或不鼓励）计算机

273

---

［8］ 计算机先固态技术而存在，但是不易操作也缓慢。今天放在文学理论家书桌上的486个人计算机，比起房间大小的真空管计算机（1954年的IBM 704）处理能力快上大约1 000倍（例见威廉斯，1985）。

本身的研究吗？禁止（或不鼓励）量子电子学、固态物理学、量子力学的研究吗？对个别科学家和科技专家也是一样的问题。（显然，如果再列下去，这些问题的肯定答案会变得越来越难成立；但是我并不想宣称这些问题中的任何一个在其先验性上就是不合法的[illegitimate]。）同样，社会学问题出现了，例如：我们对于计算机科学、量子电子学、固态物理学和量子力学的（真正）知识——以及我们欠缺对于其他科学主题（如全球气候）的知识——在多大程度上是因为公共政策的决定偏向军事主义的结果？关于计算机科学、量子电子学、固态物理学和量子力学的错误知识（如果有的话），在多大程度上（全部或部分）是社会、经济、政治、文化和意识形态的因素造成的，特别是军国主义文化？[9]这些都是严肃的问题，值得以科学和历史证据的最高标准来做审慎的调查研究。**但是不论如何，它们对根基层面的科学问题没有任何影响**：原子（以及硅晶体、晶体管和计算机）是否真的依照量子力学（以及固态物理学、量子电力学和计算机科学）的法则来运作？美国科学的尚武倾向和本体论的问题没有任何瓜葛，而只有在一个疯狂难以置信的脚本中，才和知识论的问题扯上关系。（譬如，如果根据他们相信是科学证据的惯例标准，全世界的固态物理学家将马上接受一个错误的半导体作用理论，因为这个理论使他们对军事科技突破的狂热成为可能。）

安德鲁·罗斯在文化批评家熟悉的阶层品位文化（高级、中等和通俗）以及科学和伪科学的区隔之间，提出类比。[10]在社会学层次，这是一个锐利的观察；但在本体论和知识论的层次，这就是疯

---

[9] 我当然不排除目前关于任何一个主题的理论有错误的可能性。但是要找出这种情况的批评家，不只必须提供历史证据说明所宣称的文化影响，也要提供科学证据以说明该理论事实上是错误的。（同样的证据标准当然也适用于过去的错误理论；但在这种情况中，第二项差事或许科学已经做了，让文化批评省得只刮刮皮毛。）

[10] 罗斯（1991，第25—26页）；亦见罗斯（1992，第535—536页）。

了。罗斯似乎也承认，因为他紧接着说：

> 我不想坚持以字面意思诠释这个类比……比较彻底的处理方式会是说明文化品位和科学品位［！］之间局部的、质化的差异，但是，最后会碰上经验主义者和文化主义者平分秋色；经验主义者主张有不受环境语境影响的信念存在，而这些信念可能是真的，文化主义者则主张，信念只是社会接受为真的东西。[11]

但是这种知识论上的不可知论是不够的，至少对有志于带动社会变革的人而言。若否认不受环境语境影响的断言可能是真的，你否定的不只是量子力学和分子生物学：你也否定纳粹毒气室、美国人对非洲人的奴役，还有纽约今天下雨等事实。霍布斯鲍姆是对的：事实是重要的，而有些事实（如这里提到的头两项）则非常重要。

275

　　不过，罗斯仍然是正确的：在社会学层次上，坚持科学和伪科学之间的界线——除了其他作用之外——有助于维持那些站在科学一边的人的社会权力，不论他们有无形式上的科学认证。（也有助于在不到一个世纪的时间，将美国人的平均寿命从 47 岁提高到 76 岁。[12]）罗斯特别提到：

---

［11］　罗斯（1991，第 26 页）；亦见罗斯（1992，第 535 页）。在这篇论文接下去的讨论中，罗斯（1992，第 549 页）表达了另一层（相当具有正当性的）忧虑：

> 　　我很怀疑环绕在后现代主义中占优势的相对主义气候，那种"什么都行"的精神。……许多后现代主义的辩论一直致力于提出启蒙大叙事的哲学与文化限制。然而如果你从这方面来思考生态问题，你就是在谈鼓励社会成长的资源之"其实的"物理或物质限制。而就我们所知，除了宣布将它放逐之外，后现代主义一直讨厌谈"其实"。

［12］　美国人口普查局（1975，第 47、55 页；1944，第 87 页）。1900 年的一般寿命预期是 47.3 岁（白人 47.6 岁，"黑人和其他"则只有 33.0 岁，令人惊讶）。1995 年，是 76.3 岁（白人 77.0 岁，黑人 70.3 岁）。

> 有一段时间，文化批评者面临一项差事，在关于阶级、性别、种族和性偏好等等触及品位文化区隔的辩论上，去暴露类似的体制既得利益。而我则看不到我们有任何理由，在面对科学的时候又放弃这得来不易的怀疑主义。[13]

这段话说得很对：事实上，科学家是**第一个**在面对人们的（或自己的）真理宣称时建议我们要保持怀疑态度的人。但是半吊子的怀疑主义与乏味的（或盲目的）不可知论，并不会让你得到任何收获。文化批评家，如历史学家或科学家，需要抱持一种**有据的**（informed）怀疑主义：能够评估证据和逻辑，并且**基于该证据和逻辑**，做出推理后的（虽然是试探性的）判断。

在这里，罗斯或许会抗议，我是在操纵权力游戏以利于己方：他，一个美国研究的教授，在讨论量子力学的时候，怎么和我，一个物理学家相比？[14]（或就算是讨论核能时——一个我一点也不专精的题目。）不过同样，在关于第一次世界大战的起因方面，我也不可能辩得过一位历史专家。然而，作为一个有一点历史知识的外行知识分子，我还是能够评估互相竞争的历史学家所提供的证据

276

我知道这些断言很有可能被误解，所以容我预做说明。我**不是**说平均寿命的增加是因为科学医药的进步。之所以增加——特别是在20世纪的前三十年——大部分（可能是很大一部分）是因为住屋标准、营养和公共卫生方面普遍的进步（后两项是因为对于营养不足和传染病的疾病病原的科学认识之改进）。[相关数据，见霍兰（Holland）等人（1991）]。但是——无需低估社会斗争在这些进步中所扮演的角色，特别是关于种族间落差的缩减——造成这些进步的底层原因和最有力者，很明显的是过去这个世纪物质生活水平的大幅提升，因素不止一个。（美国人口普查局，1975，第224—225页；1944，第451页。）提升的原因相当明显是科学的直接结果体现在技术中。

[13] 罗斯（1991，第26页）；亦见罗斯（1992，第536页）。

[14] 顺便一提，对于量子力学所产生的概念问题深感兴趣的非科学家，不再需要依赖海森堡、玻尔以及杂牌物理学家和新时代作者出版的通俗化（低俗化）著作。艾伯特的小册子（1992）对于量子力学及其带来的哲学议题提出说明，内容严肃而具有知识上的诚恳心态，令人印象深刻——不需要比一般高中几何还高的数学背景知识，也不需要先具备任何物理知识，就可以理解。主要的条件是愿意慢慢而清楚地思考。

和逻辑，并做出某种推理后的（虽然是试探性的）判断。（若没有这种能力，任何有思想的人如何能够将他在政治上的活跃表现正当化？）

问题是，我们的社会中很少有非科学家在处理科学事物时有这种自信。斯诺（C. P. Snow）在他35年前的"两个文化"讲座中提出一项著名的观察：

> 有很多次我出现在某种聚会场合，在场的人，根据传统文化标准，都被认为是受过高等教育的，他们兴致勃勃地对科学家的识字能力表示怀疑。有一两次我按捺不住，就问他们有多少人能够描述热力学第二定律。响应是冷淡的，也是否定的。但是我问的这个东西，在科学上就等于问**"你有没有读过莎士比亚？"**
>
> 现在我相信，如果我问一个更简单的问题——像是，你说的质量，或加速度，是什么意思？这在科学上就等同于**"你会不会阅读？"**——受过高等教育的人当中，不到十分之一的人会觉得我说的是同样的语言。如此，现代物理学的伟大建制失败了，西方世界最聪明的大多数人，对物理所知的大概不会比他们新石器时代的祖先还多。[15]

这种情形，我想，多会怪罪在科学家头上。数学和科学的教育

277

---

[15] 斯诺（1963，第20—21页）。从斯诺的时代起，出现一个有意义的改变：人文知识分子对于（例如）质量和加速度的无知基本上是不变的，现在一小群重要的人文主义知识分子却觉得自己有资格谈这些题目，虽然他们对此一无所知（或许他们相信他们的读者也同样一无所知）。试想下面一段引自近作《科技再省思》（*Rethinking Technologies*）的话（该书由"迈阿密理论群"编辑，明尼苏达大学出版社出版）："现在似乎是重新思考加速度和减速（物理学家称为正速度和负速度）概念的适当时机。"（维利里奥，1993，第5页）不觉得这句话很可笑（或令人沮丧）的读者，欢迎去上物理学初级的头两堂课。

常常是太权威[16]；而这不但违背激进/民主的教育方法，也违背科学的原则本身。难怪大部分的美国人不能分辨科学和伪科学：他们的科学老师从未让他们有理由去对此加以分辨。（随便问一个大学生：物质是原子组成的吗？是。你为什么这么以为？读者可自行填入。）那么，36%的美国人相信心电感应，而47%的人相信创世论的说法，还会让人吃惊吗？[17]

278　　就像罗斯注意到的[18]，下一个十年，许多主要的政治议题——从医疗保健到全球变暖现象到第三世界的发展——部分有赖于科学事实方面微妙的（也是激烈辩论的）问题。但是那不只靠科学事实：也要看伦理价值和赤裸裸的经济利益——在此期刊中，这一点几乎不必特别加上去。除非认真考虑科学事实和伦理价值和经济利益的问题，否则没有一个左派可以是有用的。牵涉的议题太重要

---

[16]　这不是开玩笑。任何人若对我们的观点感兴趣，我们很乐意提供索卡尔文章（1987）的复印件供参考。关于对在数学与科学两方面教学之薄弱的另一尖锐批评，见《反讽中的反讽》格罗斯和莱维特（1994，第23—28页）。

[17]　心电感应：哈斯丁和哈斯丁（1992，第518页），美国民意调查机构（American Institute of Public Opinion）1990年6月的调查。关于"心电感应，或说不用传统五官的心灵沟通"，36%的人选择"相信"，25%的人选择"不确定"，39%的人选择"不相信"。"这世界上有些人有时会被魔鬼附身"，对于这一点，上述比例是49—16—35（！）。对于"星象学，或说恒星与行星的位置会影响人的生命"，比例则是25—16—53。幸好，只有11%的人相信通灵（22%的人不确定），而7%的人相信金字塔的疗效（26%的人不确定）。
　　　　创世论：盖洛普（1993，第157—159页）。盖洛普在1993年6月的调查。确切的问题是："下列几项陈述，哪一项最接近你对于人类起源和发展的看法：（1）人类从较低等的生物发展出来，经过几百万年的演变而成，但是上帝引导这个过程；（2）人类从较低等的生物发展出来，经过几百万年的演变而成，但是上帝不参与这个过程；（3）上帝在过去10 000年的某一时期一举创造人类，就是目前这个样子？"结果，35%的人相信上帝参与了发展，11%的人认为上帝并未参与发展，47%的人认为上帝创造之时的人与现在无异，而7%的人则对此不置可否。1982年7月的一项调查（盖洛普，1982，第208—214页）所得数据也差不多，但是又以性别、种族、教育、地区、年龄、收入、宗教信仰，以及社区的大小进行了区分。不同性别、种族、地区、收入和（令人讶异的）宗教信仰的差别相当微小。差距最大的是教育一项：相较于49%的高中毕业者和52%的接受过基础教育的人，仅有24%接受过大学教育的人支持创世论。所以，或可认为小学和中学是科学教育最为薄弱的一环。

[18]　见前注[11]。

了，不能只留给资本主义者或科学家——或后现代主义论者。

四分之一个世纪以前，正当美国入侵越南时，乔姆斯基观察道：

> 乔治·奥威尔有一次评说：政治思想，特别是左派的，是一种阉割的幻想，在其中，事实世界几乎不重要。不幸，这是真的，也是我们的社会欠缺一种真正的、负责的、严肃的左翼运动的部分原因。[19]

这话或许听来太过苛刻，但是十分不幸，其中包含着一个重要的真理核心。今天，色情文本倾向以（破［broken］）法文写成而不是中文，但是对真实生活的影响还是一样。以下是艾伦·瑞安在1992年所说的，以感叹总结他对美国知识分子风尚的挖苦分析： 279

> 将知识分子的坚韧与温和的政治激进主义相结合的人少得可怜。这种情形，对于一个由乔治·布什任总统而丹佛斯·奎尔准备在1996年接任的国家来说，并不是很有趣。[20]

四年之后，随着比尔·克林顿（据信，他是一位"改革派"）就任总统，而金里奇（Newt Gingrich）已经在为新千禧年的总统大位做准备，这仍然并不有趣。

---

[19]　乔姆斯基（1984，第200页），1969年讲座。
[20]　瑞安（1992）。

引用文献

Albert, David Z. 1992. *Quantum Mechanics and Experience*. Cambridge, Mass.: Harvard University Press.

Andreski, Stanislav. 1972. *Social Sciences as Sorcery*. London: André Deutsch.

Chomsky, Noam. 1984. The politicization of the university. In *Radical Priorities*, 2nd edn, pp. 189–206, edited by Carlos P. Otero. Montreal: Black Rose Books.

Forman, Paul. 1987. Behind quantum electronics: National security as basis for physical research in the United States, 1940–1960. *Historical Studies in the Physical and Biological Sciences* **18**: 149–229.

Gallup, George H. 1982. *The Gallup Poll: Public Opinion 1982*. Wilmington, Del.: Scholarly Resources.

Gallup, George Jr. 1993. *The Gallup Poll: Public Opinion 1993*. Wilmington, Del.: Scholarly Resources.

Gross, Paul R. and Norman Levitt. 1994. The natural sciences: Trouble ahead? Yes. *Academic Questions* **7**(2): 13–29.

Harding, Sandra. 1991. *Whose Science? Whose Knowledge? Thinking from Women's Lives*. Ithaca: Cornell University Press.

Hastings, Elizabeth Hann and Philip K. Hastings, eds. 1992. *Index to International Public Opinion, 1990–1991*. New York: Greenwood Press.

Hobsbawm, Eric. 1993. The new threat to history. *New York Review of Books* (16 December): 62–4.

Holland, Walter W. *et al.*, eds. 1991. *Oxford Textbook of Public Health*, 3 vols. Oxford: Oxford University Press.

Ross, Andrew. 1991. *Strange Weather: Culture, Science, and Technology in the Age of Limits*. London: Verso.

Ross, Andrew. 1992. New Age technocultures. In *Cultural Studies*, pp. 531–55, edited by Lawrence Grossberg, Cary Nelson and Paula A. Treichler. New York: Routledge.

Ryan, Alan. 1992. Princeton diary. *London Review of Books* (26 March): 21. Snow, C.P. 1963. *The Two Cultures: And A Second Look*. New York: Cambridge University Press.

Sokal, Alan. 1987. Informe sobre el plan de estudios de las carreras de Matemática, Estadística y Computación. Report to the Universidad Nacional Autónoma de Nicaragua, Managua, unpublished.

U.S. Bureau of the Census. 1975. *Historical Statistics of the United States: Colonial Times to 1970*. Washington: Government Printing Office.

U.S. Bureau of the Census. 1994. *Statistical Abstract of the United States: 1994*. Washington: Government Printing Office.

Virilio, Paul. 1993. The third interval: A critical transition. In *Rethinking Technologies*, pp. 3–12, edited by Verena Andermatt Conley on behalf of the Miami Theory Collective. Minneapolis: University of Minnesota Press.

Williams, Michael R. 1985. *A History of Computing Technology*. Englewood Cliffs, N.J.: Prentice-Hall.

参考文献

Albert, David Z. 1992. *Quantum Mechanics and Experience*. Cambridge, Mass.: Harvard University Press.

Albert, Michael. 1992–93. "Not all stories are equal: Michael Albert answers the pomo advocates". *Z Papers Special Issue on Postmodernism and Rationality*. Available on-line at http://www.zmag.org/zmag/articles/albertpomoreply.html

Albert, Michael. 1996. "Science, post modernism and the left". *Z Magazine* 9(7/8) (July/August): 64–9.

Alliez, Eric. 1993. *La signature du monde, ou Qu'est-ce que la philosophie de Deleuze et Guattari?* Paris: Éditions du Cerf.

Althusser, Louis. 1993. Écrits *sur la psychanalyse: Freud et Lacan*. Paris: Stock/ IMEC. Amsterdamska, Olga. 1990. "Surely you are joking, Monsieur Latour!" *Science, Technology, & Human Values* 15: 495–504.

Andreski, Stanislav. 1972. *Social Sciences as Sorcery*. London: André Deutsch.

Anyon, Roger, T.J. Ferguson, Loretta Jackson and Lillie Lane. 1996. "Native American oral traditions and archaeology"*SAA Bulletin* [Bulletin of the Society for American Archaeology] 14(2) (March/April): 14–16. Available on- line at http://www.sscf.ucsb.edu/SAABulletin/14.2/SAA14.html

Applebaum, Anne. 1998. "When kicking a dead dog can upset the applecart".

Literary Review (July): 43.

Arnol'd, Vladimir I. 1992. *Catastrophe Theory*, 3rd ed. Translated by G.S. Wassermann and R.K. Thomas. Berlin: Springer-Verlag.

Aronowitz, Stanley. 1997. "Alan Sokal's 'Transgression'". *Dissent* **44**(1) (Winter): 107–10.

Babich, Babette E. 1996. "Physics vs. *Social Text:* Anatomy of a Hoax". *Telos* 107(spring): 45–61.

Badiou, Alain. 1982. *Théorie du sujet*. Paris: Seuil.

Bahcall, John N. 1990. "The solar-neutrino problem". *Scientific American* **262**(5) (May): 54–61.

Bahcall, John N., Frank Calaprice, Arthur B. McDonald and Yoji Totsuka. 1996. "Solar neutrino experiments: The next generation". *Physics Today* **49**(7) (July): 30–6.

Barnes, Barry and David Bloor. 1981. "Relativism, rationalism and the sociology of knowledge". In: *Rationality and Relativism*, pp. 21–47. Edited by Martin Hollis and Steven Lukes. Oxford: Blackwell.

Barnes, Barry, David Bloor and John Henry. 1996. *Scientific Knowledge: A Sociological Analysis*. Chicago: University of Chicago Press.

Barsky, Robert F. 1997. *Noam Chomsky: A Life of Dissent*. Cambridge, Mass.: MIT Press.

Barthes, Roland. 1970. "L'étrangère". *La Quinzaine littéraire* **94** (1–15 May): 19–20.

Baudrillard, Jean. 1990. *Fatal Strategies*. Translated by Philip Beitchman and W.G.J. Niesluchowski. Edited by Jim Fleming. New York: Semiotext(e). [French original: *Les Stratégies fatales*. Paris: Bernard Grasset, 1983.]

Baudrillard, Jean. 1993. *The Transparency of Evil: Essays on Extreme Phenomena.* Translated by James Benedict. London: Verso. [French original: *La Transparence du mal.* Paris: Galilée, 1990.]

Baudrillard, Jean. 1994. *The Illusion of the End.* Translated by Chris Turner. Cambridge, England: Polity Press. [French original: *L'Illusion de la fin.* Paris: Galilée, 1992.]

Baudrillard, Jean. 1995. *The Gulf War Did Not Take Place.* Translated and with an introduction by Paul Patton. Bloomington: Indiana University Press. [French original: *La Guerre du Golfe n'a pas eu lieu.* Paris: Galilée, 1991.]

Baudrillard, Jean. 1996. *The Perfect Crime.* Translated by Chris Turner. London: Verso. [French original: *Le Crime parfait.* Paris: Galilée, 1995.]

Baudrillard, Jean. 1997. *Fragments: Cool Memories III, 1990-1995.* Translated by Emily Agar. London: Verso. [French original: *Fragments; Cool memories III 1990–1995.* Paris: Galilée, 1995.]

Beller, Mara. 1998. "The Sokal hoax: At whom are we laughing?" *Physics Today* **51**(9) (September): 29–36.

Best, Steven. 1991. "Chaos and entropy: Metaphors in postmodern science and social theory." *Science as Culture* **2**(2) (no. 11): 188–226.

Bloor, David. 1991. *Knowledge and Social Imagery.* 2nd ed. Chicago: University of Chicago Press.

Boghossian, Paul. 1996. "What the Sokal hoax ought to teach us." *Times Literary Supplement* (13 December): 14–15.

Bouveresse, Jacques. 1984. *Rationalité et cynisme.* Paris: Éditions de Minuit.

Boyer, Carl B. 1959 [1949]. *The History of the Calculus and its Conceptual Development.* With a foreword by R. Courant. New York: Dover.

Brecht, Bertolt. 1965. *The Messingkauf Dialogues*. Translated by John Willett. London: Methuen.

Bricmont, Jean. 1995a. "Science of chaos or chaos in science?" *Physicalia Magazine* **17**, no. 3-4. Available on-line as publication UCL-IPT-96-03 at http://www. fyma.ucl.ac.be/reche/1996/1996.html [A slightly earlier version of this article appeared in Paul R. Gross, Norman Levitt and Martin W. Lewis, eds, *The Flight from Science and Reason, Annals of the New York Academy of Sciences* **775** (1996), pp. 131–75.]

Bricmont, Jean. 1995b. "Contre la philosophie de la mécanique quantique". In: *Les Sciences et la philosophie. Quatorze essais de rapprochement*, pp. 131–79. Edited by R. Franck. Paris: Vrin.

Bricmont, Jean and Alan Sokal. 1997. "Réponse à Vincent Fleury et Yun Sun Limet". *Libération* (18–19 octobre): 5.

Broch, Henri. 1992. *Au cœur de l'extraordinaire*. Bordeaux: L'Horizon Chimérique.

Bruckner, Pascal. 1997. "Le risque de penser". *Le Nouvel Observateur* **1716** (25 septembre–1 octobre): 121.

Brunet, Pierre. 1931. *L'Introduction des théories de Newton en France au XVIIIe siècle*. Paris: A. Blanchard. Reprinted 1970, Geneva: Slatkine.

Brush, Stephen. 1989. "Prediction and theory evaluation: The case of light bending". *Science* **246**: 1124–9.

Canning, Peter. 1994. "The crack of time and the ideal game". In: *Gilles Deleuze and the Theater of Philosophy*, pp. 73–98. Edited by Constantin V. Boundas and Dorothea Olkowski. New York: Routledge.

Charraud, Nathalie. 1998. "Mathématiques avec Lacan". In: *Impostures scientifiques: Les Malentendus de l'affaire Sokal,* edited by Baudouin Jurdant. Paris: La

Découverte/Alliage, pp. 237–249.

Chomsky, Noam. 1979. *Language and Responsibility*. Based on conversations with Mitsou Ronat. Translated by John Viertel. New York: Pantheon. [French original: *Dialogues avec Mitsou Ronat*. Paris: Flammarion, 1977.]

Chomsky, Noam. 1992–93. "Rationality/Science". *Z Papers Special Issue on Postmodernism and Rationality*. Available on-line at http://www.zmag.org/zmag/articles/chompomoart.html

Chomsky, Noam. 1993. *Year 501: The Conquest Continues*. Boston: South End Press.

Chomsky, Noam. 1994. *Keeping the Rabble in Line: Interviews with David Barsamian*. Monroe, Maine: Common Courage Press.

Clavelin, Maurice. 1994. "L'histoire des sciences devant la sociologie de la science". In: *Le Relativisme est-il résistible? Regards sur la sociologie des sciences*, pp. 229–47. Edited by Raymond Boudon and Maurice Clavelin. Paris: Presses Universitaires de France.

Coutty, Marc. 1998. "Des normaliens jugent l'affaire Sokal". Interview with Mikaël Cozic, Grégoire Kantardjian and Léon Loiseau. *Le Monde de l'Éducation* **255** (January): 8–10.

Crane, H. R. 1968. "The g factor of the electron". *Scientific American* **218**(1) (January): 72–85.

Crépu, Michel. 1997. "Les intellectuels sont-ils des imposteurs?" *La Croix* (6 octobre). Dahan-Dalmedico, Amy. 1997."Rire ou frémir?" *La Recherche* **304** (December):10. [An extended version of this article appears in *Revue de l'Association Henri Poincaré* 9(7) (December), pp. 15–18.]

Dahan-Dalmedico, Amy. 1997."Rire ou frémir?" *La Recherche* **304**(December): 10.

[An extended version of this article appears in *Revue de l'Association Henri Poincaré* **9**(7), décembre 1997, pp.15-18.]

Damarin, Suzanne K. 1995. "Gender and mathematics from a feminist standpoint". In: *New Directions for Equity in Mathematics Education*, pp. 242–57. Edited by Walter G. Secada, Elizabeth Fennema and Lisa Byrd Adajian. Published in collaboration with the National Council of Teachers of Mathematics. New York: Cambridge University Press.

Darmon, Marc. 1990. *Essais sur la topologie lacanienne*. Paris: Éditions de l'Assocation Freudienne.

Darmon, Marc and Charles Melman. 1998. "Lacan est-il scientifique?" *La Recherche* **306** (février): 10.

Davenas, E. *et al.* 1988. "Human basophil degranulation triggered by very dilute antiserum against IgE". *Nature* **333**: 816–18.

Davis, Donald M. 1993. *The Nature and Power of Mathematics*. Princeton: Princeton University Press.

Dawkins, Richard. 1986. *The Blind Watchmaker*. New York: Norton. Debray, Régis. 1980. *Le scribe: Genèse du politique*. Paris: Bernard Grasset. Debray, Régis. 1981. *Critique de la raison politique*. Paris: Gallimard.

Debray, Régis. 1983. *Critique of Political Reason*. Translated by David Macey. London: New Left Books. [French original: see Debray 1981.]

Debray, Régis. 1994. *Manifestes médiologiques*. Paris: Gallimard.

Debray, Régis. 1996a. *Media Manifestos: On the Technological Transmission of Cultural Forms*. Translated by Eric Rauth. London: Verso. [French original: see Debray 1994.]

Debray, Régis. 1996b. "L'incomplétude, logique du religieux?". *Bulletin de la société française de philosophie* **90** (Session of 27 January 1996): 1–35.

de Gennes, Pierre-Gilles. 1976. "La percolation: un concept unificateur". *La Recherche* **72**: 919–27.

Deleuze, Gilles. 1990. *The Logic of Sense*. Translated by Mark Lester with Charles Stivale. Edited by Constantin V. Boundas. New York: Columbia University Press. [French original: *Logique du sens*. Paris: Éditions de Minuit, 1969.]

Deleuze, Gilles. 1994. *Difference and Repetition*. Translated by Paul Patton. New York: Columbia University Press. [French original: *Différence et répétition*. Paris: Presses Universitaires de France, 1968.]

Deleuze, Gilles and Félix Guattari. 1987. *A Thousand Plateaus: Capitalism and Schizophrenia*. Translation and foreword by Brian Massumi. Minneapolis: University of Minnesota Press. [French original: *Mille plateaux*. Paris: Éditions de Minuit, 1980.]

Deleuze, Gilles and Félix Guattari. 1994. *What is Philosophy?* Translated by Hugh Tomlinson and Graham Burchell. New York: Columbia University Press. [French original: *Qu'est-ce que la philosophie?* Paris: Éditions de Minuit, 1991.]

Derrida, Jacques. 1970. "Structure, Sign and Play in the Discourse of the Human Sciences". In: *The Languages of Criticism and the Sciences of Man: The Structuralist Controversy*, pp. 247–72. Edited by Richard Macksey and Eugenio Donato. Baltimore: Johns Hopkins University Press.

Derrida, Jacques. 1997. "Sokal et Bricmont ne sont pas sérieux". *Le Monde* (20 novembre): 17.

Desanti, Jean Toussaint. 1975. *La Philosophie silencieuse, ou critique des philosophies de la science*. Paris: Éditions du Seuil.

Devitt, Michael. 1997. *Realism and Truth*, 2nd edn with a new afterword. Princeton:

Princeton University Press.

Dhombres, Jean. 1994. "L'histoire des sciences mise en question par les approches sociologiques: le cas de la communauté scientifique française (1789–1815)". In: *Le Relativisme est-il résistible? Regards sur la sociologie des sciences*, pp.159–205. Edited by Raymond Boudon and Maurice Clavelin. Paris: Presses Universitaires de France.

Dieudonné, Jean Alexandre. 1989. *A History of Algebraic and Differential Topology, 1900-1960*. Boston: Birkhäuser.

Dobbs, Betty Jo Teeter and Margaret C. Jacob. 1995. *Newton and the Culture of Newtonianism*. Atlantic Highlands, N.J.: Humanities Press.

Donovan, Arthur, Larry Laudan and Rachel Laudan. 1988. *Scrutinizing Science: Empirical Studies of Scientific Change*. Dordrecht and Boston: Kluwer Academic Publishers.

Dorra, Max. 1997. "Métaphore et politique". *Le Monde* (20 novembre): 17. Droit, Roger-Pol. 1997. "Au risque du 'scientifiquement correct". *Le Monde* (30 September): 27.

D'Souza, Dinesh. 1991. *Illiberal Education: The Politics of Race and Sex on Campus*. New York: Free Press.

Duhem, Pierre. 1954 [1914]. *The Aim and Structure of Physical Theory*. Translated by Philip P. Wiener. Princeton: Princeton University Press. [French original: *La Théorie physique: son objet, sa structure*, 2ème éd. revue et augmentée. Paris: Rivière, 1914.]

Dumm, Thomas, Anne Norton *et al.* 1998. "On left conservatism". Proceedings of a workshop at the University of California–Santa Cruz, 31 January 1998.*Theory & Event*, issues 2.2 and 2.3. Available on-line at http://muse.jhu.edu/journals/

theory_&_event/

Eagleton, Terry. 1995. "Where do postmodernists come from?" *Monthly Review* 47(3) (July/August): 59–70. [Reprinted in 1997, in Ellen Meiksins Wood and John Bellamy Foster, eds, *In Defense of History*, New York: Monthly Review Press, pp. 17–25; and 1996, in Terry Eagleton, *The Illusions of Postmodernism*, Oxford: Blackwell]

Economist (unsigned). 1997. "You can't follow the science wars without a battle map". *The Economist* (13 December): 77–9.

Ehrenreich, Barbara. 1992–93. "For the rationality debate". *Z Papers Special Issue on Postmodernism and Rationality*. Available on-line at http://www.zmag.org/zmag/articles/ehrenrationpiece.html

Einstein, Albert. 1949. "Remarks concerning the essays brought together in this co-operative volume". In: *Albert Einstein, Philospher-Scientist*, pp 665–88. Edited by Paul Arthur Schilpp. Evanston, Ill.: Library of Living Philosophers.

Einstein, Albert. 1960 [1920]. *Relativity: The Special and the General Theory*. London: Methuen.

Epstein, Barbara. 1995. "Why poststructuralism is a dead end for progressive thought". *Socialist Review* **25**(2): 83–120.

Epstein, Barbara. 1997. "Postmodernism and the left". *New Politics* 6(2) (Winter): 130–44.

Eribon, Didier. 1994. *Michel Foucault et ses contemporains*. Paris: Fayard.

Euler, Leonhard. 1997 [1761]. "Refutation of the idealists". In: *Letters of Euler to a German Princess*, volume I, letter XCVII, pp. 426–30. Translated by Henry Hunter (originally published 1795). With a new introduction by Andrew Pyle. London: Thoemmes Press. [French original: Lettres à une princesse d'Allemagne, lettre 97. In: *Leonhardi Euleri Opera Omnia*, série III, volume 11, pp. 219–20. Turici, 1911– .]

Farouki, Nayla and Michel Serres. 1997. Interviewed by Fabienne Rubert. *Enseignant Magazine* (novembre/décembre): 12–14.

Ferguson, Euan. 1996. "Illogical dons swallow hoaxer's quantum leap into gibberish". *The Observer* (19 May): 1.

Feyerabend, Paul. 1975. *Against Method*. London: New Left Books. Feyerabend, Paul. 1987. *Farewell to Reason*. London: Verso.

Feyerabend, Paul. 1988. *Against Method*, 2nd edn. London: Verso. Feyerabend, Paul. 1992. "Atoms and consciousness". *Common Knowledge* 1(1): 28–32.

Feyerabend, Paul. 1993. *Against Method*, 3rd edn. London: Verso. Feyerabend, Paul. 1995. *Killing Time: The Autobiography of Paul Feyerabend*.Chicago: University of Chicago Press.

Feynman, Richard. 1965. *The Character of Physical Law*. Cambridge, Mass.: MIT Press.

Fleury, Vincent and Yun Sun Limet. 1997. "L'escroquerie Sokal-Bricmont". *Libération* (6 octobre): 5.

Foucault, Michel. 1970. "Theatrum philosophicum". *Critique* **282**: 885–908. Fourez, Gérard. 1992. *La Construction des sciences*, 2ème édition revue. Brussels: De Boeck Université.

Fourez, Gérard, Véronique Englebert-Lecomte and Philippe Mathy. 1997. *Nos savoirs sur nos savoirs: Un lexique d'épistémologie pour l'ensignement*. Brussels: De Boeck Université.

Frank, Tom. 1996. "Textual reckoning". *In These Times* **20**(14) (27 May): 22–4.

Franklin, Allan. 1990. *Experiment, Right or Wrong*. Cambridge: Cambridge

University Press.

Franklin, Allan. 1994. "How to avoid the experimenters' regress". *Studies in the History and Philosophy of Science* **25**: 97–121.

Fuller, Steve. 1993. *Philosophy, Rhetoric, and the End of Knowledge: The Coming of Science and Technology Studies*. Madison: University of Wisconsin Press.

Fuller, Steve. 1998. "What does the Sokal hoax say about the prospects for positivism?" To appear in the Proceedings of the International Colloquium on "Positivismes" (Université Libre de Bruxelles and University of Utrecht, 10–12 December 1997), under the aegis of the Académie Internationale d'Histoire des Sciences.

Gabon, Alain. 1994. Review of *Rethinking Technologies*. *SubStance* #**75**: 119–24.

Ghins, Michel. 1992. "Scientific realism and invariance". In: *Rationality in Epistemology*, pp. 249–62. Edited by Enrique Villanueva. Atascadero, Calif.: Ridgeview.

Gingras, Yves. 1995. "Un air de radicalisme: Sur quelques tendances récentes en sociologie de la science et de la technologie". *Actes de la recherche en sciences sociales* **108**: 3–17.

Gingras, Yves and Silvan S. Schweber. 1986. "Constraints on construction". *Social Studies of Science* **16**: 372–83.

Gottfried, Kurt and Kenneth G. Wilson. 1997. "Science as a cultural construct". *Nature* **386**: 545–7.

Granon-Lafont, Jeanne. 1985. *La Topologie ordinaire de Jacques Lacan*. Paris: Point Hors Ligne.

Granon-Lafont, Jeanne. 1990. *Topologie lacanienne et clinique analytique*. Paris: Point Hors Ligne.

Greenberg, Marvin Jay. 1980. *Euclidean and Non-Euclidean Geometries: Development and History*, 2nd edn. San Francisco: W.H. Freeman.

Gross, Paul R. and Norman Levitt. 1994. *Higher Superstition: The Academic Left and its Quarrels with Science*. Baltimore: Johns Hopkins University Press.

Gross, Paul R., Norman Levitt and Martin W. Lewis, eds. 1996. *The Flight from Science and Reason. Annals of the New York Academy of Sciences* 775.

Grosser, Morton. 1962. *The Discovery of Neptune*. Cambridge, Mass.: Harvard University Press.

Guattari, Félix. 1988. "Les énergétiques sémiotiques". In: *Temps et devenir: A partir de l'œuvre d'Ilya Prigogine*, pp. 83–100. Actes du colloque international de 1983 sous la direction de Jean-Pierre Brans, Isabelle Stengers et Philippe Vincke. Geneva: Patiño.

Guattari, Félix. 1995. *Chaosmosis: An Ethico-Aesthetic Paradigm*. Translated by Paul Bains and Julian Pefanis. Bloomington: Indiana University Press. [French original: *Chaosmose*. Paris: Galilée, 1992.]

Harding, Sandra. 1996. "Science is 'good to think with'. *Social Text* **46/47**(Spring/ Summer): 15–26.

Havel, Václav. 1992. "The end of the modern era". *New York Times* (1 March): E15.

Hawkins, Harriett. 1995. *Strange Attractors: Literature, Culture and Chaos Theory*. New York: Prentice-Hall/Harvester Wheatsheaf.

Hayles, N. Katherine. 1992. "Gender encoding in fluid mechanics: Masculine channels and feminine flows". *Differences: A Journal of Feminist Cultural Studies* **4**(2): 16–44.

Hegel, Georg Wilhelm Friedrich. 1989 [1812]. *Hegel's Science of Logic*. Translated by A.V. Miller. Foreword by J.N. Findlay. Atlantic Highlands, N.J.: Humanities

Press International.

Henley, Jon. 1997. "Euclidean, Spinozist or existentialist? Er, no. It's simply a load of old tosh". *The Guardian* (1 October): 3.

Hobsbawm, Eric. 1993. "The new threat to history". *New York Review of Books* (16 December): 62–4. [Reprinted 1997 in Eric Hobsbawm, *On History*, London: Weidenfeld & Nicolson, ch. 1.]

Holt, Jim. 1998. "Is Paris Kidding?" *New York Times Book Review* (15 November): 8.

Holton, Gerald. 1993. *Science and Anti-Science*. Cambridge, Mass.: Harvard University Press.

Houellebecq, Michel and Philippe Sollers. 1998. "Réponse aux 'imbéciles'". Interviewed by Jérôme Garcin and Fabrice Pliskin. *Le Nouvel Observateur* **1770** (8–14 October): 54–58.

Hume, David. 1988 [1748]. *An Enquiry Concerning Human Understanding*. Amherst, N.Y.: Prometheus.

Huth, John. 1998. "Latour's relativity". To appear in: *A House Built on Sand: Exposing Postmodernist Myths About Science*, edited by Noretta Koertge. New York: Oxford University Press.

Irigaray, Luce. 1985a. "The 'Mechanics' of Fluids". In: *This Sex Which Is Not One*. Translated by Catherine Porter with Carolyn Burke. Ithaca: Cornell University Press. [French original: *L'Arc*, no. **58** (1974). Reprinted 1977 in *Ce sexe qui n'en est pas un*, Paris: Éditions de Minuit.]

Irigaray, Luce. 1985b. *Parler n'est jamais neutre*. Paris: Éditions de Minuit.

Irigaray, Luce. 1987a. "Le sujet de la science est-il sexué?/Is the subject of science sexed?" Translated by Carol Mastrangelo Bové. *Hypatia* 2(3): 65–87. [French original: *Les temps modernes* **9**, no. 436 (November 1982): 960–74. Reprinted in Irigaray 1985b.]

Irigaray, Luce. 1987b. "Sujet de la science, sujet sexué?" In: *Sens et place des connaissances dans la société*, pp. 95–121. Paris: Centre National de Recherche Scientifique.

Irigaray, Luce. 1993. "A chance for life: Limits to the concept of the neuter and the universal in science and other disciplines". In: *Sexes and Genealogies*, pp.183–206. Translated by Gillian C. Gill. New York: Columbia University Press. [French original: "Une chance de vivre: Limites au concept de neutre et d'universel dans les sciences et les savoirs". In: *Sexes et parentés*. Paris: Éditions de Minuit, 1987.]

Jeanneret, Yves. 1998. *L'Affaire Sokal ou la querelle des impostures*. Paris: Presses Universitaires de France.

Johnson, George. 1996. "Indian tribes' creationists thwart archeologists". *New York Times* (22 October): A1, C13.

Jurdant, Baudouin, éd. 1998. *Impostures scientifiques: Les Malentendus de l'affaire Sokal*. Paris: La Découverte/Alliage.

Kadanoff, Leo P. 1986. "Fractals: Where's the physics?" *Physics Today* **39** (February): 6–7.

Kellert, Stephen H. 1993. *In the Wake of Chaos*. Chicago: University of Chicago Press.

Kimball, Roger. 1990. *Tenured Radicals: How Politics Has Corrupted Higher Education*. New York: Harper & Row.

Kinoshita, Toichiro. 1995. "New value of the α^3 electron anomalous magnetic moment". *Physical Review Letters* **75**: 4728–31.

Koertge, Noretta, ed. 1998. *A House Built on Sand: Exposing Postmodernist Myths*

About Science. New York: Oxford University Press.

Krige, John. 1998. "Cannon-fodder for the science wars". *Physics World* **11**(12) (December): 49–50.

Kristeva, Julia. 1969. Σημειωτική: *Recherches pour une sémanalyse*. Paris: Éditions du Seuil.

Kristeva, Julia. 1974. *La Révolution du langage poétique*. Paris: Éditions du Seuil.

Kristeva, Julia. 1977. *Polylogue*. Paris: Éditions du Seuil.

Kristeva, Julia. 1980. *Desire in Language: A Semiotic Approach to Literature and Art*. Edited by Leon S. Roudiez. Translated by Thomas Gora, Alice Jardine and Leon S. Roudiez. New York: Columbia University Press.

Kristeva, Julla. 1997. "Une désinformation". *Le Nouvel Observateur* **1716**(25 septembre–1 octobre): 122.

Kuhn, Thomas. 1970. *The Structure of Scientific Revolutions*, 2nd edn. Chicago: University of Chicago Press.

Lacan, Jacques. 1970. "Of structure as an inmixing of an otherness prerequisite to any subject whatever". In: *The Languages of Criticism and the Sciences of Man*, pp. 186–200. Edited by Richard Macksey and Eugenio Donato. Baltimore: Johns Hopkins University Press.

Lacan, Jacques. 1971. "Position de l'inconscient". In: Écrits *2*, pp. 193–217. Paris: Éditions du Seuil.

Lacan, Jacques. 1973. "L'Étourdit". *Scilicet* **4**: 5–52.

Lacan, Jacques. 1975a. *Le Séminaire de Jacques Lacan. Livre XX: Encore, 1972–1973*. Texte établi par Jacques-Alain Miller. Paris: Éditions du Seuil.

Lacan, Jacques. 1975b. Le séminaire de Jacques Lacan (XXII). Texte établi par J.A. Miller. R.S.I. [Réel, Symbolique, Imaginaire] Année 1974–75. Séminaires du

10 et du 17 décembre 1974. *Ornicar?: Bulletin périodique du champ freudien* **2** (1975): 87–105.

Lacan, Jacques. 1975c. Le séminaire de Jacques Lacan (XXII). Texte établi par J.A. Miller. R.S.I. [Réel, Symbolique, Imaginaire] Année 1974–75. Séminaires du 14 et du 21 janvier 1975. *Ornicar?: Bulletin périodique du champ freudien* **3** (May): 95–110.

Lacan, Jacques. 1975d. Le séminaire de Jacques Lacan (XXII). Texte établi par J.A. Miller. R.S.I. [Réel, Symbolique, Imaginaire] Année 1974–75. Séminaires du 11 et du 18 février 1975. *Ornicar?: Bulletin périodique du champ freudien* **4** (autumn): 91–106.

Lacan, Jacques. 1975e. Le séminaire de Jacques Lacan (XXII). Texte établi par J.A. Miller. R.S.I. [Réel, Symbolique, Imaginaire] Année 1974–75. Séminaires du 11 et du 18 mars, du 8 et du 15 avril, et du 13 mai 1975. *Ornicar?: Bulletin périodique du champ freudien* **5** (winter): 17–66.

Lacan, Jacques. 1977a. "Desire and the interpretation of desire in *Hamlet*". Translated by James Hulbert. *Yale French Studies* **55/56**: 11–52.

Lacan, Jacques. 1977b. "The subversion of the subject and the dialectic of desire in the Freudian unconscious". In: Écrits: *A Selection*, pp. 292–325. Translated by Alan Sheridan. New York: Norton. [French original: "Subversion du sujet and dialectique du désir dans l'inconscient freudien". In: *Écrits*. Paris: Éditions du Seuil, 1966.]

Lacan, Jacques. 1988. *The Seminar of Jacques Lacan. Book II: The Ego in Freud's Theory and in the Technique of Psychoanalysis, 1954–1955*. Edited by Jacques-Alain Miller. Translated by Sylvana Tomaselli with notes by John Forrester. New York: Norton. [French original: *Le Séminaire de Jacques Lacan. Livre II: Le*

Moi dans la théorie de Freud et dans la technique de la psychanalyse, 1954–1955. Paris: Éditions du Seuil, 1978.]

Lacan, Jacques. 1998. *The Seminar of Jacques Lacan, Book XX, Encore 1972–1973*. Edited by Jacques-Alain Miller. Translated with notes by Bruce Fink. New York: Norton. [French original: see Lacan 1975a.]

Lamont, Michèle. 1987. "How to become a dominant French philosopher: The case of Jacques Derrida". *American Journal of Sociology* **93**: 584–622.

Landsberg, Mitchell [Associated Press]. 1996. "Physicist's spoof on science puts one over on science critics". *International Herald Tribune* (18 May): 1.

Laplace, Pierre Simon. 1995 [5th edn. 1825]. *Philosophical Essay on Probabilities*. Translated by Andrew I. Dale. New York: Springer-Verlag. [French original:*Essai philosophique sur les probabilités*. Paris: Christian Bourgois, 1986.] Lather, Patti. 1991. *Getting Smart: Feminist Research and Pedagogy With/in the Postmodern*. New York and London: Routledge.

Latour, Bruno. 1987. *Science in Action: How to Follow Scientists and Engineers through Society*. Cambridge, Mass.: Harvard University Press.

Latour, Bruno. 1988. "A relativistic account of Einstein's relativity". *Social Studies of Science* **18**: 3–44.

Latour, Bruno. 1995. "Who speaks for science?" *The Sciences* **35**(2) (March/April): 6–7.

Latour, Bruno. 1997. "Y a-t-il une science après la guerre froide?" *Le Monde*(18 janvier): 17.

Latour, Bruno. 1998. "Ramsès II est-il mort de la tuberculose?". *La Recherche* **307**(March): 84–5. See also erratum **308** (April): 85 and letters **309** (May): 7.

Laudan, Larry. 1981. "The pseudo-science of science?" *Philosophy of the Social*

Sciences **11**: 173–98.

Laudan, Larry. 1990a. *Science and Relativism*. Chicago: University of Chicago Press.

Laudan, Larry. 1990b. "Demystifying underdetermination". *Minnesota Studies in the Philosophy of Science* **14**: 267–97.

Lechte, John. 1990. *Julia Kristeva*. London and New York: Routledge.

Lechte, John. 1994. *Fifty Key Contemporary Thinkers: From Structuralism to Postmodernity*. London and New York: Routledge.

Le Monde. 1984a. *Entretiens avec Le Monde. 1. Philosophies*. Introduction by Christian Delacampagne. Paris: Éditions La Découverte and *Le Monde*.

Le Monde. 1984b. *Entretiens avec Le Monde. 3. Idées contemporaines*. Introduction de Christian Descamps. Paris: Éditions La Découverte and *Le Monde*.

Leplin, Jarrett. 1984. *Scientific Realism*. Berkeley: University of California Press.

Leupin, Alexandre. 1991. "Introduction: Voids and knots in knowledge and truth". In: *Lacan and the Human Sciences*, pp. 1–23. Edited by Alexandre Leupin. Lincoln: University of Nebraska Press.

Lévy-Leblond, Jean-Marc. 1997. "La paille des philosophes et la poutre des physiciens". *La Recherche* **299** (June): 9–10.

Lévy-Leblond, Jean-Marc. 1997b. "Le cow-boy et l'apothicaire". *La Recherche* **304** (décembre): 10.

Lodge, David. 1984. *Small World*. New York: Macmillan.

Lyotard, Jean-François. 1984. *The Postmodern Condition: A Report on Knowledge*. Translated by Geoff Bennington and Brian Massumi. Foreword by Fredric Jameson. Minneapolis: University of Minnesota Press. [French original: *La Condition postmoderne: Rapport sur le savoir*. Paris: Éditions de Minuit, 1979.]

Maddox, John, James Randi and Walter W. Stewart. 1988. "'High-dilution' experiments a delusion". *Nature* 334: 287–90.

Maggiori, Robert. 1997. "Fumée sans feu". *Libération* (30 September): 29.

Markley, Robert. 1992. "The irrelevance of reality: Science, ideology and the postmodern universe." *Genre* **25**: 249–76.

Martin, Andy. 1998. "A Jacques Lacan of worms". *Daily Telegraph* (27 June).

Matheson, Carl and Evan Kirchhoff. 1997. "Chaos and literature". *Philosophy and Literature* **21**: 28–45.

Maudlin, Tim. 1994. *Quantum Non-Locality and Relativity: Metaphysical Intimations of Modern Physics*. Aristotelian Society Series, vol. 13. Oxford: Blackwell.

Maudlin, Tim. 1996. "Kuhn édenté: incommensurabilité et choix entre théories." [Original title:"Kuhn defanged: incommensurability and theory-choice."] Translated by Jean-Pierre Deschepper and Michel Ghins. *Revue philosophique de Louvain* **94**: 428–46.

Maxwell, James Clerk. 1952 [1st edn. 1876]. *Matter and Motion*. New York: Dover.

Mermin, N. David. 1989. *Space and Time in Special Relativity*. Prospect Heights,Ill.: Waveland Press.

Mermin, N. David. 1996a. "What's wrong with this sustaining myth?" *Physics Today* **49**(3) (March): 11–13.

Mermin, N. David. 1996b. "The Golemization of relativity". *Physics Today* 49(4) (April): 11–13.

Mermin, N. David. 1996c. "Sociologists, scientist continue debate about scientific process". *Physics Today* **49**(7) (July): 11–15, 88.

Mermin, N. David. 1997a. "Sociologists, scientist pick at threads of argument about science". *Physics Today* **50**(1) (January): 92–5.

Mermin, N. David. 1997b. "What's wrong with this reading". *Physics Today* **50**(10) (October): 11–13.

Mermin, N. David. 1998. "The science of science: A physicist reads Barnes, Bloor and Henry". To appear in *Social Studies of Science*.

Miller, Jacques-Alain. 1977/78. "Suture (elements of the logic of the signifier)". *Screen* **18**(4): 24–34.

Milner, Jean-Claude. 1995. *L'œuvre claire: Lacan, la science, la philosophie*. Paris: Seuil.

Moi, Toril. 1986. Introduction to *The Kristeva Reader*. New York: Columbia University Press.

Moore, Patrick. 1996. *The Planet Neptune*, 2nd edn. Chichester: John Wiley & Sons.

Mortley, Raoul. 1991. *French Philosophers in Conversation: Levinas, Schneider, Serres, Irigaray, Le Doeuff, Derrida*. London: Routledge.

Nagel, Ernest and James R. Newman. 1958. *Gödel's Proof*. New York: New York University Press.

Nancy, Jean-Luc and Philippe Lacoue-Labarthe. 1992. *The Title of the Letter: A Reading of Lacan*. Translated by François Raffoul and David Pettigrew. Albany: State University of New York Press. [French original: *Le Titre de la lettre*, 3ème éd. Paris: Galilée, 1990.]

Nanda, Meera. 1997. "The science wars in India". *Dissent* **44**(1) (Winter): 78–83.

Nasio, Juan-David. 1987. *Les Yeux de Laure: Le concept d'objet "a" dans la théorie de J. Lacan. Suivi d'une Introduction à la topologie psychanalytique*. Paris: Aubier.

Nasio, Juan-David. 1992. "Le concept de sujet de l'inconscient". Texte d'une intervention realisée dans le cadre du séminaire de Jacques Lacan "La topologie et le temps". le mardi 15 mai 1979. In: *Cinq leçons sur la théorie de Jacques Lacan*. Paris: Éditions Rivages.

Nelkin, Dorothy. 1996. "What are the Science Wars really about?" *Chronicle of Higher Education* (July 26): A52. [See also Letters (September 6): B6–B7.]

Newton-Smith, W.H. 1981. *The Rationality of Science*. London and New York:Routledge & Kegan Paul.

Nordon, Didier. 1998. "Analyse du livre *Impostures intellectuelles*". *Pour la Science* **243** (January).

Norris, Christopher. 1992. *Uncritical Theory: Postmodernism, Intellectuals and the Gulf War*. London: Lawrence and Wishart.

Perrin, Jean. 1990 [1913]. *Atoms*. Translated by D. Ll. Hammick. Woodbridge, Conn.: Ox Bow Press. [French original: *Les Atomes*. Paris: Presses Universitaires de France, 1970.]

Petitjean, Patrick. 1998. "La critique des sciences en France". In: *Impostures scientifiques: Les Malentendus de l'affaire Sokal,* edited by Baudouin Jurdant. Paris: La Découverte/Alliage, pp. 118–133.

Pinker, Steven. 1995. *The Language Instinct*. London: Penguin.

Plotnitsky, Arkady. 1997. "'But it is above all not true.' Derrida, relativity, and the 'science wars'. *Postmodern Culture* **7**, no. 2. Available on-line at http://muse. jhu.edu/journals/postmodern_culture/v007/ 7.2plotnitsky.html

Poincaré, Henri. 1952 [1909]. *Science and Method*. Translated by Francis Maitland. New York: Dover. [French original: *Science et méthode*. Paris: Flammarion, 1909.]

Pollitt, Katha. 1996. "Pomolotov cocktail". *The Nation* (10 June): 9.

Popper, Karl R. 1959. *The Logic of Scientific Discovery*. Translation prepared by the author with the assistance of Julius Freed and Lan Freed. London: Hutchinson.

Popper, Karl. 1974. "Replies to my critics". In: *The Philosophy of Karl Popper*, vol. 2, edited by Paul A. Schilpp. LaSalle, Ill.: Open Court Publishing Company.

Prigogine, Ilya and Isabelle Stengers. 1988. *Entre le temps et l'éternité*. Paris: Fayard.

Putnam, Hilary. 1974. "The 'corroboration' of theories". In: *The Philosophy of Karl Popper*, vol. 1, pp. 221–40. Edited by Paul A. Schilpp. LaSalle, Ill.: Open Court Publishing Company.

Putnam, Hilary. 1978. "A critic replies to his philosopher". In: *Philosophy As It Is*, pp. 377–80. Edited by Ted Honderich and M. Burnyeat. New York: Penguin.

Quine, Willard Van Orman. 1980. "Two dogmas of empiricism". In: *From a Logical Point of View*, 2nd edn., revised [1st edn. 1953]. Cambridge, Mass.: Harvard University Press.

Ragland-Sullivan, Ellie. 1990. "Counting from 0 to 6: Lacan, 'suture', and the imaginary order". In: *Criticism and Lacan: Essays and Dialogue on Language, Structure, and the Unconscious*, pp. 31–63. Edited by Patrick Colm Hogan and Lalita Pandit. Athens, Ga: University of Georgia Press.

Ragon, Marc. 1998. "L'affaire Sokal, blague à part". *Libération* (6 octobre): 31.

Raskin, Marcus G. and Herbert J. Bernstein. 1987. *New Ways of Knowing: The Sciences, Society, and Reconstructive Knowledge*. Totowa, N.J.: Rowman & Littlefield.

Rees, Martin. 1997. *Before the Beginning: Our Universe and Others*. Reading, Mass.: Addison-Wesley.

Revel, Jean-François. 1997. "Les faux prophètes". *Le Point* (11 October): 120–1.

Richelle, Marc. 1998. *Défense des sciences humaines: Vers une désokalisation?*Sprimont (Belgium): Mardaga.

Robbins, Bruce. 1998. "Science-envy: Sokal, science and the police". *Radical Philosophy* **88** (March/April): 2–5.

Rosenberg, John R. 1992. "The clock and the cloud: Chaos and order in *El diablo mundo*". *Revista de Estudios Hispánicos* **26**: 203–25.

Rosenberg, Martin E. 1993. Dynamic and thermodynamic tropes of the subject in Freud and in Deleuze and Guattari. *Postmodern Culture* 4, no. 1. Available on-line at http://muse.jhu.edu/journals/postmodern_culture/v004/ 4.1rosenberg. html

Roseveare, N.T. 1982. *Mercury's Perihelion from Le Verrier to Einstein*. Oxford: Clarendon Press.

Ross, Andrew. 1995. "Science backlash on technoskeptics". *The Nation* **261**(10) (2 October): 346–50.

Ross, Andrew. 1996. "Introduction". *Social Text* **46/47** (Spring/Summer): 1–13.

Rötzer, Florian. 1994. *Conversations with French Philosophers*. Translated from the German by Gary E. Aylesworth. Atlantic Highlands, N.J.: Humanities Press.

Roudinesco, Elisabeth. 1997. *Jacques Lacan*. Translated by Barbara Bray. New York: Columbia University Press. [French original: *Jacques Lacan: Esquisse d'une vie, histoire d'un système de pensé*e. Paris: Fayard, 1993.]

Roudinesco, Elisabeth. 1998. "Sokal et Bricmont sont-ils des imposteurs?" *L'Infini* **62** (été): 25–27.

Roustang, François. 1990. *The Lacanian Delusion*. Translated by Greg Sims. New York: Oxford University Press. [French original: *Lacan, de l'équivoque à l'impasse*. Paris: Éditions de Minuit, 1986.]

Ruelle, David. 1991. *Chance and Chaos*. Princeton: Princeton University Press.

Ruelle, David. 1994. "Where can one hope to profitably apply the ideas of chaos?"*Physics Today* **47**(7) (July): 24–30.

Russell, Bertrand. 1948. *Human Knowledge: Its Scope and Limits*. London: George Allen and Unwin.

Russell, Bertrand. 1949 [1920]. *The Practice and Theory of Bolshevism*, 2nd edn. London: George Allen and Unwin.

Russell, Bertrand. 1961a. *History of Western Philosophy*, 2nd edn. London: George Allen and Unwin. [Reprinted 1991, London: Routledge.]

Russell, Bertrand. 1961b. *The Basic Writings of Bertrand Russell, 1903–1959*.Edited by Robert E. Egner and Lester E. Denonn. New York: Simon and Schuster.

Russell, Bertrand. 1995 [1959]. *My Philosophical Development*. London: Routledge.

Salanskis, Jean-Michel. 1998."Pour une épistémologie de la lecture". In: *Impostures scientifiques: Les Malentendus de l'affaire Sokal,* edited by Baudouin Jurdant. Paris: La Découverte/Alliage, pp. 157–194.

Sand, Patrick. 1998. "Left conservatism?" *The Nation* (9 March): 6–7.

Sartori, Leo. 1996. *Understanding Relativity: A Simplified Approach to Einstein's Theories*. Berkeley: University of California Press.

Scott, Janny. 1996. "Postmodern gravity deconstructed, slyly". *New York Times* (18 May): 1, 22.

Serres, Michel. 1995. "Paris 1800". In: *A History of Scientific Thought: Elements of a History of Science*, pp. 422–54. Edited by Michel Serres. Translated from the French. Oxford: Blackwell. [French original: *Eléments d'histoire des sciences*. Sous la direction de Michel Serres. Paris: Bordas, 1989, pp. 337–61.]

Shimony, Abner. 1976."Comments on two epistemological theses of Thomas Kuhn".

In: *Essays in Memory of Imre Lakatos.* Edited by R. Cohen *et al.* Dordrecht: D. Reidel Academic Publishers.

Siegel, Harvey. 1987. *Relativism Refuted: A Critique of Contemporary Epistemological Relativism.* Dordrecht: D. Reidel.

Silk, Joseph. 1989. *The Big Bang*, revised and updated edn. New York: W.H. Freeman. Slezak, Peter. 1994. "A second look at David Bloor's *Knowledge and Social Imagery*". *Philosophy of the Social Sciences* **24**: 336–61.

Sokal, Alan D. 1996a. "Transgressing the boundaries: Toward a transformative hermeneutics of quantum gravity". *Social Text* **46/47** (Spring/Summer): 217–52.

Sokal, Alan. 1996b. "A physicist experiments with cultural studies". *Lingua Franca* 6(4) (May/June): 62–4.

Sokal, Alan D. 1996c. "Transgressing the boundaries: An afterword". *Dissent* **43**(4) (Fall): 93–9. [A slightly abridged version of this article was published also in *Philosophy and Literature* **20**(2) (October): 338–46.]

Sokal, Alan D. 1997a. "A plea for reason, evidence and logic". *New Politics* **6**(2) (Winter): 126–9.

Sokal, Alan D. 1997b. "Alan Sokal replies [to Stanley Aronowitz]". *Dissent* **44**(1) (Winter): 110–11.

Sokal, Alan D. 1998. "What the *Social Text* affair does and does not prove". In: *A House Built on Sand: Exposing Postmodernist Myths About Science*, edited by Noretta Koertge. New York: Oxford University Press.

Staune, Jean. 1998. "Le Réel voilé et la fin des certitudes". *Convergences 6* (printemps). Stengers, Isabelle. 1997. "Un impossible débat". Interview with Eric de Bellefroid. *La Libre Belgique* (1 October): 21.

Stengers, Isabelle. 1998. "La guerre des sciences: et la paix?"In: *Impostures scientifiques: Les Malentendus de l'affaire Sokal,* edited by Baudouin Jurdant. Paris: La Découverte/Alliage, pp. 268–292.

Stove, D.C. 1982. *Popper and After: Four Modern Irrationalists.* Oxford: Pergamon Press.

Sturrock, John. 1998. "Le pauvre Sokal". *London Review of Books* **20**(14) (16 July): 8–9.

Sussmann, Hector J. and Raphael S. Zahler. 1978. "Catastrophe theory as applied to the social and biological sciences: A critique". *Synthese* **37**: 117–216.

Taylor, Edwin F. and John Archibald Wheeler. 1966. *Spacetime Physics.* San Francisco: W. H. Freeman. University of Warwick. 1997. "Deleuze Guattari and Matter: A conference". Philosophy Department, University of Warwick(UK), 18–19 October. Conference description available on-line at http://www.csv. warwick.ac.uk/fac/soc/Philosophy/ matter.html

Van Dyck, Robert S., Jr, Paul B. Schwinberg and Hans G. Dehmelt. 1987. "New high-precision comparison of electron and positron *g* factors". *Physical Review Letters* **59**: 26–9.

Van Peer, Willie. 1998. "Sense and nonsense of chaos theory in literary studies". In: *The Third Culture: Literature and Science*, pp. 40–48. Edited by Elinor S. Shaffer. Berlin: Walter de Gruyter.

Vappereau, Jean Michel. 1985. *Essaim: Le groupe fondamental du nœud.* Psychanalyse et Topologie du Sujet. Paris: Point Hors Ligne.

Vappereau, Jean Michel. 1995. "Surmoi". *Encyclopaedia Universalis* **21**: 885–9.

Virilio, Paul. 1984. *L'Espace critique.* Paris: Christian Bourgois.

Virilio, Paul. 1989. "Trans-Appearance". Translated by Diana Stoll. *Artforum* **27**, no. 10 (1 June): 129–30.

Virilio, Paul. 1990. *L'Inertie polaire.* Paris: Christian Bourgois.

Virilio, Paul. 1991. *The Lost Dimension*. Translated by Daniel Moshenberg. New York: Semiotext(e). [French original: see Virilio 1984.]

Virilio, Paul. 1993. "The third interval: A critical transition". Translated by Tom Conley. In *Rethinking Technologies*, pp. 3–12, edited by Verena Andermatt Conley on behalf of the Miami Theory Collective. Minneapolis: University of Minnesota Press.

Virilio, Paul. 1995. *La Vitesse de libération*. Paris: Galilée.

Virilio, Paul. 1997. *Open Sky*. Translated by Julie Rose. London: Verso. [French original: see Virilio 1995.]

Weill, Nicolas. "La mystification pédagogique du professeur Sokal". *Le Monde* (20 December): 1, 16.

Weinberg, Steven. 1977. *The First Three Minutes: A Modern View of the Origin of the Universe*. New York: Basic Books.

Weinberg, Steven. 1992. *Dreams of a Final Theory*. New York: Pantheon.

Weinberg, Steven. 1995. "Reductionism Redux". *New York Review of Books* **42**(15) (5 October): 39–42.

Weinberg, Steven. 1996a. "Sokal's hoax". *New York Review of Books* **43**(13) (8 August): 11–15.

Weinberg, Steven *et al.* 1996b. "Sokal's hoax: An exchange". *New York Review of Books* **43**(15) (3 October): 54–6.

Willis, Ellen. 1996. "My Sokaled life". *Village Voice* (25 June): 20–1.

Willis, Ellen *et al.* 1998. "Epistemology and vinegar". [Letters in response to Sand 1998.] *The Nation* (11 May): 2, 59–60.

Zahler, Raphael S. and Hector J. Sussmann, 1977. "Claims and accomplishments of applied catastrophe theory". *Nature* **269**: 759–63.

Zarlengo, Kristina. 1998. "J'accuse!"*Lingua Franca* **8**(3) (April): 10–11.

图书在版编目（CIP）数据

时髦的空话：后现代知识分子对科学的滥用/(美)
艾伦·索卡尔，(比)让·布里克蒙著；蔡佩君译.--
杭州：浙江大学出版社，2021.12
书名原文：Fashionable Nonsense: Postmodern
Intellectuals' Abuse of Science

ISBN 978-7-308-21698-2

Ⅰ.①时… Ⅱ.①艾…②让…③蔡… Ⅲ.①科学学
—研究 Ⅳ.①G301

中国版本图书馆 CIP 数据核字（2021）第 239165 号

时髦的空话：后现代知识分子对科学的滥用

［美］艾伦·索卡尔 ［比］让·布里克蒙 著 蔡佩君 译

责任编辑	王志毅
文字编辑	宋 松
责任校对	王 军 张培洁
装帧设计	武建和
出版发行	浙江大学出版社
	（杭州天目山路148号 邮政编码310007）
	（网址：http://www.zjupress.com）
排 版	北京楠竹文化发展有限公司
印 刷	北京中科印刷有限公司
开 本	880mm×1230mm 1/32
印 张	10.75
字 数	250千
版 印 次	2021年12月第1版 2024年6月第3次印刷
书 号	ISBN 978-7-308-21698-2
定 价	82.00元

版权所有 侵权必究 印装差错 负责调换

浙江大学出版社市场运营中心联系方式：（0571）88925591；http://zjdxcbs.tmall.com

Fashionable Nonsense: Postmodern Intellectuals' Abuse of Science

by Alan Sokal and Jean Bricmont

Copyright © 1998 by Alan Sokal and Jean Bricmont.

本书中译本由时报文化出版企业股份有限公司委任安伯文化事业有限公司代理

授权。

Simplified Chinese translation copyright © (2021)

by Zhejiang University Press Co., Ltd.

ALL RIGHTS RESERVED

浙江省版权局著作权合同登记图字：11-2021-043 号